GUANGFU DIANZHAN YUNWEI JI GUZHANG
DIANXING ANLI FENXI

光伏电站运维及故障典型案例分析

莫继才 主编

中国电力出版社
CHINA ELECTRIC POWER PRESS

内 容 提 要

由国内第三方新能源场站服务领域的代表企业旻投电力负责主编的《光伏电站运维及故障典型案例分析》是近几年业内为数不多的光伏运维实务工作方面的参考读物。本书共分三大部分七个章节，其中：第一部包括第一至三章，主要是光伏电站设备及运维管理基础知识介绍；第二部分包括第四至第六章，主要是针对光伏电站安全管理、故障预防和常见设备故障总结阐述；第三部分即为第七章，主要根据电站运维实务上发生的真实案例做了事故经过、原因和处理预防方面的解析。

本书既可以作为有志于从事光伏发电及运维工作的各类求职人员进行专业学习的参考用书，也可以作为大中型发电企业、电力培训机构及高职院校的培训教材。

图书在版编目（CIP）数据

光伏电站运维及故障典型案例分析 / 莫继才主编. —北京：中国电力出版社，2020.10（2022.6 重印）

ISBN 978-7-5198-4851-4

Ⅰ.①光… Ⅱ.①莫… Ⅲ.①光伏电站－运行 ②光伏电站－维修 Ⅳ.①TM615

中国版本图书馆 CIP 数据核字（2020）第 147235 号

出版发行：中国电力出版社
地　　址：北京市东城区北京站西街 19 号（邮政编码 100005）
网　　址：http://www.cepp.sgcc.com.cn
责任编辑：谭学奇（010-63412218）
责任校对：黄　蓓　郝军燕
装帧设计：张俊霞
责任印制：吴　迪

印　　刷：北京天宇星印刷厂
版　　次：2020 年 10 月第一版
印　　次：2022 年 6 月北京第三次印刷
开　　本：787 毫米 ×1092 毫米　16 开本
印　　张：24.5
字　　数：385 千字
印　　数：3001—4500 册
定　　价：158.00 元

前　言

随着我国清洁能源发展战略的持续推进，光伏发电产业在近十多年来获得了大规模的推广和应用。大量集中式光伏电站的并网投运，一方面极大助力我国电力能源供应体系向清洁低碳化转型，另一方面也对并网后期如何确保大量电站安全稳定运行提出了的挑战。光伏电站的运行和维护是光伏发电产业链不可或缺的重要一环。当前，国内光伏发电行业正逐步进入平价时代，日常运维工作的质量和效率相对光伏电站整个运营期的重要性将更加凸显，甚至直接影响光伏电站项目投资的成败。

相较于传统火电站运检工作而言，光伏电站运维的政策和技术门槛本身并不高。因此，近十年来国内光伏电站运维行业的从业人员专业背景各异，技能基础参差不齐，一定程度上影响了电站运维工作整体规范性和专业性。从行业角度来看，当前光伏运维行业也急需大批具有专业理论基础和深厚实务经验的技能型人才队伍。尽管当前光伏运维行业日益呈现不同生产运营模式、不同技术管理特点各展所长的趋势，但基础运维和关于各类现场故障的预防、处理仍是最重要的工作内容之一。总而言之，无论对于已具有一定电工专业基础，新进入光伏电站运维行业的从业者，还是正准备从事光伏行业的大中专毕业生或行业新人来说，案头都急需一部能够较为全面解析主流电站设备并提供典型事故案例处理分析的参考读物。

有鉴于此，作为国内位居前列的新能源全生命周期服务商之一的旻投电力发展有限公司，集公司累计受托上百座光伏电站运行与维护之丰富经验，在内部培训资料等基础上，结合现场典型事故案例，编成此书以飨广大光伏电站运维从业者。本书主要围绕集中式并网光伏电站的运行维护和事故处理，从光伏电站运维基础知识，电站系统设备解析、安全生产管理、故障预防与处理、常见故障解析以及典型事故案例处理分析等几个方面进行介绍和阐述，力求基础理论与业务实际相结合，兼顾规范性和实用性。

在本书的编写过程中得到了来自各方面的协助和支持，包括国家电力投资集团有限公司、中国民生投资集团、中国核工业集团有限公司、国家电网有限公司等公司系统多位领导和专家提出了宝贵意见和建议。有关案例素材和图片采集的过程中也得到了本公司所服务各位电站业主方面的大力支持，在此一并表示衷心的感谢！

期望本书的出版对进一步夯实当前光伏电站运维专业基础，有效提高国内光伏运维行业标准化水平能有所裨益。因编写组成员水平所限，书中错漏之处难免，望广大读者批评指正。

莫继才

2020 年 10 月 01 日

目录 CONTENTS

第一章

概　述

CHAPTER 1

第一节 光伏发电的发展历程概述

20 世纪 50 年代，美国贝尔实验室的科学家首次发明了具有革命性的 6% 转换效率的实用型硅电池，标志着光伏发电正式成为一项产业。半个多世纪以来，光伏发电技术在全球各国科研和产业人员的共同努力下日渐成熟，应用范围从最初的宇航空间等领域逐步扩展到民用规模发电领域。基于应对化石能源危机、全球气候变化和环境保护等需要，实现能源清洁转型和低碳发展逐渐成为全球大多数国家的普遍共识。进入 21 世纪以来，以欧美为首的各国政府大力开展光伏发电产业政策扶持，同时以中国为主的光伏装备制造及配套产业链实现快速成长，共同推动全球光伏发电行业取得迅猛发展。截至 2019 年年底，全球光伏发电总装机容量达到 5.8 亿千瓦[1]，相当于同期中国南方电网五省电力装机总容量的 1.5 倍。

中国光伏产业的发展大致经历了先装备制造，后发电应用的发展历程。2002 年无锡尚德电力第一条 10MW 太阳能电池生产线正式投产，标志着我国光伏制造产业正式迈入快车道。2006 年《可再生能源法》正式生效实施，推动中国光伏发电行业从成长起步开始向产业化、规模化过渡。截至 2019 年底，中国的光伏发电累计装机容量 2.04 亿 kW，约占全国电力装机总容量的 10%；2019 年，全国光伏发电量达到 2240 亿 kWh，占全部电源类型总发电量的 3%。从 2015 年起，中国光伏发电装机总容量、发电量连续位居世界首位。

光伏发电作为当前清洁能源的主流技术之一，随着商业经济性的提高和相对竞争力的增强，在未来能源领域还将具有更为广阔的发展前景。随着大规模光伏电站集中建成投运，其并网后期（也称运营期）管理的重要性日益凸显。做好运营期电站运行

[1] 《2019 全球可再生能源投资全球趋势》联合国环境署、法兰克福学院。

维护工作，对确保电站安全生产和高效发电，有效提高资产运营效率和投资收益率，起着至关重要的作用。

第二节　光伏发电系统原理

所有发电系统的基本原理都是把地球上的各类一次能源，如煤炭、油气、太阳光、水能等通过特定技术手段转换成电能。光伏发电的核心原理是光生伏特效应（photovoltaic effect），即指半导体材料在受到光照辐射时产生电动势的现象。从能量转换的角度，光伏发电设施的核心是太阳能电池板（也称光伏组件）。光伏材料又称太阳能电池材料，只有半导体材料具有这种特性。目前，用以发电的半导体材料主要有：单晶硅、多晶硅、非晶硅及碲化镉等。无论是哪一种半导体材料，都需要按照特定的掺杂工艺，制成电子（相当于负电荷）浓度较高的 N 型半导体和空穴（相当于正电荷）浓度较高的 P 型半导体。将 P 型半导体与 N 型半导体制作在同一块半导体（通常是硅或锗）基片上，在它们的交界面形成的空间电荷区称为 PN 结（PN junction）。PN 结具有单向导电性，是电子技术中许多器件所利用的特性，是诸如半导体二极管、双极性晶体管等电子元件的物质基础。

太阳能电池的实质就是一个大面积的 PN 结。当光照射到 PN 结的一个面，例如 P 型面时，若光子能量大于半导体材料的禁带宽度，那么 P 型区每吸收一个光子就产生一对自由电子和空穴，电子－空穴对从表面向内迅速扩散，在结电场的作用下，最后建立一个与光照强度大致呈正相关的电动势（见图 1–1）。

一般而言，利用太阳能电池的光生伏特效应，将太阳能辐射直接转换成电能的发电系统，即称为光伏发电系统。其中，具有封装及内部联结的，能单独提供直流电输出的，最小不可分割的太阳能电池组合装置，即为太阳能电池组件，又称光伏组件。若干个光伏组件串联后，形成具有一定直流电输入能力的电路单元，即为光伏组件串。

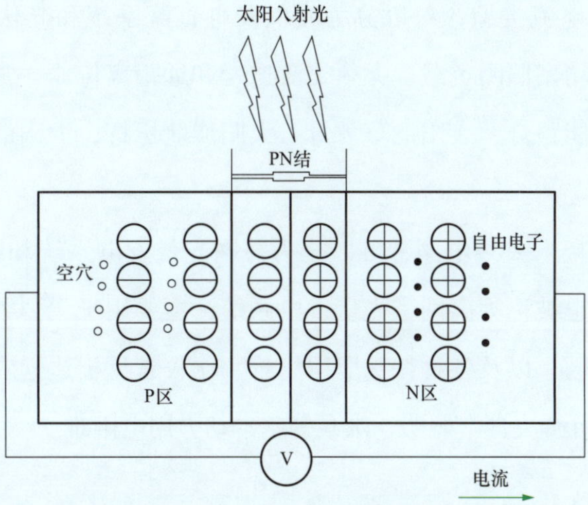

图 1-1 光伏组件发电原理

以一定数量的光伏组件串，通过直流汇流箱汇集，经逆变器逆变与隔离升压变压器升压成符合电网频率和电压要求的电源，即为光伏发电单元。将若干个光伏组件在机械和电气上按一定方式组装在一起并且有固定支撑结构而构成的直流发电单元，称为光伏方阵或光伏阵列。

当前主流发电系统类型中，除光伏发电以外，其他诸如火电、水电、风电甚至是潮汐、光热发电等发电形式，虽然一次能源类型各有不同，但本质都是依据电磁感应原理，通过发电机组切割磁力线把机械动能转换成电能。从发电系统后期运维管理的角度，目前只有光伏发电系统不涉及机械和传动部件，这是光伏发电系统与其他发电系统在运行和维护方面最为显著的区别。

第三节 光伏发电系统分类及构成

光伏发电技术进入大规模民用领域以来，为适应各种应用场景，已经发展成种类繁多、形式各异的光伏产品家族。按照不同的分类标准，可以有以下几种分类：

（1）按照输出电流类型，可以分为光伏发电直流系统和光伏发电交流系统。直流系统主要用于小功率照明负载，无须交流逆变和远距离传输，常见于各类集成型太阳能产品，如太阳能路灯、太阳能草坪灯、太阳能航标灯，太阳能（微动力）儿童玩具等。

（2）按照是否接入公共电网，可以分为并网光伏发电系统和独立光伏发电系统。独立光伏发电系统也被称为离网型光伏发电系统，主要用于无公共电网供电或公共电网电力不稳定的地区，以及各种特殊应用场景，比较常见于边远农村、山区或海岛的生产生活电气化，可解决日常照明、水泵等基本动力用电困难。

一、独立光伏发电系统结构特点

独立光伏发电系统一般由太阳能组件或阵列、控制器、蓄电池等组成。根据具体应用场景的区别，交流逆变器也是系统部件中的可选项。总体来看，独立光伏发电系统作为公共电网供电系统的补充，普遍规模较小，结构简单，系统集成度较高，相对易于运行和维护。

图 1–2 是典型的独立光伏发电系统的组成结构图。

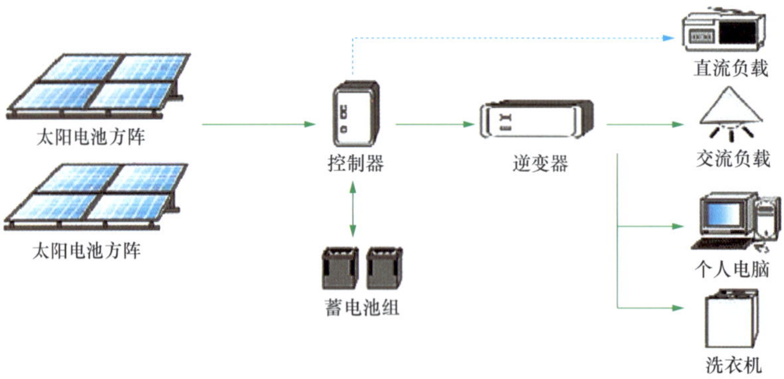

图 1–2　独立光伏发电系统的组成结构图

二、并网光伏发电系统结构及分类特点

并网光伏发电系统主要由太阳能组件阵列、直流 / 交流汇流箱、直流 / 交流配电柜，逆变器、升压变压器，一、二次保护设备，光伏电站监控系统等设备组成。逆变器对

于整个并网型光伏发电系统而言至关重要，它把太阳能电池产生的直流电转换成交流电，便于接入公共电网向远距离用电负荷地区传输。

一般来讲，以光伏发电系统为主并包含各类建（构）筑物、维护、生活等辅助设施在内的发电场所，即构成光伏电站。当前，并网电站是光伏发电技术应用的主导形式。并网光伏电站还可以按照不同的标准进行分类。

（1）按照装机容量：可以分为小型光伏电站、中型光伏电站和大型光伏电站。一般来说，小型光伏电站装机容量小于或等于 1MWp，通常采用 0.4 ~ 10kV 电压等级并网；中型光伏电站装机容量大于 1MWp，但小于或等于 30MWp，通常采用 10 ~ 35kV 电压等级并网；大型光伏电站装机容量大于 30MWp，通常采用 35kV 或更高电压等级并网。

（2）按照接入并网点的不同以及国家关于并网管理、电价补贴政策的区别，并网光伏电站又可分为离散分布式光伏电站和大型集中式光伏电站两大类。

（一）分布式光伏电站

分布式光伏电站，即分布式光伏发电项目，主要是指在用户场地附近建设，运行方式以用户侧自发自用、多余电量上网，且在配电系统平衡调节为特征的光伏发电系统。根据并网管理的差异，中国能源监管部门又将分布式光伏电站（发电项目）分为三种情况：一是自用为主，余电可上网。一般要求上网电量不超过 50%，且为单点并网；二是全部自发自用；三是全额并网，目前仅限于居民户用分布式项目。分布式光伏电站一般并网电压等级较低，且大多数情况下无需配备升压站及相关配变设备，无须所属电网管理部门进行直接调度管理，在日常运行、维护和检修工作方面相对简化。

（二）集中式光伏电站

大型集中式光伏电站是指利用荒漠，山地，湖面等拥有丰富和相对稳定的太阳能辐照资源所建设、投运且直接并入公共电网，接入高压输电系统供给远距离负荷的光伏发电系统。集中式光伏电站一般建设周期较长，投资额较高，占地面积较大，装机容量一般在 20MW 及以上，接入电网电压等级大都在 35kV 及以上。

1. 集中式光伏电站的系统结构

对于大型集中式光伏电站，根据逆变器接入系统位置的顺序差异，光伏发电系统的逆变设备选型又分为集中式和组串式两种逆变方式（见图 1–4）。

集中式逆变的系统结构是先由光伏组件将太阳能转变成直流电能，多个组件通过串 / 并联方式形成光伏组串汇集到直流汇流箱，由汇流箱汇集成与集中式光伏逆变器输入端电压适配的电流，接入后者并经过逆变后输出规定电压等级的交流电，再经过变压器升压后，通过规定电压等级的送出线路并入公共电网（见图 1–3）。

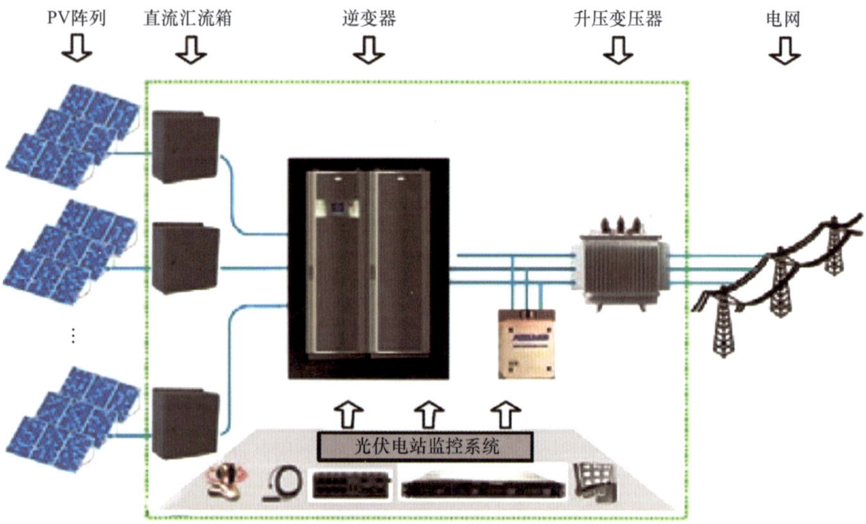

图 1-3　集中式接入大型并网逆变示意图

案例 1-1　集中式逆变器典型阵列配置

以 10MW 某光伏电站光伏阵列配置（河北广国某光伏电站）为例（见表 1-1），22 块光伏组件（每块 300W）串联为一条支路，每 16 条支路并联汇集到一个汇流箱，每 6 个汇流箱汇集到 1 台逆变器，每台逆变器额定容量为 0.5MW，每两台逆变器连接至 1 台箱式变压器，每 10 台箱式变压器汇集至 1 条集电线路，全站共 2 条集电线路。

表 1-1 集中式 – 光伏阵列配置表

组串组件构成					汇流箱			逆变器				箱式变压器		
编号	组件容量（W_P）	数量（块）	组串功率（kW_P）	工作电压（V）	编号	接入组串数	组件总功率（kW_P）	编号	接入汇流箱数量	容量（kW_P）	交流输出电压（V）	编号	接入逆变器数量	交流输出电压（kV）
1		22	6.6		1HL101	15	99							
2		22	6.6		2HL102	15	99	1NB1	6	613.6				
3		22	6.6		…	…	…							
4		22	6.6		1HL105	16	105.6							
…	300W/ 块	22	6.6		1HL106	16	105.6				315V	1 号箱式变压器	2	35
13		22	6.6		1HL207	16	105.6							
14		22	6.6		1HL208	14	92.4	1NB2	6	567.6				
15		22	6.6		…	…	…							
16		22	8	160	1HL212	16	105.6							

与集中式逆变的“先合再逆”不同，组串式逆变的系统结构则是“先逆再合”。光伏阵列多个组件通过串 / 并联方式形成光伏组串汇集到组串式光伏逆变器，由后者逆变成额定输出电压等级的交流电后接入光伏交流汇流箱，再通过箱式变压器升压后，并入规定电压等级的公共电网（见图 1–4）。

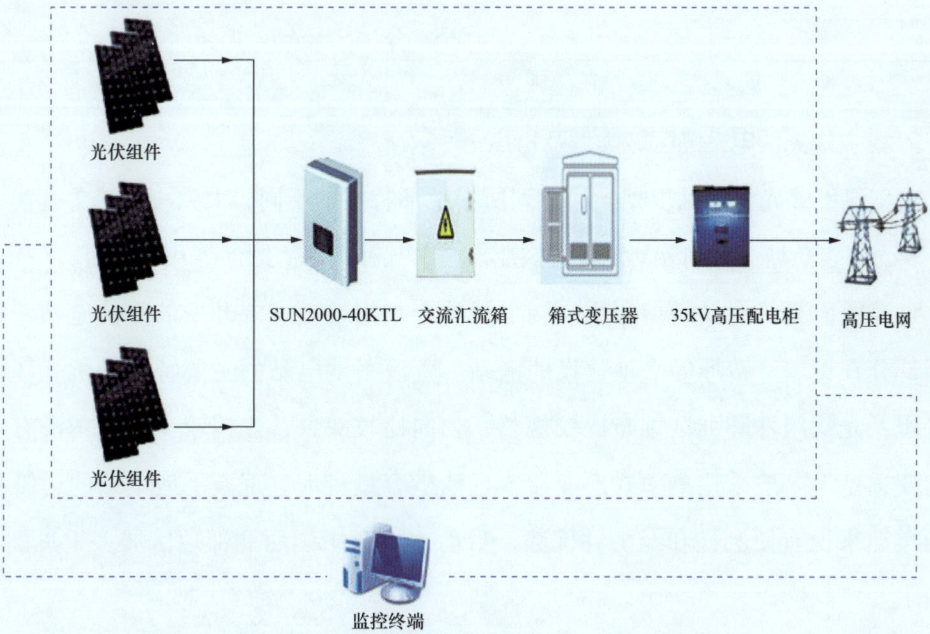

图 1–4 组串式逆变并网示意图（40KTL 组串式逆变器）

案例 1-2 组串式逆变器典型阵列配置

以内蒙古敖伦布拉格某电站光伏阵列配置为例（表 1-2），22 块光伏组件（每块 260W）串联为一条支路，每 6 条支路并联接入 1 个 40KTL 华为组串式逆变器，经逆变器逆变后输出 480V 交流电再汇集到 1 个交流汇流箱，每 5 个汇流箱汇集到 1 台升压变压器，每 5 台箱式变压器汇集至 1 条集电线路，全站共 2 条集电线路。

表 1-2 组串式 - 光伏阵列配置表

组串组件构成					逆变器配置				交流汇流箱			箱式变压器		
编号	组件容量（W_p）	数量（块）	组串功率（kW_p）	工作电压（V_{mp}）	型号	接入组串数	组件总功率（kW_p）	交流输出电压（V）	型号	接入逆变器数量	交流输出电压（V）	型号	接入汇流箱数量	交流输出电压（kV）
1	260W	22	5.72	679.36	SUN2000-（40KTL）	6	34.32	480	ARNN6Q1	6	480	YB-40.5/0.48-1000	5	35
2	260W	22	5.72	679.36										
3	260W	22	5.72	679.36										
4	260W	22	5.72	679.36										
5	260W	22	5.72	679.36										
6	260W	22	5.72	679.36										

2. 集中式光伏电站的区域类型及特点

大型集中式光伏电站根据光伏阵列所在地形特点的不同，大致可以分为荒漠、山丘、农光（含鱼塘、菜棚等其他各类农业设施）互补和水面漂浮等几个类型。

荒漠地面光伏电站是指利用广阔平坦的未利用地面资源开发的光伏电站，它也包括部分在戈壁、草原等平地建设的电站。荒漠平地电站的主要特点是所处环境地势平坦，光伏组件阵列区排布比较规整，朝向比较一致，遮挡较少或基本没有。系统逆变选型上一般采用集中式逆变器，且装机容量较大。荒漠平地电站的运维相对其他类型来说有便利性和经济性优势，目前主要在中国西北部地区居多（见图 1-5 和图 1-6）。

图 1-5 宁夏同心某荒漠地面电站

图 1-6 新疆哈密某荒漠地面电站

山丘光伏电站是指利用相对海拔较低的丘陵、山地等土地资源开发的光伏电站（见图 1-7 和图 1-8）。该类电站一般总体占地面积较大，但阵列区排布较为分散，组件朝向不太一致，早晚遮挡较为普遍。光伏阵列区往往存在灌木植被，巡检道路、光伏区围栏等辅助工程较多。在逆变方式选型上，如果电站所在地形相对规整，但仍存在组件朝向不一致或早晚遮挡问题，一般采用具备最大功率点跟踪模式的集中式逆变器，既在朝向和遮挡条件下确保了发电效率，又大大提升了施工便利性和并网友好性。如果电站所处地形非常复杂，则一般采用组串式逆变器，以实现对较小单位组件的充分适配，提高了设计施工方面的灵活性。

图 1-7 重庆黔江某山丘电站

图 1-8 河北承德某山丘电站

渔光 / 农光互补电站是指在既有的坑塘水面、农林业设施、养殖大棚上敷设光伏组件，同时组件以下开展渔 / 农业的苗圃种植或水产养殖的功能复合型光伏项目（见图 1-9 和图 1-10）。渔光 / 农光互补电站无污染零排放，又不额外占用土地，可实现土地、鱼塘资源立体化增值利用，实现光伏发展和农业生产双赢。渔光 / 农光互补电站一般装机容量略小，项目位置往往与村、镇农户生产生活集中区域较近，周边环境对电站生产发电干扰因素较多，运行维护管理环境相对复杂。渔光 / 农光互补电站在中国土地资源紧缺，且更加注重土地利用效率的中东部经济发达地区较为普遍。

图 1-9 四川某渔光互补电站

图 1-10 江苏某农光互补电站

水面漂浮电站通常是利用闲置水域面积，利用浮筒、浮台等漂浮体并安装光伏组件形成的电站（见图 1-11）。水面漂浮电站具有不占用土地资源，减少水量蒸发，漂浮体遮挡阳光抑制藻类生长的作用。根据理论测算，由于水体对光伏组件的冷却作用，可抑制组件表面温度上升，电池板的温度若降低 1℃，可获得比相同地区地面高出 10%～15% 的发电量。

图 1-11　安徽淮南某水面漂浮电站

第二章

光伏电站运维管理体系

CHAPTER 2

第一节　光伏电站运行维护管理概述

光伏电站的运行和维护，是指对光伏电站的设备和相关系统进行检查、维护，及早发现和处理设备隐患以保障其整体运行的安全性，达到电站预期发电量，并实现光伏电站在全生命周期内稳定运行的工作。

光伏发电系统相比较于传统火电、水电等发电形式，其系统结构相对简单，后期运营和维护需求相对略低，同时存在以下一些特点：

（1）光伏电站涉及专业领域更具有复合性。光伏发电系统除涉及传统的一、二次变配电专业领域之外，也与半导体、电力电子、信息通信等领域交叉融合，具有半导体科技与传统电力专业的复合特征，要求运维人员应具有更加宽泛的知识水平和专业技能结构。

（2）光伏电站的设备体量通常比较庞大。相对于其他发电形式，光伏电站的设备种类并不是最多，但单体设备数量最为庞大，电站易发故障点明显更多，对问题设备定位比较困难。运维人员需要面对大面积的组件阵列区，人工巡检工作量较大，有必要借助创新技术手段提高巡检效率。

（3）光伏电站运维环境影响因素更复杂。传统火电主要运行检修工作集中在相对封闭的空间，基本不受外部环境影响，而光伏电站的运维工作触角更加开放，与电站所处位置的天气情况和季节变化、地理地形和区域特点、周边环境等密切相关，影响电站生产运行的不确定因素更加复杂多样。

光伏发电企业应遵循标准规范、安全适用、技术先进、经济合理的原则，建立有效的光伏电站运行和维护管理体系。

本书所指的光伏电站运行和维护管理，主要针对大型集中型光伏电站，同时也作为分布式发电站运维管理参考。本书所提到的光伏运维企业，既包括开发持有并直接运营光伏电站的发电企业（集团及其项目公司），也包括受托管理，从事独立运维和专业支撑服务的第三方运维服务企业。本书所指的运维人员，统称在光伏电站从事生产运行、维护检修等相关专业人员，不再做具体岗位工种区分。

第二节　光伏电站运维管理政策及标准体系

当前中国对专门从事光伏电站运行和管理的企业并没有明确资质许可方面的强制性政策要求，但电站运行和维护涉及的具体工作内容和相关专业服务应分别满足特定专业的资质许可。从实务角度，从事光伏电站运行维护管理的企业应当具备一定的技术能力要求，并建议取得相关资质许可。

一、光伏运维企业技术能力要求

（1）了解光伏发电系统运行、维护管理的最新动向，有能力掌握光伏发电系统运行管理的最新技术，具有持续技术更新能力。

（2）具有对光伏发电系统所面临的安全威胁、存在的安全隐患进行信息收集、识别、分析和提供防范措施的能力。

（3）根据对光伏系统风险的信息分析，能够提出有效的安全保护策略及建立完善的安全管理制度。

（4）具有对光伏发电系统发生突发性安全事件进行分析和解决的能力。

（5）具有足够的技术力量，能够根据服务业务的需求开发光伏发电系统运行管理培训的能力。

（6）具有对光伏发电系统进行组织检测和验证的能力。

（7）具有对数据监控系统进行有效的数据维护并根据需要对数据监控系统完成升级的能力。

（8）具有跟踪、了解、掌握、应用国际、国家和行业标准的能力。

二、光伏运维企业相关资质许可要求

光伏电站的运行维护在对象范围上往往涉及升压变电站及送出线路相关工作，具体内容上表现为一般性日常运行维护与电站局部施工、零星设备安装、检修、技术改造、定期检验和预防性试验、防雷检测等多种工作相联系。从提高电站运行维护工作的规范性、系统性出发，建议从事光伏电站运维管理的企业主体取得以下一项或若干项行政许可或企业资质。

（一）《建筑业企业资质》（住房与城乡建设部门）

《建筑业企业资质》是城乡建设主管部门根据《建筑法》等有关规定，为加强建筑活动监督管理，维护公共利益和规范市场秩序，保证建设工程质量安全，针对从事土木工程、建筑工程、线路管道设备安装工程的新建、扩建、改建等施工活动的企业设定资产、主要人员、已完成工程业绩和技术装备等方面条件要求并经审查合格后发放的行政许可。本资质分为施工总承包资质、专业承包资质、施工劳务资质三个序列。其中，施工总承包资质、专业承包资质按照工程性质和技术特点分别划分为若干资质类别，各资质类别按照规定的条件划分为若干资质等级。施工劳务资质不分类别与等级。

从事光伏电站运维管理的企业，可取得电力工程总承包资质和输变电工程专业资质。电力工程总承包资质及输变电工程专业承包资质对应的许可工程范围见表 2-1。

表 2-1　电力工程总承包日输变电工程专业承包资质

资质类别	电力工程总承包	输变电工程专业承包
特级	可承担各等级工程施工总承包、设计及开展工程总承包和项目管理业务；各专业工程的施工总承包、工程总承包和项目管理业务，及开展相应设计主导专业人员齐备的施工图设计业务	—
一级	可承担各类发电工程、各种电压等级送电线路和变电站工程的施工	可承担各种电压等级的送电线路和变电站工程的施工
二级	可承担单机容量 20 万 kW 及以下发电工程、220kV 及以下送电线路和相同电压等级变电站工程的施工	可承担 220kV 以下电压等级的送电线路和变电站工程的施工
三级	可承担单机容量 10 万 kW 及以下发电工程、110kV 及以下送电线路和相同电压等级变电站工程的施工	可承担 110kV 以下电压等级的送电线路和变电站工程的施工

注　根据国家最新资质改革进展和 2020 年 7 月住房与城乡建设部关于《建设工程企业资质标准框架（征求意见稿）》公开征求意见的通知有关精神，本表列示资质分类分级正面临较大幅度调整。

（二）《安全生产许可证》（应急管理部门、住房与城乡建设部门、公安部门）

《安全生产许可证》是根据《安全生产法》等有关规定，对从事建筑施工、矿山、危化、烟花爆竹、民用爆炸物品生产等企业在规范安全生产条件，加强安全生产监督管理，防止和减少生产安全事故方面达到一定条件，具备资质能力要求所发放的行政许可。

《安全生产许可证》的主管部门按行业实行分类归口管理。建筑施工企业的安全生产主管部门为各级住房与城乡建设部门。取得建筑施工资质证书的企业，必须申请《安全生产许可证》，否则不得从事生产活动或参与建筑工程项目投标。

《安全生产许可证》不设等级分类，单次申请有效期为 3 年。企业在安全生产许可证有效期内，严格遵守有关安全生产的法律法规，未发生死亡事故的，安全生产许可证有效期届满时，经原安全生产许可证颁发管理机关同意，不再审查，原证有效期延期 3 年。

（三）《承装（修、试）电力设施许可证》（国家能源监管部门）

《承装（修、试）电力设施许可证》是由国家能源监管部门根据《电力供应与使用条例》有关规定，对输电、供电、受电电力设施的安装、维修和试验的企业在达到特定条件时发放的行政许可。

《承装（修、试）电力设施许可证》共分为承装、承修、承试三个类别，每个类别分为五个级别（见表 2–2）。

表 2–2　各类各级资质许可业务范围

类别 / 级别	承装	承修	承试
一	所有电压等级电力设施的安装、维修或者试验业务		
二	220kV 及以下电压等级电力设施的安装、维修或者试验业务		
三	110kV 及以下电压等级电力设施的安装、维修或者试验业务		
四	35kV 及以下电压等级电力设施的安装、维修或者试验业务		
五	10kV 及以下电压等级电力设施的安装、维修或者试验业务		

（四）《雷电防护装置检测资质证书》（国家气象管理部门）

该资质证书是根据《雷电防护装置检测资质管理办法》（气象局 2016 年第 31 号令）有关规定，为规范防雷装置检测行为，对从事检测工作的企事业单位进行的资质认定。

该资质等级分为甲、乙两级。其中：乙级资质单位仅可以从事《建筑物防雷设计规范》规定的第三类建（构）筑物的防雷装置的检测，而光伏电站即属于第三类防雷建（构）筑物中的一般性工业建筑范畴。

三、光伏电站运维人员资质要求

光伏电站运行和维护管理工作一般可分为运行、检修和其他辅助岗位人员。当前，中国法律法规未对从事光伏电站运行维护人员整体明确应具备的资质要求。根据光伏电站运行和维护中涉及的不同岗位分工，结合现行法规和行业监管政策，建议从事以下具体专业岗位工作内容的运维人员取得相应的资质条件。

（一）《特种作业操作证（电工）》（应急管理部门、质检部门、住房与建设部门）

《特种作业操作证（电工）》是指根据《安全生产法》有关规定，对从事容易发生人员伤亡事故，对操作者本人、他人的生命健康及周围设施的安全可能造成重大危害的作业的人员进行资质许可的证书。《特种作业操作证（电工）》是十二个行业大类证书之一，也称电工操作证，共细分6个操作项目，具体包括：低压电气、高压电气、电力电缆、继电保护、电气试验和防爆电气。其中与光伏电站运维相关操作项目中，从事逆变器直流侧维护工作应具有低压作业证，从事交流侧到升压站和送出线路段维护工作应具备高压电气、电力电缆和继电保护作业证。提供定期检验和预防性测试专业支撑服务的人员应具有电气试验作业证。

根据有关规定，原由国家能源局颁发的《电工进网作业许可证》在有效期内仍具有与《特种作业操作证（电工）》基本相同的效力[1]。《电工进网作业许可证》是沿袭原电力部、原电监会和国家能源局职能管理，是代表电力行业对进网作业的电力操作人员的资质许可，2017年国务院取消行政许可事项。当前仍有效的《电工进网作业许可证》可以在有效期届满之日60日内，由申请人本人或者申请人用人单位向从业所在地省级安全监管部门提出申请，经复审合格后即可换领《电工操作证》。

（二）《电力调度系统运行值班上岗证书》（公共电网调度管理部门）

《电力调度系统运行值班上岗证书》是根据《电网调度管理条例》有关规定，为确

[1] 《国家安全生产总局关于做好特种作业（电工）整合工作有关事项的通知》（安监总人事〔2018〕18号）
《国务院关于进一步取消一批行政许可事项的决定》（国发〔2017〕46号）

保电力系统的安全稳定运行，凡直接与调度机构进行电网电力调度业务联系的运行值班人员，须取得相应公共电网调度管理机构颁发的《调度运行值班合格证书》，方可上岗并与调度机构进行电力调度业务联系。在光伏电站运行过程中，负责在综合控制室值班监盘，与电网调度进行工作联系的运维人员应取得该证书。

（三）《安全员资格证》（住房与城乡建设部门、应急管理部门）

《安全员资格证》是与企业安全生产许可证相配套，是对建筑施工类企业从事安全生产管理并达到特定能力标准的一种资质认证。该类安全员分为三类，分别对应于企业中履行不同安全生产管理职能的岗位人员。企业主要负责人或负责安全事务的经理层副职应具备A本；项目经理或下辖生产单位负责人应具备B本；其他专职安全员应具备C本。

通常情况下，光伏运维企业有关运行和维护人员应参照建筑企业取得相关安全员资格。在特殊情况下，如果电站运维或电力施工现场有涉及爆破、危险化学品储运等非建筑类作业时，有关人员还需取得由应急管理部门监制的安全员资格证书。

（四）其他相关资质

在光伏电站运维实务中，由于电站特点、属地政策差异等原因，运维人员还有可能需要全部或部分具备其他方面的专业资质。比如部分地区卫生管理部门要求电站运维团队中每个在值班组至少1人需要具备紧急救护资格证；有些地区需要全员具备消防设施操作证；有些临水地区、渔光互补或水面电站的运维人员还需要具备游泳证等。

四、光伏电站运维技术规范和标准体系

光伏电站运行和维护涉及一系列相关的管理和技术规范、工作标准，是电站运维管理工作中应当遵循和参照的重要依据。

从制定标准的机构层级来看，可以分为国际标准，国家标准和适用于光伏行业的电力或其他行业标准、第三方机构标准等（见表2-3）。

（1）国际标准。比较常用的是国际电工委员会（IEC）标准体系，如《光伏（PV）系统测试、文档和维护要求　第1部分：并网系统 文件、调试和检验》（IEC62446-1—2016）等。

（2）国家标准。比较常用的是国家标准化管理委员会的国家强制性标准（冠字GB），如《电力安全生产规程（发电厂和变电站电气部分）》（GB 26860—2011）等；国家推荐

性标准（冠字 GB/T），如《光伏组件检修规程》（GB/T 36567—2018）等。还有国家认证认可监督管理委员会技术标准和规范（冠字 CNCA），如《并网光伏电站性能检测评估技术规范》（CNCA/CTS 0016—2015）等。

（3）行业标准。常用的是由国家能源局代表电力和能源行业制定的标准规范（电力类冠字 DL 或 DL/T；能源类冠字 NB 或 NB/T），例如《光伏电站防雷技术规程》（DL/T 1364—2014）、《光伏电站现场组件检测规程》（NB/T 32034—2016）等。

（4）第三方机构标准。国外有些专门从事研究评价、认证和检测等业务服务的第三方机构和团体，自主制定各类技术标准和规范，并主要通过市场竞争方式获得了行业的认可。比较典型的有德国技术监督协会 TUV 及 3 大 TUV 集团、英国 Intertek、美国 UL 等。

表 2-3 光伏电站运维管理相关技术规范和标准

涉及工作模块	规范或标准编号	规范或标准名称
安全管理	GB 26859—2011	电力安全工作规程（电力线路部分）
	GB 26860—2011	电力安全工作规程（发电厂和变电站电气部分）
	GB/T 35694—2017	光伏发电站安全规程
	DL 5027—1993	电力设备典型消防规程
	AQ/T9006—2010	企业安全生产标准化基本规范
	GB 2894—2008	安全标志及其使用导则
生产运行	DL/T 572—2010	电力变压器运行规程
	GB/T 33599—2017	光伏发电站并网运行控制规范
	GB/T 29321—2012	光伏发电站无功补偿技术规范
	DL/T 544—2012	电力系统通信运行管理规程
	DL/T 547—2010	电力系统光纤通信运行管理规程
	GB/T 32900—2016	光伏发电站继电保护技术规范
	GB/T 19964—2012	光伏发电站接入电力系统技术规定
	DL/T 587—2007	微机继电保护装置运行管理规程
	DL/T 1253—2013	电力电缆线路运行规程
	DL/T 741—2010	架空输电线路运行规程
	DL/T 1417—2015	低压无功补偿装置运行规程

续表

涉及工作模块	规范或标准编号	规范或标准名称
检修维护	DL/T 573—2010	电力变压器检修导则
	GB/T 36567—2018	光伏组件检修规程
	GB/T 36568—2018	光伏方阵检修规程
	DL/T 393	输变电设备状态检修试验规程
	DL/T 596	电力设备试验性试验规程
	DL/T 727—2013	互感器运行检修导则
	DL/T 1476—2015	电力安全工器具预防性试验规程
	DL/T 976—2005	带电作业工具、装备和设备预防性试验规程
	NB/T 32034—2016	光伏发电站现场组件检测规程
	GB/T 34933—2017	光伏发电站汇流箱检测技术规程
	GB/T 32512—2016	光伏发电站防雷技术要求
	DL/T 1364—2014	光伏发电站防雷技术规程
	CNCA/CTS 0016—2015	并网光伏发电站性能检测评估技术规范
	IEC 62446-1：2016	光伏（PV）系统 - 测试要求，文件和维护。第一部分：电网链接系统，试验和调试
	GB/T 30153—2013	光伏发电站太阳能资源实时监测技术要求
其他通用	GB 50797—2012	光伏发电站设计规范
	GB/T 50796—2012	光伏发电工程验收规范
	GB 50794—2012	光伏发电站施工规范
	GB/T 36119—2018	精准扶贫 村级光伏发电站管理与评价导则

第三节　光伏电站运维管理体系主要内容

一、组织机构管理

光伏运维企业涉及电站运行与维护的组织机构管理主要包括企业安全生产组织管理体系和电站现场运维组织管理体系。

光伏运维企业应成立以主要负责人为首的安全生产委员会，明确机构的组成和职责，建立健全工作制度和例会制度。企业主要负责人应定期组织召开安全生产委员会会议，总结分析本单位的安全生产情况，部署安全生产工作，研究解决安全生产工作中的重大问题，决策企业安全生产的重大事项。根据国家有关规定，光伏运维企业应设置安全生产管理机构或者配备专、兼职安全生产管理人员和所需的设施器材。建立安全生产监督体系，健全安全生产监督网络，每月召开安全生产监督网络会议（或与安全生产工作例会并行召开），分析安全生产工作，并做好会议记录。运维企业负责人是光伏电站安全管理第一责任人，负责统筹建立、健全、完善本电站安全管理网络，贯彻执行各项安全生产规章制度。负责审定年度安全生产目标，建立安全生产保证体系，确保安全生产管理的有效性。

光伏电站现场运维组织管理体系中各岗位职责及岗位任职条件因发电站运营要求不同而异，但一般岗位配置和岗位任职基本条件大致相似。光伏电站现场运维管理团队一般配置以下四个管理层级：运维负责人（站长）——安全技术主管（副站长）——主值班员——副值班员（含实习生等）。光伏电站现场运维组织架构见图 2–1。

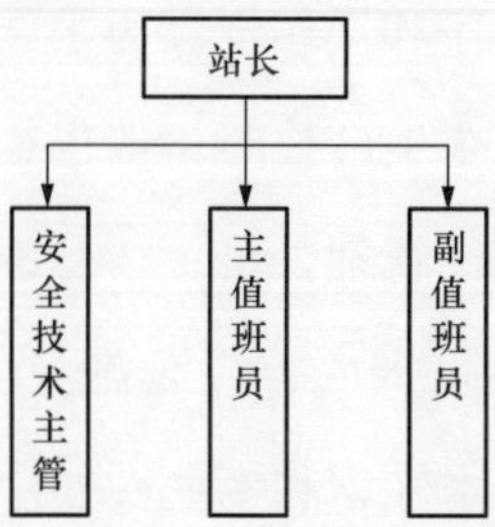

图 2–1　光伏电站现场运维组织架构图

（1）站长是光伏电站现场运维部第一责任人，全面负责所辖电站的各项工作，贯彻执行公司的各项工作要求，落实完成电站各项工作任务，在国家法律、法规允许的前提下开展各项电站运行与维护管理活动。

（2）安全技术主管是所属光伏电站的安全、技术的负责人，在站长的直接领导下开展工作，开展电站安全生产的各项工作。

（3）电站运维主值班员是当值班组运行工作的直接负责人，组织副值班员开展运维工作。

（4）电站运维副值班员负责监视设备正常运行，掌握运行方式和负荷变化情况，在主值班员的领导下，正确地进行倒闸操作和事故处理。

二、安全管理

安全管理主要包括安全检查、安全生产技能培训管理、防止电气误操作管理、反违章管理、反事故措施管理、危险化学品处置管理、应急预案管理、环境保护管理、职业健康管理、车辆管理、治安保卫管理、消防安全管理等方面组成。

（1）安全检查，一般包括日常安全检查，每年例行的春、秋季安全生产大检查等工作；安全稽查是光伏企业安全生产监督体系发挥作用的主要途径，一般由光伏企业安全质量归口部门充分调动安全生产监督网络的作用，不定期开展的针对各个电站实施安全工作的检查和评价。安全稽查要突出专业性和针对性，比如春夏季的电站防雷接地、秋冬季的山地电站防火、《电力安全工作规程》涉及的习惯性违章等都可以开展专项稽查及整改。

（2）安全生产技能培训管理，是为提高岗位风险辨识与控制能力，满足岗位安全生产需要所进行的管理规范、程序和操作规程为主要内容，以在岗辅导、演练为主要形式的持续学习行为或过程。安全生产技能培训也是光伏运维企业安全教育培训管理的重要内容，是提高企业安全生产管理人员、运行维护人员和从事安全检查、稽查的专业人员安全素质的主要手段。培训内容应涵盖安全思想教育、安全技术知识教育、一般性生产教育、一般性安全技术知识和专业性安全技术知识。安全教育培训可以分级分类进行，包括生产管理人员安全教育、新员工上岗安全教育、生产运维人员转岗、重新上岗培训教育，特种作业人员专业培训和新工艺、新技术和新材料应用安全培训等。光伏企业应每年组织对生产岗位人员进行生产技能培训、安全教育和《安规》考试。光伏企业对所有生产管理、运维人员安全培训情况应当建档备查。对各级生产管理和安全管理人员，企业应当确保其每年接受需足够学时的安全培训和教育。

（3）防止电气误操作管理，是避免电气工作人员在执行操作时思想麻痹或违反规定，误碰触设备造成的违背操作指令意愿的错误结果，一旦发生误操作，将引发人身和设备事故，造成较大的经济损失所进行的管理工作。

（4）反违章管理，是避免在电力生产活动过程中，违反国家和行业安全生产法律法规、规程标准，违反电网管理部门安全生产规章制度、反事故措施、安全管理要求等，可能对人身、电网和设备构成危害并诱发事故的人的不安全行为、物的不安全状态和环境的不安全因素的管理工作。

（5）反事故措施预案和应急预案管理，是指光伏企业组织相关生产单位及人员，依据预定的反事故措施应急预案，模拟应对突发故障或其他紧急事件的训练活动。结合自身安全生产和应急管理工作实际情况，光伏企业应按照国家对电力企业综合应急预案、专项应急预案和现场处置方案编制导则要求，制定完善本单位应急预案。加强应急预案动态管理，建立预案备案、评审制度，根据评审结果和实际情况进行修订和完善。应急预案应当每三年至少修订一次，预案修订结果应当详细记录。

（6）危险化学品处置管理，是针对具有易燃易爆、有毒有害及腐蚀特性，对人体、设施、环境造成伤害或危害的化学品，包括爆炸品、压缩气体和液化气体、易燃液体、易燃固体、自燃物品和遇湿易燃物品、氧化剂和有机过氧化物、有毒品和腐蚀品等物品的采购、存放、使用、处置的管理工作。

（7）环境保护，是对电站生活环境、生产过程中环境、环境保护宣传培训、废弃物管理与处理、资源和能源的节约管理所做的管理工作。

（8）职业健康管理，是以职业人群的健康为目标，以健康保护和健康促进为主要内容的预防医学分支。主要任务是：确认作业环境中潜在的职业病危害，阐述危害对人体如何起作用和作用的条件，提出措施办法，及早预防和控制职业性损伤的发生，以保护员工的身体健康。

（9）车辆管理，主要是针对车辆人员管理、出车审批、车辆安全检查、行车安全注意事项、车辆保养和维修、交通安全培训等方面的管理工作。

（10）治安保卫管理，是对光伏电站现场安保人员、安保设施、安保器械、现场应急处理等方面的管理工作。

（11）消防安全管理，是贯彻预防为主、防消结合的方针，按照政府统一领导、部门依法监管、单位全面负责、公民积极参与的原则，实行消防安全责任制，建立健全公司的消防工作体系。

三、技术文档管理

光伏电站的安全、经济和高效运行，必须建立规范和有效的运行管理制度和技术文档体系，为电站的安全可靠运行提供强有力的技术基础数据支持。有条件的光伏运维企业应当将传统的技术文档管理逐步实现电子数据化、实时在线化，以形成技术文档的持续更新、运维数据的不断沉淀，从而为光伏电站的安全可靠运行提供强有力的数据技术支撑。随着光伏电站智能运维技术的逐步应用，技术文档管理将与智能运维管理信息平台等紧密结合，方式上更加灵活创新。

技术文档管理主要包括运行记录管理、运行分析管理、运行报表管理、电站设备台账管理。

1. 设备技术档案和设计施工图纸档案

光伏电站的基本技术档案资料主要包括：设计施工、竣工图纸；验收文件；各设备的基本工作原理、技术参数、设备安装规程、设备调试的步骤；所有操作开关、旋钮、手柄以及状态和信号指示的说明；设备运行的操作步骤；电站维护的项目及内容；维护日程和所有维护项目的操作规程；电站故障排除指南，包括详细的检查和修理步骤等。

2. 信息化管理系统

利用计算机管理系统建立电站信息资料，对每个电站建立一个数据库，数据库内容包括两方面，一是电站的基本信息，主要包括：①气象地理资料；②交通信息；③电站所在地的相关信息（如人口、户数、公共设施、交通状况等）；④电站的相关信息（如电站建设规模、设备基本参数、建设时间、通电时间、设计建设单位等）。二是电站的动态信息，主要包括：①电站供电信息：用电户、供电时间、负载情况、累计发电量等；②电站运行中出现的故障和处理方法：对电站各设备在运行中出现的故障和对故障的处理方法等进行详细描述和统计。

3. 运行期档案

运行期档案是分析电站运行状况和制定维护方案的重要依据之一。日常维护工作主要是每日测量并记录不同时间系统的工作参数，主要测量记录内容有：日期、记录时间；天气状况；环境温度；蓄电池室温度；子方阵电流、电压；蓄电池充电电流、电压；蓄电池放电电流、电压；逆变器直流输入电流、电压；交流配电柜输出电流、电压及用电量；记录人等。

当电站出现故障时，电站操作人员要详细记录故障现象，并协助维修人员进行维修工作，故障排除后要认真填写《电站故障维护记录表》，主要记录内容有：出现故障的设备名称、故障现象描述、故障发生时间、故障处理方法、零部件更换记录、维修人员及维修时间等。

电站巡检工作应由专业技术人员定期进行，在巡检过程中要全面检查电站各设备的运行情况和运行现状，并测量相关参数。仔细查看电站操作人员对日维护、月维护记录情况，对记录数据进行分析，及时指导操作人员对电站进行必要的维护工作。同时还应综合巡检工作中发现的问题，对本次维护中电站的运行状况进行分析评价，最后对电站巡检工作做出详细的总结报告。

4. 运行分析制度

依据电站运行期的档案资料，组织相关部门和技术人员对电站运行状况进行分析，及时发现存在的问题，提出切实可行的解决方案（见表 2–4）。通过建立运行分析制度，一是有利于提高技术人员的业务能力，二是有利于提高电站可靠运行水平。

表 2–4　光伏电站运维技术文档列表（参考）

文档类别	文档名称
基础设备资料	电站全套竣工图纸
	设备台账
	设备缺陷管理档案
	设备故障维护手册
	事故预防及处理方案
关键设备资料	说明书
	图纸
	操作手册
	维护手册
	安装调试、交接记录
	出厂检验记录

续表

文档类别	文档名称
运维技术材料	安全手册
	系统开停机操作说明
	监控系统操作说明
运行维护作业指导书	光伏组件及支架
	直流汇流箱
	直流配电柜
	逆变器
	电容器
	SVG
	高压开关柜
	二次盘柜
	交流配电柜
	变压器
	断路器
	隔离开关
	GIS
	电压互感器
	电流互感器
	避雷器
	消弧线圈
	高压母线
	防雷装置
	电抗器
记录文件	电站安全防护用品及适用规范
	运行维护记录和处理的程序
	异常及故障处理记录
	系统巡检及维护记录
	电站系统各个关键设备运行状态与运行参数记录
	事故处理记录

续表

文档类别	文档名称
记录文件	防雷器、熔断器巡检维护记录
	逆变器自动保护动作记录
	断路器、微机保护及自动装置巡检维护记录
	关键设备更换记录
	工作票，操作票
上墙悬挂图表文件	电气主接线图
	设备巡视路线图
	主要设备运行参数表
	正常停机开机操作顺序表
	紧急停机操作顺序表
	紧急事故处理预案
	紧急联系人及联系电话

四、运行管理

光伏电站的生产运行管理主要包括值班管理，交接班管理，巡回检查管理，电站除草管理，组件清洗管理，电站运维交接管理，光功率预测系统运行管理，AGC、AVC系统运行管理，文明生产管理，继电保护及安全自动装置运行管理，通信系统运行管理，UPS、直流电源检修维护管理，倒闸操作管理，工作票、操作票管理，工器具管理，电站备品备件管理，技术监督管理，电气设备预防性试验管理，发电量提升管理等。

值班监盘是确保电站正常生产运行秩序的基础环节。值班工作一般固定在电站的控制室，其中负责与电网调度联系的值班员应持证上岗。按照发电系统是否并网投运为界限，每个值班日又分为白班和夜班两个班次。监盘的主要内容包括所有控制室内的二次系统，主要是逆变器运行情况、光功率预测系统、AGC/AVC系统、OMS调度管理系统等（见表2-5）。

表 2-5　光伏电站值班监盘主要工作内容及频次

序号	监盘内容	工作内容	时间频率
1	逆变器运行情况	分时段记录逆变器运行情况及异常	1 次 /h
2	光功率系统及数据上报情况	检查光功率系统日内预测上报调度情况、及时确认天气预报数据上传	按照调度要求，一般不迟于当日 9:00 前
3	AGC/AVC 系统	查看系统运行情况，确保 AVC 及 AGC 系统在线、受控	实时监控
4	调度管理系统（OMS）	查看 OMS 下发的通知文件，并及时反馈；上报电站理论功率、日发电量、弃光量统计数据等	每日查看信息不少于三次；所有数据必须于当日 23:00 前完成

（1）交接班管理，是对设备及系统运行方式、负荷分配、重要运行参数、当班所进行的运维、检修工作、运行操作、未完成的工作任务、已办理的工作票和操作票进行交接，并核对目前使用中的接地线、接地隔离开关的数量、编号及装设具体位置、继电保护、自动装置、直流系统、微机管理系统、监控装置、防误闭锁装置等运行情况无异常，检查各保护信号无异常报警，核对各保护连接片投退的位置正确，检查设备缺陷和异常的内容、部位及处理经过，已采取的安全措施，检查交接上级部门下达的文件、通知、指示、命令及有关注意事项。清点工器具、安全用具、钥匙、规程、图纸、资料及各类记录，检查现场文明卫生工作情况，集控室、二次盘柜室等环境卫生应干净、整洁。

（2）巡视检查、是及时发现设备缺陷，消灭事故隐患，保证安全运行的重要措施之一。值班人员应在白班设备并网运行期间，按照既定的路线和核定的频次，对发电站所有系统关键设备进行巡检。巡检区域包括控制室（含继电保护室）、升压站、光伏阵列区、站区四周及安保情况。根据电站规模、设备结构等特点制定针对性的巡检路线和频次要求，巡检时原则上应至少两人一组共同进行。在运行方式变更、气候变化或特殊运行方式时，电站运维相关负责人应安排适当增加巡检次数，对薄弱环节重点巡检。若发现设备故障应及时消缺处理，并做好相关记录，同时加强消缺后的跟踪巡检。

（3）电站除草、组件清洗、电气设备预防性试验管理，是针对光伏电站的专项维护工作。

（4）电站运维交接管理，应对技术资料、图纸资料、设备、备品备件、工器具、消防器材、生活器具、办公设备、车辆、遗留故障（缺陷）、报表、相关禁忌、重要差异、正在处理中的事项进行交接。

（5）文明生产管理，是对生产管理工作要努力实现规范化、标准化、信息化，建立严密、完整、有序的安全生产管理体系，做到管理无漏洞。

（6）继电保护及安全自动装置运行管理、通信系统运行管理及UPS、直流电源检修维护管理，是为满足电站二次系统安全稳定长周期的运行所制定的规范和标准，二次系统是电力系统不可缺少的重要组成部分，实现人与一次系统的联系监视、控制，使一次系统能安全经济地运行。

（7）倒闸操作管理，规定是必须严格遵守《电力安全工作规程》、各地区《调度规程》和其他有关电气操作规定，必须根据电网调度命令或现场工作需要，由电站值班负责人下令后进行。倒闸操作必须由两人进行，一人操作，一人监护；操作过程中，要严格执行唱票、复诵、监护制，不允许在无监护情况下进行倒闸操作。

（8）工器具管理，主要包括对安全工器具、电动工具、测量器具及其他工具的管理规定。

（9）技术监督管理，是在光伏电站发电、供电、用电全过程中，以安全和质量为中心，依据国家、行业有关标准、规程，采用有效的测试和管理手段，对光伏电站设备的健康水平与安全、质量、经济运行有关的重要参数、性能、指标进行监测与控制，以确保其安全、优质、经济运行。

（10）电站备品备件管理，是光伏企业设备缺陷和故障管理的有机组成部分，是实现快速消缺、缩短故障处理时限的物质保证。光伏企业应制定统一的备品备件目录，管理规范、业务流程和配置原则；光伏发电集团还应充分发挥规模优势，建立运维总部、区（省）域和电站运维部等多级仓库管理体系，通过长期运维数据积累建立最佳库存模型，充分发挥区域调节仓库的机动调配作用，实现备品备件快速响应与减少库存、提高周转效率之间的动态平衡。

五、设备缺陷和故障管理

设备缺陷指所有有关设备运行异常，可能威胁人身、设备安全，影响经济运行及设备健康水平，有害设备清洁与环境保护，需要进行处理的情况。故障是指设备失去或降低其规定功能的事件或现象，表现为某些部件失去原有性能或精度，导致设备不能正常运行，技术性能降低，致使发电生产中断或效率降低。光伏发电企业应当建立电站设备缺陷和故障的分类管理机制。对设备缺陷和故障的发现、通知、处理和考核，应当明确管理的基本原则，建立规定的消缺或故障处理流程标准。设备缺陷和故障管理是光伏电站运行和维护的基本内容之一，详细介绍见本书第五章。

第三章

光伏电站系统设备

CHAPTER 3

第一节　光伏组件

一、光伏组件概述

光伏组件（PV module）是具有封装及内部联结的、能单独提供直流电输出的、最小不可分割的太阳电池组合装置，也称太阳电池板（solarcell module）。

光伏组件是整个光伏发电系统的核心部分，其作用是通过光生伏特效应把太阳能转换为直流电能输出。当太阳光照射在太阳能电池上时，电池吸收光能，产生光生电子－空穴对。在电池内建电场作用下，光生电子和空穴被分离，电池两端出现异号电荷的积累，即产生“光生电压”，这就是“光生伏特效应”。若在内建电场的两侧引出电极并接上负载，则负载就有“光生电流”流过，从而获得功率输出。在相同的温度下，光照强度越大，太阳能电池板的开路电压和短路电流越大，最大输出功率也越大。

（一）常规光伏组件结构及分类

光伏组件主要有太阳能电池、钢化玻璃、EVA 胶膜、边框、背板、接线盒、二极管连接器及光伏专用电缆线组成（见图 3–1）。其中 EVA 胶膜是用来黏结固定钢化玻璃和发电主体（如电池片）的，制作时层压工艺顺序为：钢化玻璃—EVA 胶膜—太阳能电池片—EVA 胶膜—背板。

二极管的主要功能是单向导通功能，通常又分为旁路二极管和防反冲二极管。在太阳能电池板正常工作时旁路二极管不会起作用，但当遇到热斑效应时，旁路二极管会自动越过该串电池串并与其他电池串相连继续工作。当前组件上设计使用旁路二极管主要作用也就是防止电池片烧坏。防反冲二极管主要作用是组件在没有光照时防止蓄电池电流倒流。

连接器、连接线具有良好的绝缘性能，公母插头带有自锁功能使太阳能电池板与电气连接更便捷可靠。

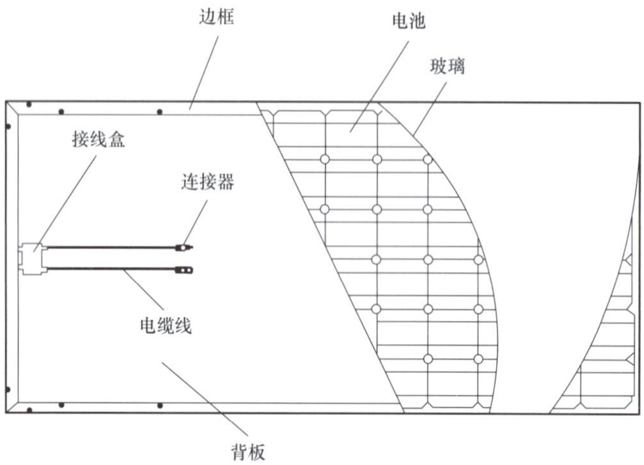

图 3-1　光伏组件内部组成

光伏组件根据制作工艺和材质等的不同，通常可分为晶硅和非晶硅组件。其中，晶硅组件由于不同的生产工艺，形成了不同的原子结构排列，还可区分为多晶硅组件和单晶硅组件（见图 3–2）。

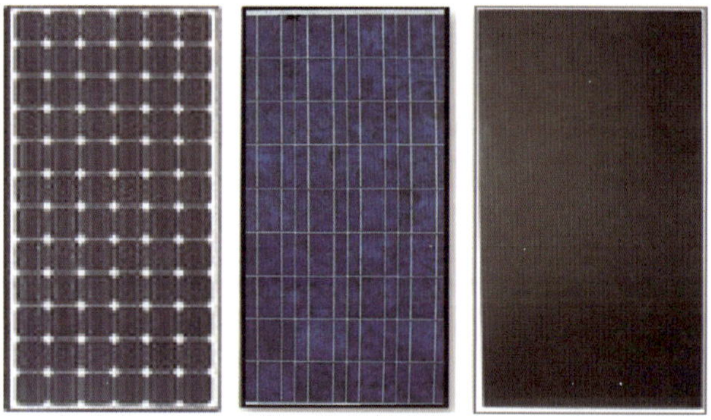

（a）单晶硅组件　（b）多晶硅组件　（c）非晶硅组件

图 3-2　光伏组件类型

1. 多晶硅组件

多晶硅太阳能电池一般采用浇筑法生产，其硅原子结构呈无序排列。从外观上看，多晶硅组件的电池片四个角为 90° 直角，表面有类似冰花一样的花纹。多晶硅太阳能电池转换效率相对略低，平均约 18% 左右。另外，其制作工艺相对简便，生产电耗较低，单瓦制造成本比单晶硅太阳能电池更加低廉，体现了较好的性价比，因此在光伏发电行业发展早期，多晶硅组件总体上更具优势。表 3–1 为常见的多晶硅组件技术参数。

表 3-1　某厂家 290W 多晶硅组件技术参数表

标准测试条件下性能参数	标准测试条件 STC：$AM = 1.5$，$E = 1000W/m^2$，$T_c = 25℃$
峰值功率 W_p	290
开路电压 V_{oc}（V）	38.95
短路电流 I_{sc}（A）	9.66
最大工作电压 V_{mppt}（V）	31.98
工作电流 I_{mppt}（A）	9.07
标称工作温度 N_{OCT}（℃）	–40 ~ 85
组件尺寸（mm × mm × mm）	1650 × 991 × 35

2. 单晶硅组件

单晶硅组件的制造过程则增加了对原子结构的重构，其生产工艺相对复杂，因此制造成本也较其他组件类型更高。但单晶硅组件光电平均转换效率也要比多晶硅组件高出 10% ~ 20% 不等，若采用当前较为先进的 PERC 工艺技术，单晶硅组件的最高转换效率接近 25%，是所有种类的太阳能组件中光电转换效率最高的。单晶硅组件近年来由于制造工艺更加成熟，生产规模日益提高，单瓦制造成本的下降幅度较快，目前也比较有市场竞争力。

表 3–2 为 300W 单晶硅组件技术参数。

表 3-2　某厂家 300W 单晶硅组件技术参数表

标准测试条件下性能参数	标准测试条件 STC：$AM = 1.5$，$E = 1000W/m^2$，$T_c = 25℃$
峰值功率 W_p	300
开路电压 V_{oc}（V）	39.85
短路电流 I_{sc}（A）	9.75
工作电压 V_{mppt}（V）	32.26
工作电流 I_{mppt}（A）	9.3
标称工作温度 N_{OCT}（℃）	45 ± 2
功率误差范围（%）	± 3
组件尺寸（mm × mm × mm）	1650 × 990 × 35

3. 非晶硅太阳能电池

非晶硅太阳电池主要是指薄膜式太阳能电池，其结构特点是在玻璃质的衬底上使用镀膜技术沉积导电膜而成。根据薄膜材质的不同，该类电池又可分为碲化镉、铜铟镓硒、非晶体硅、砷化镓等。薄膜式太阳能电池技术起源于20世纪70年代末，由于光电转换效率过低，一直未得到产业化应用。但随着技术成熟度不断提高，当前最高的转换效率也已经和多晶硅电池接近。薄膜式电池总体用料较少、工艺简单、能耗较低，而且在弱光条件下也能发电，其综合性价比开始凸显，在可预见的将来仍具有较好的发展前景。

除了薄膜式太阳能电池以外，当前其他非晶硅太阳能电池还有钙钛矿电池等，但大都尚未进入正式产业化应用阶段。

（二）双面光伏组件的发展

除了在产业化应用中占据主导地位的常规组件类型以外，近些年随着光伏技术的不断突破，各种新型光伏组件或太阳能电池逐渐应运而生并得到快速发展。其中在比较有代表性的发展方向是体现组件结构设计更加优化的双面光伏组件。

双面光伏组件一般是使用特殊的电池结构和透明的背板材料，使其获得正、反两面都可以实现发电的效果。由于组件的背板一般也采用玻璃材质，也称为双玻组件。该类组件背面可接收和利用的光线，不仅包含地面的反射光，也包含大气中的散射光、空气中粉尘的反射光、周围建筑物的反射光等。目前市场上双面光伏组件主要有单晶N型双面光伏组件、单晶PERC双面光伏组件、N型异质结（HIT或HJT）双面光伏组件3类。

与常规的单面组件相比，双面组件还具有以下几个特点：

（1）背面可以发电。双面光伏组件背面主要利用来自地面等的反射光发电，地面反射率越高，电池背面接收的光线越强，发电效果越好。常见的地面反射率有：草地为15%～25%、混凝土为25%～35%、湿雪为55%～75%。双面光伏组件在草地上应用能使发电量提高8%～10%，而在雪地上最高可使发电量提高30%。

（2）加快冬季组件覆雪融化。双面光伏组件在正面被积雪覆盖后，因组件背面可接收来自雪地的反射光而发电发热，加快了积雪的融化和滑落，可提高发电量。

（3）灵活的安装方式和场地适应性。双面组件在大多数1500V光伏系统中可以减少汇流箱、电缆等的用量，降低初期系统投资成本。同时，玻璃透水率几乎为零，故不需要考虑水汽进入组件诱发 PID 而导致的输出功率下降的问题。该特性使得双面组件对环境适应性更强，适用于建设在较多酸雨或盐雾大的地区的光伏电站。此外，双面组件对安装方向的要求也更为灵活。

（4）特殊的支架形式需求。常规支架形式会遮挡双面光伏组件背面，不仅减少背面光线，而且会造成组件内电池片间串联失配，影响发电效果。双面光伏组件的支架可设计成“镜框”形式，避免遮挡组件背面（见图 3-3）。

图 3-3 双面光伏组件完成图

二、运行维护规范要求

（一）日常维护要求

组件日常巡检是为保证光伏组件的长期安全可靠运行，及时发现光伏组件出现的缺陷和异常情况，由运维人员对组件运行中的组件，进行的巡回检查工作。

光伏组件的日常巡视应主要检查以下内容：

（1）检查光伏组件采光面是否清洁，有无积灰、积水现象。

（2）检查光伏组件板间连线有无松动现象，引线绑扎是否牢固。

（3）检查光伏阵列汇线盒内的连线是否牢固。

（4）检查光伏组件是否有损坏或异常，如遮挡、破损，栅线消失，热斑等。

（5）检查光伏组串支架间的连接是否牢固，支架与接地系统的连接是否可靠，电缆金属外皮与接地系统的连接是否可靠。

通过日常巡检发现的问题，运维人员应针对异常情况及时维护，以保障设备的安全稳定运行。若巡检发现下列问题应立即调整或更换光伏组件。

（1）光伏组件存在玻璃粉碎、背板灼焦、明显的颜色变化。

（2）存在与组件边缘或任何电路之间形成连通通道的气泡。

（3）光伏组件接线盒变形、扭曲、开裂或烧毁，接线端子无法良好接触。

（4）组件功率达不到额定输出，查明原因，必要时更换。功率测量可使用钳型电流表在太阳辐射强度基本一致的条件下测量接入同一个直流汇流箱的各光伏组件串的输入电流，其偏差应不超过 5%。

（5）光伏组件的零件，包括二极管、接线盒、电缆连接器等，一般不允许随意更换，如果有损坏，应更换与原组件相同的型号，或向制造商咨询。

（6）光伏区现场进行组件清洁对标试验，若发现组件受污染比较严重，已影响组件输出功率，则应根据电站现场条件尽可能用水进行冲洗（不需要用清洁工具）或者使用轻软的光伏组件专用清洁工具擦洗。清洁注意事项：

1）不得在污垢干燥的时候清理，会划伤组件表面。

2）应使用干燥或潮湿的柔软洁净的布料擦拭光伏组件，严禁使用腐蚀性溶剂或用硬物擦拭光伏组件。

光伏清洁刷主要包括排刷、伸缩杆、设备电源三部分组成。使用时将锂电池放置背包内，调整背包姿势，根据光伏厂区现场情况调整伸缩杆长度，固定伸缩杆可以正常工作（见图 3-4）。

图 3-4　光伏电站清洁刷示意图

（二）操作规范及注意事项

1. 光伏组件的安装

对于常规的地面固定支架的大型并网光伏电站，组件安装倾角应根据该区域的纬度值及现场实际情况综合考虑。在安装组件前，安装人员必须熟悉组件的机械和电气要求。组件背面配备有终端接线盒，接线盒上配有一定长度的线缆和接线头（分公头和母头），方便组件之间的电气连接。

当阳光或者其他光源照射组件表面时，组件会产生电能。组件串联时，电压累加；组件并联时，电流累加。因此，大规模的光伏组件串能产生很高的电压和电流，不恰当的操作可能导致严重的电击人身伤害。

（1）组件安装孔螺栓安装。

组件可以通过边框预留的安装孔固定在支架上，如图 3-5 所示。组件使用 4 个安装孔进行固定，安装使用的所有紧固件材质均为不锈钢。

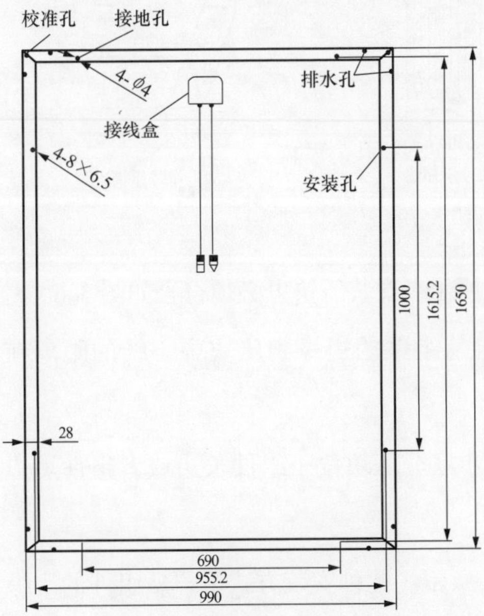

（a）组件背面视图

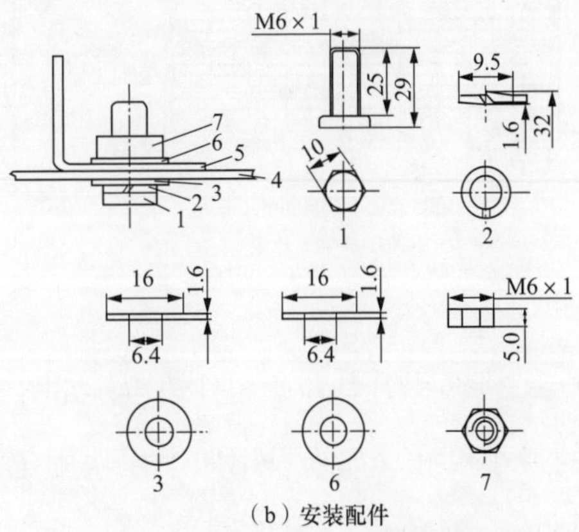

（b）安装配件

1	螺杆	M6×1
2	弹簧垫圈	9.5×1.6
3	垫片	16×1.6
4	组件框架	~1.9
5	支架	≈5
6	垫片	16×1.6
7	螺母	M6×1
NO.	名称	规格

（c）配件明细表

图 3-5　组件的背面视图、安装、配件

（2）组件压块安装。

压块安装方式下，根据组件长边与安装支架的相对位置关系，可分为组件长边平行于安装支架或者组件长边垂直于安装支架两种方式。

当组件长边平行于安装支架时，还要进一步区分安装压块位于组件长边，还是位于组件短边两种情形：

1）安装压块位于组件长边，如图 3-6（a）所示。该种情况下，从组件的边缘到压块中心线的距离必须在 300mm 和 350mm 之间。组件两条长边由支架支撑，且支架与组件铝边框至少重叠 20mm。安装压块应满足如图 3-6（c）所示的最小尺寸（重合部分至少宽度为 5mm 和长度为 30mm）。阵列的支架必须是连续的。

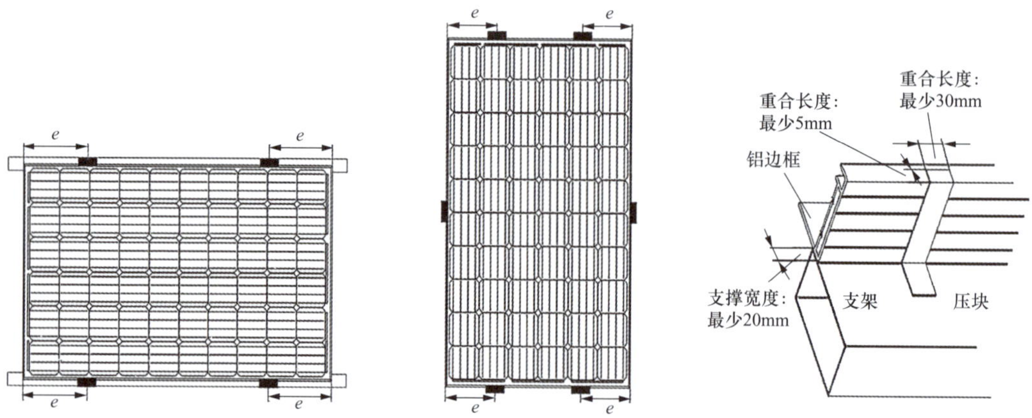

300mm<e<350mm
（a）组件压块位于长边

200mm<e<300mm
（b）组件压块位于短边

（c）组件压块安装

图 3-6　组件压块安装示意图

2）安装压块位于组件短边，如图 3-6（b）所示。安装压块也必须符合如图 3-6（c）的最小尺寸。如果只用四个压块固定组件，且从组件的边缘到压块中心线的距离在 200mm 和 300mm 之间。

当组件长边垂直于安装支架时，还应进一步区分压块位于组件长边或者组件短边由支架支撑两种情形：

1）安装压块位于组件长边，如图 3-6（a）所示。此种安装方式下，从组件的边缘到压块中心线的距离必须在 300mm 和 350mm 之间。阵列的支架必须支撑组件的底部，且必须是连续的。

2）组件的两短边由安装支架支撑，如图 3-6（b）所示。安装支架与组件铝边框至少重叠 20mm，阵列的支架必须支撑组件的底部，且必须是连续的，从组件的边缘到压块（四个）中心线的距离在 200mm 和 300mm 之间。若在组件两长边的中心增加两个压块加强固定（在组件中间位置也有安装支架对组件支撑）。

2. 组件的电气连接

单块组件在组串中的连接方式为正负连接。即在电气连接时，第 1 块组件的负极与第 2 块组件的正极相连接，第 2 块组件的正极与第 3 块组件的负极相连接，依次类推。组串连接完成后，还有第 1 块组件的正极和最后 1 块组件的负极未连接，而留下的正极和负极，需要与直流汇流箱或组串式逆变器直流侧进行连接，此处连接方式非组串接法，而是正极接正极、负极接负极的连接方式，如图 3–7 所示。

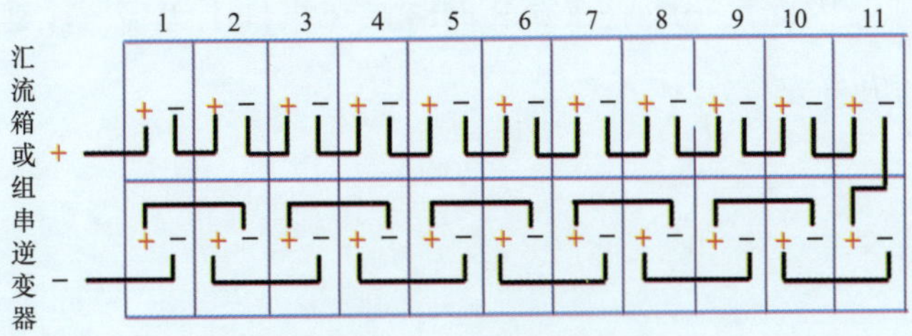

图 3–7 一般接线原理图

在光伏电站常见的支架上，一组支架可放置 2 个组串，此时有 2 种接线方式，一种就是按上述形式进行连接，而考虑的节省电缆的因素，也采用交叉跨越接线方式。例如，某一组支架可放置 2 个组串，每个组串 22 块组件，也就是 44 块组件，交叉跨越连接就是第 1 块组件和第二块组件各留一个正负极接头接入汇流箱或组串式逆变器，奇数块组件正负连接，偶数块组件正负连接，最后 2 块组件剩下的正负极相连接，图 3–8 为连接原理图。

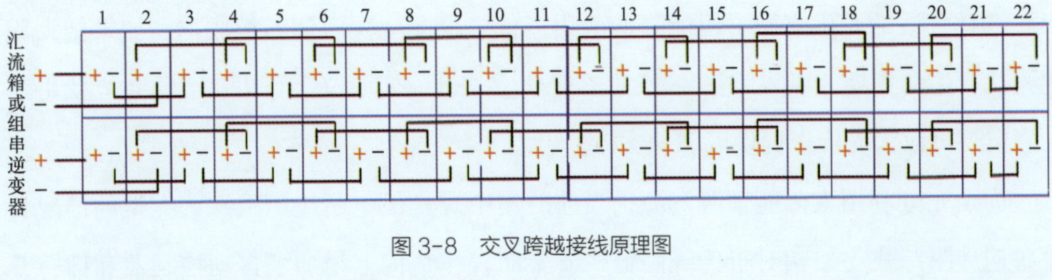

图 3–8 交叉跨越接线原理图

光伏组件接受光照的时候会产生电压和电流。虽然一个或少量组件输出的电压低于人体安全电压，但是当多个或大量组件通过串联（电压相加）或者并联（电流相加）

连接时，则会产生足以对人身安全构成威胁的较高电压。为了在组件安装尤其是在更换公母头或者其他有关电气连接操作时有效防止电火花、电弧甚至火灾的发生，运维人员应特别注意以下事项：

（1）在插拔公母头、布线的时候，最大程度上的小心并使用安全保护器具，包括且不限于各种绝缘工具、绝缘手套等。

（2）在系统回路未断开且当时存在负载的情况下，插拔组件公母头会产生电弧，在操作时应首先断开上一级熔断器，保证组串处于正负极断开状态。

（3）组件有裂缝，污点或者受到光照的时候会产生直流电流。当回路连接和断开的时候会产生电弧。因此，一般应在安装的时候在组件上遮盖一个遮挡光线的布匹，以确保安装人员的人身安全。

第二节　组件支架

一、概述

光伏组件支架是指根据发电站建设地点的地理、气候和太阳能资源条件，将光伏组件以一定的朝向（倾角）、排列方式及间距固定住的金属或非金属支撑结构。光伏组价支架的主要作用是在支撑组件面板的同时，力求整个光伏发电系统得到最大功率输出。选择合适的光伏支架不但能降低工程造价，也会减少后期养护成本。如果把太阳能光伏板生命周期 30 年甚至更长，那么光伏支架在一定意义上可以被看作是光伏电站的脊梁，可以为光伏板提供可靠的支撑。

为了充分利用太阳能辐照资源，当前的集中式光伏电站应用跟踪式支架的情况日益普遍。跟踪式支架相对于传统固定式支架而言，结构上增加了自动控制器和摇臂开关、开关电源、直流电机等驱动设备，因此通常也被称为组件支架跟踪系统。

（一）组件支架的分类

光伏组件支架从材质上分，主要有混凝土支架、钢支架和铝合金支架等三种。钢支架又可分为碳钢和不锈钢等。钢质支架性能稳定，制造工艺成熟，承载力高，安装简便，是国内当前大型光伏电站最普遍应用的支架材质类别。混凝土支架则在部分电站设计中被用于作为钢支架的基础支撑部分。铝合金因质量轻、美观耐用的特点，比较适用于建筑屋顶光伏发电项目。

光伏组件支架从安装方式和功能特点上分，又可分为固定式光伏支架和跟踪式光伏支架两大类（见表 3–3）。

表 3–3　光伏组件支架分类特点

大类	二级分类	特点
固定式支架	最佳倾角固定式	以当地平均辐射量最大倾角固定不变进行安装，以获得固定角度累计最大辐射量
	倾角可调固定式	在太阳入射角变化转折点，定期调节支架倾角，增加太阳光直射吸收，提高各季节辐射量
	斜屋面固定式	以斜屋面倾角固定安装，在屋面承载力适应性和辐射量损失之间寻求平衡
跟踪式支架	平单轴跟踪支架系统	组件方阵可随一根水平轴东西方向跟踪太阳，以此获得较大辐射量，广泛应用于低纬度地区
	斜单轴跟踪支架系统	组件方阵随一根追踪轴以东西方向转动的同时向南设置一定倾角，围绕该倾斜轴旋转追踪太阳方位角以获取更大辐射量，适合应用于较高纬度地区
	双轴跟踪支架系统	组件方阵采用两根轴转动（立轴、水平轴）对太阳光线实时跟踪，以保证每一时刻太阳光线都与组件板面垂直，以此来获得最大辐射量，适合在各个纬度地区使用

（二）跟踪式支架的结构特点

跟踪式支架的自动跟踪器系统主要包含跟踪支架、驱动装置和控制器三个部分（见图 3–9）。

驱动装置主要包括驱动电机、回转减速机和主摇臂构成，用来驱动横梁带动太阳能板跟踪运转。

（a）平单轴

（b）斜单轴（1）

（c）斜单轴（2）

图 3-9　跟踪式支架

控制器和传感器是跟踪系统的“大脑”，用来控制驱动装置的运动，确保跟踪支架进行合适的转动来保证光伏组件跟踪太阳。

1. 控制器的工作原理

控制器按程序自动控制驱动装置的动作，驱动装置推动转动梁转动来保证光伏组件跟踪太阳的移动。控制器采用时间控制算法，即使是阴雨天气也会自动进行跟踪运动。每天早上，驱动装置会把组件从水平位置慢慢转动到朝东指向日出，同时避免组件之间的遮挡；然后，逐步跟随太阳的从东向西的运动，在中午时又回到水平位置；下午，转动到朝西；晚上，又回到水平位置。

2. 跟踪系统的功能特性

主流的跟踪系统一般应具备以下功能特性：

（1）回调。跟踪算法采用自动回调（防阴影算法）技术避免早上和晚上时间东西方向跟踪之间的遮挡，提高系统发电量。

（2）大风保护。在大风期间，跟踪器提供自动保护功能。在风速大于某一阈值时，跟踪器将启动自动保护功能，自动将跟踪支架的当前位置调整至预设的安全位置，用以保护现场设备。

（3）一致性。跟踪器采用时控技术，每天每时计算太阳的准确位置，不受外界环境如云、光敏元器件等影响，具有较好的一致性。

二、运行维护规范要求

组件支架运行维护是为保证光伏组串的长期安全可靠运行，对组串中的跟踪支架、支架基础、驱动装置等设备运行中的状态进行检查维护，及时发现，及时消除隐患。

合格的组件支架应满足以下设计规范和质量要求：

（1）无论哪种材质，均需确保 30 年不腐蚀、不生锈。

（2）支架本体无焊接、无钻孔、100% 可调、100% 可重复利用。

（3）结构必须牢固可靠，能承受如大气侵蚀、强风荷载、极端雨雪天气等的影响。

（4）支架需带有槽轨设计，以放置电线，防止电击。

（5）便于安装、维修，造价经济合理。

针对支架类型的不同，巡视检查及维护内容也各有不同，为保障支架的正确运行，现场应从以下方面加强巡视及维护。

（一）固定式支架日常维护

（1）支架安装是否牢固，螺栓有无松动、脱落现象。

（2）支架是否存在锈蚀、弯曲、破损现象。

（3）支架基础是否风蚀、塌陷、悬空等现象。

（4）支架整体接地是否良好，组件小接地线与支架的连接是否牢固。

（5）立柱是否存在倾斜、扭曲、开裂等异常情况，立柱螺栓是否存在缺失、锈蚀、松动等情况；立柱拉筋连接是否存在断裂、锈蚀、缺失等情况，紧固螺栓是否存在松动、锈蚀等情况；立柱基础是否存在下陷、突起的情况。

（二）跟踪式支架日常维护

跟踪式支架系统具有不同于固定支架的特点，尤其是驱动装置部分。在日常运行维护中，跟踪式支架日常检查维护除包括固定式支架所有检查项目，还应注意以下几点：

（1）支架跟踪角度是否存在异常情况，任何旋转角度所到位置是否有植被遮挡或阻拦，若有需及时清理。

（2）传动倾斜梁是否存在弯曲、变形等情况。

（3）推拉杆是否存在弯曲变形，销钉是否存在断裂、脱落等情况。

（4）轴承箱是否存在变形情况，轴承是否存在明显裂纹和过大磨损的情况。

（5）支架接地是否存在断裂、开焊、锈蚀、松动、地埋部分裸露等情况。

（6）驱动装置基础是否存在下陷、破损等情况；驱动电机是否存在漏油、无法正常工作的情况。

（7）回转减速机运转是否存在异声、漏油、无法正常运行的情况。

（8）主摇臂是否存在变形，连接销钉断裂、脱落的情况。

（9）驱动电源是否存在故障，驱动线缆连接是否存在虚接、断裂，保护套管破损等情况。

（10）齿轮机与驱动单元连接螺栓是否存在松动、锈蚀等情况。

（11）跟踪控制器维护保养，巡视跟踪控制器各接头是否有松动、氧化；定期清扫主控制内部灰尘；巡视风速仪是否正常工作及是否有明显堆积物；巡视跟踪单元是否正确跟踪太阳。

（12）回转减速机保养。

回转减速机应当每年进行一次注油润滑保养，使用油脂一般为高温润滑脂或高低温脲基润滑脂，注油器采可用带尖嘴和软管的黄油枪（见图 3-10）。

注油方法：使用电脑或手动柄操作，调整设备 -45° 到 45° 之间来回运转（见图 3-11），使用注油工具根据设备的运转，摇动手柄匀速注油，直至油脂注入，用量参考如图 3-12 所示油量标识（每台回转减速器加油量 400mL）。

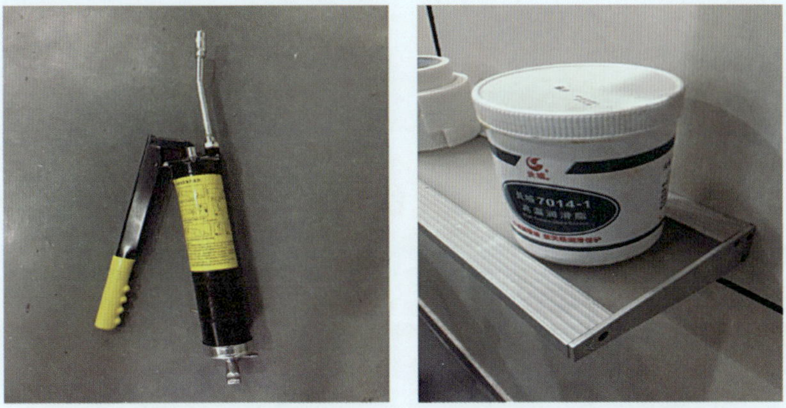

图 3-10　加油枪、加油脂

图 3-11　回转减速机注油方法

图 3-12　齿轮咬合处油脂加注点及支撑轴承注油点

第三节　光伏防雷汇流箱

一、光伏防雷汇流箱概述

光伏汇流箱是指在光伏发电系统中将若干个光伏组件串的直流电并联汇流后接入的电气装置，主要起到电流汇集作用。

光伏防雷汇流箱按照接入方式不同又分为直流汇流箱和交流汇流箱。

（一）直流汇流箱

直流汇流箱的主要作用是在太阳能光伏发电系统中，为减少光伏组串阵列与逆变器之间的连线，根据逆变器输入的直流电压范围，把一定数量的规格相同的光伏组件串联组成 1 个光伏组件串列，再将若干个光伏组串接入光伏阵列防雷汇流箱，通过断路器后输出，方便后级逆变器的接入。

光伏直流汇流箱按照电气设计要求有 8 进 1 出或 16 进 1 出多种接线方式，汇流箱各支路的接线方式一样。图 3-13 为一个 16 进 1 的直流汇流箱，图 3-14 为直流汇流箱内部接线图。

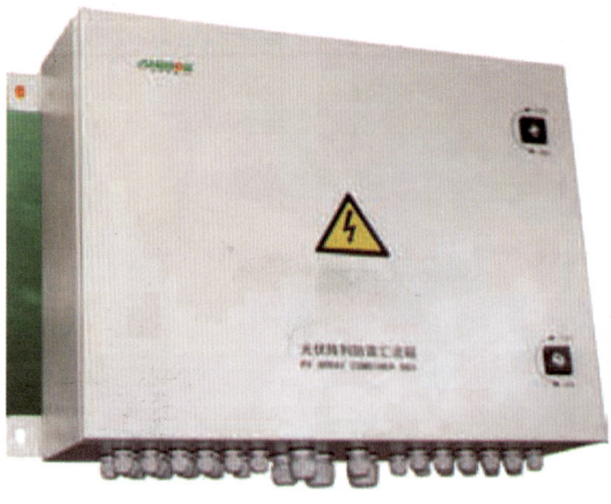

图 3-13　光伏直流防雷汇流箱

为了提高光伏发电系统的可靠性和实用性，光伏防雷汇流箱里配置了光伏专用直流、直流熔断器和断路器等，提供防雷及过流保护，并监测光伏阵列的单串电流、电压及防雷器状态、断路器状态。利用直流电流互感器的非接触式测量方法，方便运维人员及时准确地掌握组串的工作情况，在不影响组串输出功率的情况下测量汇流箱中光伏组件输出的组串电流值，保证太阳能光伏发电系统发挥最大功效。

图 3-14 光伏直流汇流箱内部接线图

光伏汇流箱的技术参数规定了汇流箱内的最大光伏阵列并联输入路数、每路光伏阵列最大电流、光伏阵列电压范围等重要参数，这在末尾逆变器分析、组串故障排查中成为要求的参考依据（见表 3-4）。

表 3-4 光伏汇流箱典型技术参数

光伏阵列电压范围	200～1000	直流断路器
最大光伏阵列并联输入路数	16	光伏专用防雷模块
每路光伏阵列最大电流（A）	10	
输出端子大小	PG21	串列电流监测
防护等级	IP65	防雷器监测
环境温度（℃）	-25～60	通信模块接口
环境湿度（%）	0～99	—
宽/高/深（mm）	600/500/180	—
质量（kg）	16	—

（二）交流汇流箱

光伏交流汇流箱应用于组串式逆变器的光伏发电系统，安装于逆变器交流输出侧和光伏箱式变压器低压侧之间。

在光伏电站现场，交流汇流箱就是将组串式逆变器逆变成额定的电压等级的交流输出装置。交流汇流箱的内部配置有输入断路器、输出断路器、交流防雷器，可选配具有监测系统电压、电流、功率和电能等信号功能的智能监控仪表。图 3-15 为交流汇流箱安装位置，图 3-16 交流汇流箱内部配置。

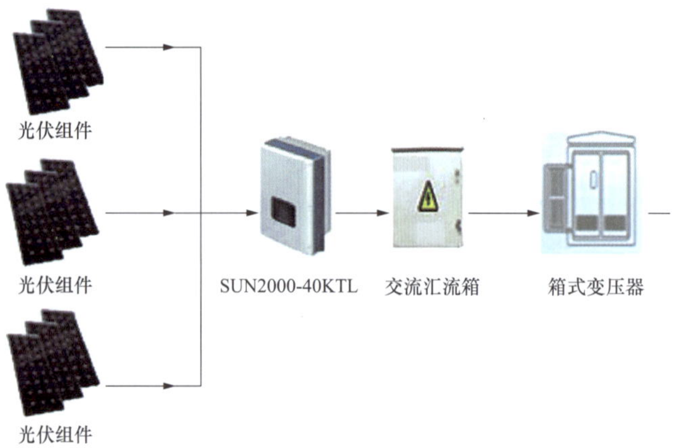

图 3-15　交流汇流箱安装位置

图 3-16　交流汇流箱内部配置

交流汇流箱主要作用是汇流多个逆变器的输出电流，同时保护逆变器免受到来自交流并网侧 / 负载的危害，作为逆变器输出断开点，提高系统的安全性，保护安装维护人员的安全性。

（1）交流输入断路器：逆变器输出端直接连接到该 3P 断路器上，断路器可以迅速切断故障电流。

（2）交流输出断路器：6 台逆变器汇流之后总的断路器为额定电流为 350A 的塑壳断路器。接到该断路器的电缆通过铜排连接，线径为 $150mm^2$。

（3）防雷熔断器：熔断器（俗称保险丝）是一种过电流保护器，当被保护电路的电流超过规定值，熔丝熔断使电路断开起到保护的作用，一般在防雷浪涌失效之后才会动作，可以选择 100A 的熔断器。

二、运行维护规范要求

（一）日常运行维护

1. 直流防雷汇流箱

直流防雷汇流箱应进行定期性检查，检查时保持与带电设备的安全距离。运维人员巡视检查时，须带好巡视检查记录手册，按照现场制定的巡视检查路线，防止漏查设备。在设备巡视检查中要认真执行看、听、嗅、摸等工作方法防止漏查缺陷，对查出的设备缺陷和异常在现场做好记录，要认真分析。其日常维护工作包括：

（1）信号指示是否正常，开关位置是否正常。

（2）检查系统的各电气元器件有无过热、异味、断线等异常情况。

（3）定期清扫直流防雷汇流箱。

（4）定期检查设备的绝缘情况，直流输出母线的正极对地、负极对地的绝缘电阻应大于 2MΩ。

（5）定期分析设备的健康情况。

（6）设备运行中发现的缺陷应尽快组织检修人员检修处理，防止故障范围扩大。

（7）自动化元件的检修与调试。

（8）直流汇流箱不得存在变形、锈蚀、漏水、积灰现象，箱体外表面的安全警示。

2. 交流汇流箱

交流汇流箱日常维护主要包含以下内容：

（1）检查交流汇流箱内断路器运行是否正常，有无闪络现象，防止断路器失灵影响组串式逆变器交流输入。

（2）检查交流汇流箱接线是否牢固，螺栓有无松动。

（3）检查交流汇流箱内防雷保护是否失效，尤其是雷电过后要及时检查防雷模块是否失效。

（4）更换交流汇流箱内元器件时，应先断开交流汇流箱所属箱变内的分支断路器，再断开交流汇流箱内输出断路器和所配组串式逆变器交直流转化开关，使用仪表检测交流汇流箱内所有断路器输入端和输出端无电压后才可以进行更换工作。

（5）检测或维护交流汇流箱时，注意输入输出均可能带电，防止触电或损坏其他设备。

3. 汇流箱点检周期

周期性细致的点检定修是保障汇流箱安全稳定运行的重要措施之一。点检周期的长短，主要跟光伏电站装机规模和设备数量等直接相关。一般来说，大容量电站可安排一年中分阶段进行一次点检。50MW 及以下容量的电站可以相对灵活，一般为一个季度一次，具体点检项目及周期如表 3-5 所示。

表 3-5　汇流箱点检周期（参考 50MW 及以下电站）

序号	点检项目	周期
1	汇流箱及所属元器件的清扫、检查	每季度一次
2	信号回路及器件的检查、检测、操作模拟	每季度一次
3	各种开关电器的机构及动作情况检查	每季度一次
4	操作回路检查	每季度一次
5	电缆外观及连接检查	每季度一次

（二）操作规范及注意事项

1. 直流汇流箱

（1）送电流程。

1）第一步：检查并合上正负极直流熔断器（见图 3-17）。

A. 核对汇流箱编号，是否是操作编号汇流箱，检查汇流箱支路是否是开路状态；

B. 根据直流汇流箱内系统图，核对汇流箱内元器件、连接方式是否正确；

C. 对所有支路进行电压测量，无接地及异常情况依次合上正负极熔断器；

D. 全部合上后检查电压是否正常，通信是否正常。

图 3-17　直流汇流箱送电流程（一）

2）第二步：合上直流断路器（见图 3-18）。

A. 合之前需检查电缆是否可靠连接；

B. 直流断路器是否完好；

C. 合上后观察汇流箱有无异常情况；

D. 合上后用钳形电流表测量直流电流，观察通信模块电流显示是否与测量一致。

图 3-18　直流汇流箱送电流程（二）

（2）停电流程。

汇流箱停电流程与送电相反，先断开直流断路器，再依次断开汇流箱正负极熔断器。断开前须检查断路器有无漏电等异常现象，检查汇流箱有无异响及异味；核对设备名称，避免误断直流断路器。

（3）汇流箱停、送电注意事项。

1）必须穿戴防护用品。

2）防止触碰直流母排。

3）注意保护熔断器底座，避免用力过大导致底座损坏。

4）防止触碰直流母排；断开时注意保护熔断器底座，避免用力过大导致底座损坏。

2. 交流汇流箱

（1）送电流程（见图 3-19）。

A. 正确核对汇流箱编号；

B. 检查交流汇流箱外观有无变形、固定是否牢固、有无异响等现象；

C. 检查交流汇流箱内断路器引线驰度是否适中、接触是否良好，相序是否正确；

D. 操作时必须穿戴防护用品；

E. 检查交流汇流箱内断路器分、合闸位置指示是否正确，合上汇流箱总交流断路器，再依次合上各分支断路器。

图 3-19　交流汇流箱送电

（2）停电流程（见图 3-20、图 3-21）。

A. 正确核对汇流箱编号；

B. 确认汇流箱支路所属逆变器均已停机；

C. 依次断开各支路交流输入开关。

图 3-20　交流汇流箱停电（一）

A. 分闸前检查确认交流输出开关完好，无放电及异常情况；

B. 断开后测量交流母排确无电压，并断开防雷模块断路器；

C. 交流输出开关下端电缆仍带电，故需与带电设备保持安全距离；

D. 操作完毕后锁上柜门。

图 3-21　交流汇流箱停电（二）

第四节 逆变器

一、逆变器概述

逆变器是光伏发电系统的重要组成部分，主要作用是将光伏组件发出的直流电转变成交流电。

光伏逆变器按用途分为并网逆变器、离网逆变器、微网储能逆变器三大类，并网逆变器按照功率和用途可分为微型逆变器、组串式逆变器、集中式逆变器、集散式逆变器四类。微型逆变器，又称组件逆变器，功率等级为180W到1000W，适用于小型发电系统；组串型逆变器，功率在1kW到10kW的单相逆变器，适用于户用发电系统，并网电压为220V；4kW到80kW三相逆变器，适用于工商业发电系统，并网电压为三相380V。集中式逆变器和集散式逆变器，功率从500kW到1500kW，一般用在大型地面电站。

目前，光伏电站的并网逆变器主要是集中式逆变器与组串式逆变器。

（一）集中式逆变器

1. 集中式并网逆变器的构成

集中式逆变器主要由直流电部分、交流电部分、逻辑处理部分、逆变部分、滤波部分、冷却部件等构成（见图3-22）。早期的集中式逆变器直流汇集部分是单独存在的，称为直流配电柜，随着技术的发展，逐渐集成浓缩，也就是现在逆变器的直流电部分，减少了空间利用，也方便了维护。

（1）直流电部分：连接组件输入和逆变器逆变部分，主要有直流母线，直流断路器和直流侧的滤波部分。

（2）交流电部分：交流电部分位于柜体的右侧，交流输电装置配有母线。交流电路断路器的把手安装在交流电部分的通道门之上，该把手是与电网的链接手动隔离部件。与其串联的是受控制部分支配的自动分合闸交流断路器，不仅是正常并网和离网

图 3-22　光伏集中式并网逆变器

1—故障指示灯；2—运行指示灯；3—电源指示灯；4—控制触摸屏；5—急停旋钮；
6—并网旋钮；7—交流断路器；8—直流断路器；9—风扇；10—直流母排；
11—控制电源；12—交流总输入；13—交流输出；14—通信电源

功能的执行器件，而且还可以在保护功能启动动作时，切断与故障部分连接的保护器件。在交流电部分中一个重要的部分是交流滤波单元，主要功能是滤去逆变器产生的高次谐波，减轻对电网的谐波污染和对升压变压器及逆变单元的损害。交流滤波单元的主要电路是电容和电感组成的高频滤波电路。

（3）逻辑处理部分：逻辑处理部分包括配有嵌入式软件和相关电子电路的数字电源控制板。这些部件和相关电子器件向逆变器发送脉宽调制信号并控制整个设备的逻辑。

（4）逆变部分：逆变部分是整个逆变器的主要核心部分，由大功率的开关管构成，在控制脉冲信号的控制下进行开关动作形成工频输出。

（5）滤波部分：在输出的电流中存在大量的高次谐波，为了减少对电网和用户的影响，在输出端接入电容和电感构成的滤波电路。

2. 集中式并网逆变器的电气安全特性

（1）功率大，数量少，便于管理；元器件少，稳定性好，便于维护。

（2）谐波含量少，电能质量高；保护功能齐全，安全性高。

（3）有功率因素调节功能和低电压穿越功能，电网调节性好。

（4）保护部分。

1）过电压及过电流保护：过电压和过电流由内部电子控件和相关软件控制。如果超过预设值，逆变器按一定的顺序关闭。

2）接地保护：逆变器配有一个电阻监控设备，该设备用于测量接地载流导体的电阻值。如果电阻低于给定值，逆变器将自行关闭。

3）防孤岛保护：光伏逆变器通过监控检测电网到故障，逆变器将切断与电网的连接。

（5）通信配置部分。

逆变器安装通信控制器模块或通信控制器，一般采用 RS485 通信端口，并配置 Modbus TCP/IP 协议，具体以各设备厂家配置为准。

3. 集中式逆变器的优缺点

在额定装机容量的光伏电站中，采用集中式逆变器所需数量少，便于管理；各类元器件数量少，可靠性较高；谐波含量少，直流分量少电能质量高；逆变器集成度高，功率密度大，成本低；各种保护功能齐全，电站安全性高；有功率因数调节功能和低电压穿越功能，电网调节性好。

集中式逆变器 MPPT 电压范围窄，一般为 450 ~ 820V，组件配置不灵活。在阴雨天，雾气多的部区，发电时间短。集中式并网逆变系统中，组件方阵经过两次汇流到达逆变器，逆变器最大功率跟踪功能（MPPT）不能监控到每一路组件的运行情况，因此不可能使每一路组件都处于最佳工作点，当有一块组件发生故障或者被阴影遮挡，会影响整个系统的发电效率。集中式并网逆变系统中无冗余能力，如有发生故障停机，整个系统将停止发电。

（二）组串式逆变器

相对集中式并网逆变器，组串式逆变器除了有直流电部分、交流电部分、逻辑处理部分、逆变部分、滤波部分、冷却部件等构成外，最主要的优势是有 MPPT（最大功率点跟踪）模块，交流端并联并网，受组串间模块差异和阴影遮挡的影响小，最大程度增加了发电量（见图 3–23）。

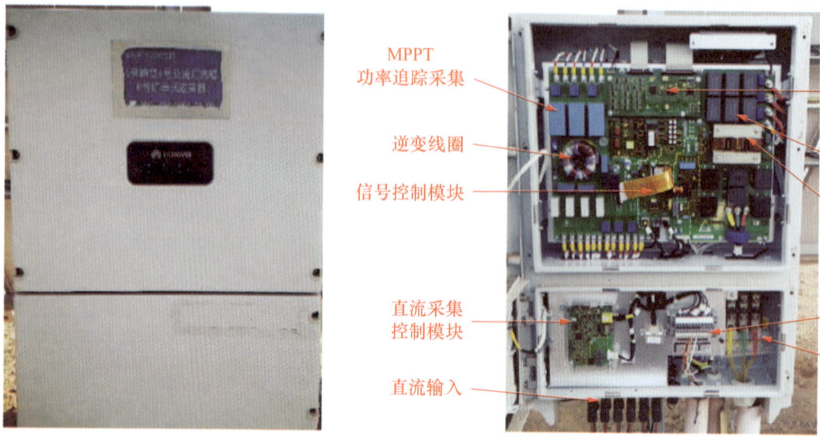

图 3-23　组串式光伏并网逆变器

三相组串式光伏并网逆变器的每路直流输入为单串或多晶硅光伏电池组串；单台逆变器自身集成防组件 PID（电势诱导衰减）效应功能和组件支路拉弧保护功能；组串式逆变器的交流输出侧接三相 AC 480V 的 IT 系统，升压变压器低压侧的电压等级根据逆变器的额定工作电压确定；逆变器交直流侧具备完善的二级防雷保护功能；并网逆变器内部具备光伏组串支路防逆流功能。

组串式逆变器信号显示屏共有四个信号灯，自左依次为交流电源（绿，常亮）、直流输入（绿，常亮）、通信（绿，闪烁）、故障显示（正常不亮，故障时红色）。

1. 组串式逆变器的主要优势

组串式逆变器采用模块化设计，每个光伏串对应一个逆变器，直流端具有最大功率跟踪功能，交流端并联并网，其优点是不受组串间模块差异，和阴影遮挡的影响，同时减少光伏电池组件最佳工作点与逆变器不匹配的情况，最大程度增加了发电量。

组串式逆变器 MPPT 电压范围宽，一般为 250～800V，组件配置更为灵活。在阴雨天，雾气多的部区，发电时间长。

组串式并网逆变器的体积小、重量轻，搬运和安装都非常方便，不需要专业工具和设备，也不需要专门的配电室，在各种应用中都能够简化施工、减少占地，直流线路连接也不需要直流汇流箱和直流配电柜等。组串式还具有自耗电低、故障影响小、更换维护方便等优势。

2. 组串式逆变器的缺点

（1）组串式逆变器电子元器件较多，功率器件和信号电路在同一块板上，设计和制造的难度大，可靠性稍差。功率器件电气间隙小，不适合高海拔地区。户外型安装，风吹日晒很容易导致外壳和散热片老化。

（2）不带隔离变压器设计，电气安全性稍差，不适合薄膜组件负极接地系统，直流分量大，对电网影响大。

（3）多个逆变器并联时，总谐波高，单台逆变器 THDI 可以控制到 2% 以上，但如果超过 40 台逆变器并联时，总谐波会叠加，而且较难抑制。

（4）逆变器数量多，总故障率会升高，系统监控难度大。

（5）没有直流断路器和交流断路器，没有直流熔断器，当系统发生故障时，不容易断开。

（6）单台逆变器可以实现零电压穿越功能，但多机并联时，零电压穿越功能、无功调节、有功调节等功能实现较难。

二、逆变器运维规范要求

集中式和组串式逆变器工作原理相同，但针对其不同的结构类型及特点，日常运行维护也略有差别，有针对性的进行检查维护是保障逆变器稳定运行的必要措施。

（一）集中式并网逆变器

1. 集中式并网逆变器日常巡检

在日常巡视中，检查逆变器各运行参数在规定范围内，并核对与后台监控的数据是否一致。从逆变器面板核对直流电压、直流电流、直流功率，交流电压、交流电流，发电功率、日发电量、累计发电量。检查逆变器输出功率与同型号逆变器输出功率偏差≤3%。

除此之外，还应进行以下检查：

（1）检查机柜、通风系统和所有外露表层的外观 / 清洁状况。

（2）检查、清洁 / 更换空气过滤器的元件。

（3）检查逆变器柜门闭锁正常。

（4）逆变器防尘网清洁完整无破损。

（5）设备标识标号齐全、字迹清晰。

（6）逆变器运行时各指示灯工作正常，无故障信号。

（7）检查逆变器运行声音无异常。

（8）检查逆变器一次回路连接线连接紧固，无松动、无异味、无异常温度上升。

（9）检查逆变器各模块运行正常，运行温度在正常范围。

（10）检查逆变器直流侧、交流侧电缆无老化、发热、放电迹象。

（11）检查逆变器直流侧、交流侧开关位置正确，无发热现象。

（12）检查逆变器室环境温度在正常范围内，通风系统正常。

（13）检查逆变器工作电源切换回路工作正常，必要时进行电源切换试验。

（14）用红外线测温仪测量电缆沟内逆变器进出线电缆温度。

2. 集中式并网逆变器停送电流程

逆变器在初次并网、检修前后都需要到现场进行停送电操作，规范、正确的操作是不仅能避免事故的发生，而且对设备的磨损、老化起到保护作用。

逆变器在现场的具体操作流程如下：

（1）逆变器送电。

1）第一步：合上控制电源开关（见图 3–24）。

A. 送电之前，检查确认交流侧已送电，且无异常现象；

B. 合上后需等控制触摸屏启动，检查触摸屏正常，才可进行下步操作。

图 3–24　逆变器送电（一）

2）第二步：合上交流侧断路器（见图 3–25）。

A. 合断路器之前需检查断路器是否完好、电缆相序是否正确且可靠连接；

B. 使用专业工器具进场操作；

C. 合上后在触摸屏上观察交流电压是否正常。

图 3-25　逆变器送电（二）

3）第三步：合上直流侧断路器（见图 3-26）。

A. 检查直流侧各支路汇流电缆无破损及正负极接反及接地等现象；

B. 检查直流侧断路器完好无异常；

C. 依次合上直流侧断路器，观察逆变器显示屏电压是否正常，有无故障及告警。

图 3-26　逆变器送电（三）

4）第四步：并网旋钮“OFF”转至“ON”（见图 3-27）。

A. 触摸显示屏上无故障告警信息，且交直流电压均正常后才可操作。

B. 合上后保持安全距离，约 5~10s 左右，逆变器内部并网接触器吸合，逆变器并网发电。

C. 遇紧急情况可直接按下“紧急停机旋钮”。

图 3-27　逆变器送电（四）

逆变器正常运行之后，逆变器会根据设定的 MPPT 电压范围自动运行、解列：

逆变器自动运行：无须人为干预。输入电压在额定的直流电压范围、电网电压在正常工作范围时自动并网。

逆变器自动解列：无须人为干预。输入直流电压超出额定的直流电压范围、电网电压异常时自动解列。

（2）逆变器停电。

逆变器的停电操作顺序与送电顺序相反，操作过程中严格按照顺序进行断电，在断开之前需确认直流、交流侧断路器均已断开，且无异常现象；断开后若有检修工作，需等待 15 ~ 20min 方可进行其他操作。

3. 集中式并网逆变器点检维护

（1）清洁和一般性检查指引。

清洁光伏逆变器内部的灰尘时要注意，先从设备底部把低压压缩空气吹进逆变器内部，然后再从设备顶部吹进低压压缩空气。逆变器应保持良好的通电状态以防止因设备破损引发的危险。

定期检查电缆以防绝缘层和接触器受损，并立即更换或维修已破裂或磨损的电缆。不能超载电缆；设备通电时不能触摸输出端子。

（2）电源部件维护指导。

使用低压压缩空气或软刷清洁散热器保持电源元件清洁、无污垢以及不受阻塞，这将避免漏电和热量积聚，从而提高设备寿命。

检查接线端子是否出现因电气连接松动引起的过热迹象；检查电气连接和机械连接是否紧固，仔细检查所有压缩型接口；检查所有的电线、导线和电缆；检查出现的割裂、擦损以及损坏和过热的迹象；检查终端导线是否断丝；检查门铰链（如有），若门铰链过紧和难以操作，向门铰链喷洒优质硅油润滑喷剂。

运行过程中热膨胀和振动会使紧固件松动。初期调测期（3 个月）后检查和重新扭矩下列部件：所有夹钳；所有功率螺栓连接；所有逻辑螺杆连接；整流二极管 / 绝缘栅双极晶体管（IGBT）安装紧固件。确保满足设备的扭矩规格。每年最少应进行一次。

（3）印刷电路板维护。

保持印刷电路板清洁、无污垢和无异物。确保静电材料从不置于逆变器电路板旁

（无论是柜体内的或是将被存储的）。靠近或处理电路板时要小心谨慎，确保采取正确的静电放电（ESD）措施以避免PCB出现故障。保持所有逻辑控件清洁、无污垢或无异物（除保持良好的清洁环境外不需要任何特殊维护）。所有印刷电路板和逻辑元件易受热降解，良好的清洁环境可以确保上述设备在其设计参数下运行，以及增加设备的平均故障间隔时间（MTBF）值。

（4）风机维修。

如需更换柜体冷却风扇，应按照下列程序进行：取出制冷风扇外壳面板；断开接线端口的导线；松动紧固风扇平台和底座的浮动螺母；取出用于紧固扇板和柜顶的固定螺栓；取出已松动的紧固件；取出风扇配件；取出紧固风扇电机和金属板的紧固件；安装新风扇。

（二）组串式并网逆变器

1. 组串式逆变器日常巡检

在日常巡视中，检查逆变器各运行参数在规定范围内，并核对与后台监控的数据是否一致。组串式逆变器可以通过数据采集器或手机App查看逆变器直流电压、直流电流、直流功率，交流电压、交流电流，发电功率、日发电量、累计发电量。除此之外，还应检查以下方面：

（1）逆变器编号牌及安全标识牌是否存在缺失、脱落、字体严重模糊无法辨识的异常情况。

（2）逆变器是否存在异声、异味的异常情况。

（3）逆变器固定是否存在松动，支撑件破损、腐蚀的异常情况。

（4）逆变器外壳是否存在损坏、变形、密封不严的异常情况。

（5）逆变器接地是否存在虚接、脱落、断裂、锈蚀的异常情况。

（6）逆变器散热片是否存在破损，杂物覆盖的异常情况。

（7）指示灯是否存在不亮或指示异常，告警灯、故障灯是否存在亮的异常情况。

（8）通信是否存在传输中断，装置显示异常情况。

（9）各直流支路MC4接头是否存在发热变形、烧毁的异常情况。

（10）交直流电缆护管孔洞防火封堵是否存在脱落、封堵不严的异常情况。

2. 组串式逆变器停送电流程

（1）送电流程。

系统送电前检查：为保障逆变器送电之后能够正常运转，需执行送电前检查。将逆变器送电前，请检查以下项目：

1）确认逆变器已经可靠安装到位。

2）确认接地线缆已经可靠连接。

3）确认交流输出线已经可靠连接。

4）确认直流输入线已经可靠连接。

5）确认不需要使用的直流输入端已经装上密封塞。

6）确认不需要使用的 USB 接口和 RS485 接口已拧紧防水塞。

7）请确认机箱门已经锁紧。

系统送电开启逆变器操作步骤：

1）将逆变器与电网之间的交流断路器闭合。

2）将逆变器机箱底部的“DC SWITCH”置于“ON”的位置。

3）用点温计检测直流端子连接处的温度（可选）。

（2）停电流程。

1）断开逆变器和电网（交流汇流箱内所属支路断路器）之间的断路器。

2）将“DC SWITCH”置于“OFF”的位置。

3. 组串式逆变器送电步骤

（1）第一步：送电前检查（见图 3-28）。

A. 核对逆变器编号；

B. 检查直流侧公母头、组件连接公母头是否连接可靠，确认无接地、虚接等异常现象。

图 3-28　组串式逆变器送电（一）

由于组串式逆变器逆变交流输出电流小，输出额定电压为380V，需要汇集到交流汇流箱再接入到箱式变压器低压侧进行升压。组串式逆变器投运时，应先合所属交流汇流箱对应输入断路器，再合逆变器直流转化开关。

（2）第二步：逆变器送电（见图3-29）。

送电前确认所属交流汇流箱已投运，也可以在逆变器面板上通过交流电源"绿灯，常亮"来判断。

图3-29 组串式逆变器送电（二）

4. 组串式逆变器点检维护

（1）定期检查散热片有无遮挡及灰尘脏污。

（2）对直流开关维护可以选择在夜间无光照的情况下，直流开关关闭，然后再打开，这样可以达到去除开关上的氧化物，清洁开关的目的。

（3）组串式逆变器需要检修时，应先断开组串式逆变器直流转化开关，再断开所属交流汇流箱内对应的输入断路器，使用仪器测量输入断路器输出端无电压且与逆变器信号指示对应，逆变器检修工作才可以进行。

第五节 光伏箱式变压器

一、光伏箱式变压器概述

光伏箱式变压器是利用电磁感应原理，将光伏逆变器输出的低数值交流电压变换为更高等级的交流电压的电气设备（见图 3-30）。对于集中式光伏电站来说，并不适宜直接并入电网。因为低压并网导致光伏并网点过多，不利于电能计量和电网潮流稳定；同时低压并网导致电流过大，不利于开关设备的稳定运行。

图 3-30　箱式变压器

根据变压器冷却方式的不同，一般可分为干式变压器和油浸式变压器两大类。干式变压器一般用树脂绝缘，靠自然风冷，大容量靠风机冷却；而油式变压器靠绝缘油进行绝缘，靠绝缘油在变压器内部的循环将线圈产生的热带到变压器的散热器上进行散热。从发电站设计角度，根据现场环境的不同及施工设计电气设计规范的要求，在沙尘较大区域一般使用油浸式变压器较多，避免使用干式变压器导致尘土积攒较多而增加维护工作量。以下为不同类型变压器具体设备结构的介绍：

（一）干式变压器

干式变压器主要由硅钢片组成的铁芯和环氧树脂浇注的线圈组成，高低压线圈之间放置绝缘筒增加电气绝缘，并由垫块支撑和约束线圈，其零部件搭接的紧固件均有防松性能（见图 3-31）。干式变压器具有抗短路能力强、维护工作量小、运行效率高、体积小、噪声低等优点。

干式变压器冷却方式分为自然空冷和强迫空气冷却（AF）。自然空冷时，变压器可在额定容量下长期连续运行。强迫风冷时，变压器输出容量可提高 50%。适用于断续过负荷运行，或应急事故过负荷运行；由于过负荷时负载损耗和阻抗电压增幅较大，处于非经济运行状态，故不应使其处于长时间连续过负荷运行。

图 3-31　干式变压器外观图

（二）油浸式变压器

油浸式变压器主要由铁芯、绕组、油箱、油枕、绝缘套管、分接开关和气体继电器等组成（见图 3-32）。在大容量的变压器中，为使铁芯损耗发出的热量能够被绝缘油在循环时充分带走，以达到良好的冷却效果，常在铁芯中设有冷却油道。

图 3-32　油浸式变压器外观图

油浸式变压器的器身（绕组及铁芯）都装在充满变压器油的油箱中，油箱用钢板焊成。中、小型变压器的油箱由箱壳和箱盖组成，变压器的器身放在箱壳内，将箱盖打开就可吊出器身进行检修。为了加强绝缘和冷却条件，变压器的铁芯和绕组一起浸入灌满了变压器油的油箱中。

油浸式变压器的性能特点主要包括：

（1）油浸式变压器低压绕组除小容量采用铜导线以外，一般都采用铜箔绕轴的圆筒式结构；高压绕组采用多层圆筒式结构，使之绕组的安匝分布平衡，漏磁小，机械强度高，抗短路能力强。

（2）铁心和绕组各自采用了紧固措施，器身高、低压引线等紧固部分都带自锁防松螺母，采用了不吊心结构，能承受运输的颠震。

（3）线圈和铁心采用真空干燥，变压器油采用真空滤油和注油的工艺，使变压器内部的潮气降至最低。

（4）油箱采用波纹片，具有呼吸功能来补偿因温度变化而引起油的体积变化，所以没有储油柜，降低了变压器的高度。

（5）由于波纹片取代了储油柜，使变压器油与外界隔离，这样就有效地阻止了氧气、水分的进入而导致绝缘性能的下降。

（6）油浸式变压器在正常运行内不需要换油，大大降低了变压器的维护成本，同时延长了变压器的使用寿命。

二、运行维护规范要求

（一）日常巡检要求

为保证箱式变压器的长周期安全可靠运行，及时发现箱式变压器运行中出现的设备缺陷和异常现象，运维人员对箱式变压器本体、高压室、低压室内各装置、设备及连接母排、电缆等运行中的状态是否正常，所进行的定期巡回检查工作（见图 3-33）。巡检时重点关注箱式变压器的电压、电流、温度、温升等运行参数及变化在正常范围内为设备运行正常。主要包括以下方面：

（1）变压器运行声音是否正常，有无异响及放电现象。

图 3-33　35kV 箱式变压器低压侧元器件

1—分闸显示、合闸按钮；2—合闸显示、分闸按钮；3—测控装置；4—就地远方切换开关；5—超高温跳闸；6—压力释放跳闸；7—万能式断路器；8—电压表；9—电流表；10—压力表；11—压力释放阀；12—油位计；13—负荷开关；14—温度计；15—照明；16—挡位调节；17—UPS 电源；18—行程开关

（2）变压器温度计指示是否正常，远方测控装置指示是否正确。

（3）瓷瓶、套管是否清洁，有无破损裂纹、放电痕迹及其他异常现象。

（4）变压器外壳接地点接触是否良好。

（5）冷却系统的运行是否正常。

（6）各控制箱及二次端子箱是否关严，电缆穿孔封堵是否严密，有无受潮。

（7）警示牌悬挂是否正确，各种标志是否齐全明显。

除日常巡视检查外，变压器的特殊巡视检查还包括：

（1）大风天气时，检查变压器上是否有悬挂物。

（2）雷雨天气后，检查是否有闪络放电现象，避雷器放电计数器是否动作。

（3）暴雨天气时，检查变压器周边及电缆沟积水情况，是否有洪水、滑坡、泥石流、塌陷等自然灾害的隐患。

（4）大雾天气时，检查有无放电现象，并应重点监视电缆头、避雷器、连接铜排等部分有无放电现象。

（5）下雪天气时，根据积雪检查变压器周边情况，并及时处理积雪和冰柱。

（6）变压器保护动作跳闸后，应检查变压器本体有无损坏、变形，各部连接有无松动。

（7）变压器满负荷或过负荷运行时，应加强巡视。

（二）箱式变压器的运行规定

新投运的变压器或更换绕组后的变压器，应投入全部保护，从电源侧空载全压合闸冲击 3 次，以检查励磁涌流下的继电保护动作情况。除此在运行过程中还应注意以下方面：

（1）变压器在额定冷却条件下，可按铭牌参数长期连续运行。

（2）变压器的运行电压波动范围为额定电压的 ±5%，额定容量不变时加在各绕组的电压不得超过额定值的 105%。

（3）变压器冷却器故障不能恢复运行时，应采取有效措施转移负荷，或申请停运该变压器，严禁变压器超温运行。

（4）当变压器有较严重的缺陷（冷却系统不正常，有局部过热现象等），不应超过额定电流运行。

（5）变压器的正常运行温度限额为 90℃，禁止超过 110℃运行。变压器在环境温度 0～40℃时，可带 105% 负荷长期运行。

（6）变压器在下列情况下，不允许过负荷运行：

1）冷却系统有故障，不能正常投运。

2）变压器本体有局部过热现象。

3）全天满负荷运行，且变压器温度较高。

（三）变压器的投运和停运

1. 变压器投运前检查

在投运变压器之前，应仔细检查，确认变压器及其保护装置在良好状态，具备带电运行条件后，方可投入运行。热备用中的变压器应随时可以投入运行，长期停用的备用变压器应定期充电，同时投入冷却装置。

长期停运、新安装、大修或试验后的变压器投运前应检查以下项目：

（1）各接触点良好，引线、母线桥完好，相序标志正确清楚。

（2）分接开关位置与调度通知相符合。

（3）通风冷却装置能够手动或自动投入运行，信号正确。

（4）远方测温装置与就地温度计正常，指示相符。

（5）变压器本体无遗留物，临时安全措施完全拆除。

（6）变压器基础没有下沉或裂纹现象。

（7）外壳应两点接地，且接地可靠。

（8）变压器本体无缺陷，油漆完整。

（9）相应的图纸资料齐全，包括绝缘电阻在内的各项试验数据，各种检修、试验项目均符合送电要求。

（10）变压器投运前，必须按规定投入相应保护，严禁在变压器无保护的状态下充电。

（11）两台变压器并列运行，其中一台停电操作前，应检查另一台是否有过负荷情况。

2. 变压器停送电流程

（1）送电流程。

1）第一步：合上高压负荷开关（见图 3-34）。

操作事项：

A. 检查高压侧带电显示正常，电缆无放电及异常现象；高压熔芯正常；分接开关挡位是否正确；

B. 合闸前应投入“超高温跳闸”“压力释放跳闸”保护连接片；

C. 必须使用专业安全工器具，操作前检查安全工器具是否完好；

D. 合闸时操作杆与开关呈 90°，顺时针旋转为合闸；

E. 合闸后检查变压器运行声音是否正常，低压侧电压表电压是否正常。

图 3-34　35kV 升压变压器送电流程（一）

2）第二步：合上低压侧断路器（见图 3-35）。

操作事项：

A. 合闸前检查低压侧断路器储能是否正常；机构是否完好；确认低压侧电缆无相序接反及异常情况；

B. 将 1 号、2 号低压侧远方就地切换开关切至“就地”位置；

C. 依次揿下 1 号、2 号低压侧“合闸按钮”；

D. 合闸后应观察设备有无异常情况。

图 3-35　35kV 升压变压器送电流程（二）

（2）停电流程。

1）第一步：断开低压侧断路器（见图 3-36）。

操作事项：

A. 确认 1 号、2 号低压侧所属逆变器均已停机；

B. 将 1 号、2 号低压侧远方就地切换开关切至“就地”位置；

C. 依次揿下 1 号、2 号低压侧“分闸按钮”。

图 3-36　35kV 升压变压器停电流程（一）

2）第二步：断开高压负荷开关（见图 3-37）。

操作事项：

A. 必须使用专业安全工器具，操作前检查安全工器具是否完好

B. 分闸时操作杆与开关呈 90°，逆时针旋转为分闸。

图 3-37　35kV 升压变压器停电流程（二）

（四）变压器的点检维护

变压器的点检维护是为保证变压器长周期安全可靠运行，及时发现运行中出现的设备缺陷和异常现象，运维人员对变压器本体、低压侧、高压侧、冷却系统各装置、各设备运行中的状态是否正常，所进行的点检维护工作。

（1）箱式变压器停电的时候，应该先将低压端进行断电，其次是中压端，最后在进行高压端的断电。当进行通电的时候，应该先打开接地开关，然后再进行放电。

（2）做好箱式变压器的保养工作。首先，在维护检修箱式变压器的时候应该穿戴绝缘鞋、绝缘手套；其次，应该按时对箱式变压器的外壳进行清洗，并检查外壳是否有裂痕或者线路老化的现象；再次，为了确保箱式变压器拥有一个良好的通风环境，应该对箱式变压器周围的配件定期清洁；最后，应该严格检查所有的接口、螺丝、连接线母安装是否严实（见表 3–6）。

表 3–6　变压器的检修项目及检修工艺

序号	检修项目	检修工艺	验收标准
1	变压器整体清扫	（1）彻底清扫变压器表面和线圈层间（严禁用有腐蚀性的清洗剂，清理绝缘表面）； （2）拆除变压器上高压侧，低压侧和中性点引线（注意不得将金属件掉入变压器线圈层间的风道内，拆下的螺丝妥善保管好）； （3）检查变压器基础和底座有无异常； （4）仓门周围清扫干净	（1）变压器线圈的绝缘无破损，过热老化，放电等，变压器铁芯无变形，过热等，各部螺丝紧固无松动； （2）引线接间连接紧固，不发热； （3）无变形及松动现象； （4）仓内外清洁
2	变压器冷却回路检修	（1）冷却风扇的滚筒风扇叶拆下以后妥善保管，不得碰撞变形； （2）风扇电机检修工艺参见电动机检修规程； （3）风扇启动回路清扫试验； （4）风道内部无杂物及堵塞现象，网罩无破损，冷却效果良好	（1）风扇电机绝缘≥0.5 MΩ； （2）风扇电机运行平稳，声音和谐，转动方向正确； （3）风道无堵塞，冷却效果良好
3	变压器回路检查	（1）检查本体各部件情况； （2）检查铁芯； （3）检查各紧固件及绝缘垫块； （4）检查接地装置	（1）各部件完整无位移，环氧树脂无损伤； （2）铁芯表面无锈蚀，局部无过热变色现象； （3）紧固件压紧垫块及螺栓不松动； （4）接地装置牢靠，接地螺丝紧固
4	变压器引线检查	变压器线圈抽头与固定引线之间牢固不松动，引线的接线连接器片牢固不松动	引线接头表面平整，无熔化现象

续表

序号	检修项目	检修工艺	验收标准
5	变压器温度表校验	（1）拆下温度表的测温线和信号线，并做好记号； （2）拆下温度表校验； （3）对温度表探针检查测试	（1）温度计接线端子固定应牢固； （2）温度计指示正确，表面无裂纹
6	收尾工作	（1）接一次引线； （2）清理现场，变压器顶部不应有遗留杂物； （3）工作负责人准备好工作记录，同班长、检修部领导一同验收，总结工作票	（1）连接连接器片时，要将相应结合面用汽油或酒精清理干净，并涂上凡士林； （2）变压器本体及周围无杂物； （3）所属回路完整，符合运行条件

第六节　开关站一次设备

常见的光伏电站并网电压一般选择 35kV 或者 110kV，采用 35kV 汇集线路将光伏厂区内的 35kV 电压等级箱变输出并联，根据并网容量采取多条汇集线路接入开关站的汇集柜，再由送出开关柜经主变压器升压或直接至同等级电压送出。开关站（升压站）按升高电压的等级分有 35kV 开关站、110kV 开关站、220kV 开关站、330kV 开关站等。如图 3-38 所示为 110kV 开关站。

图 3-38　某 110kV 开关站（室外部分）

开关站的主要作用是升压变电，同时也包含一定的继电保护、电能计量等的功能配置。光伏区产生的电流，一般应先经过汇集线汇集，再进入开关站升压，并加入保护、计量后向外送出。

开关站主要一次设备有高压开关柜、SVG、接地变压器、消弧线圈、断路器、隔离开关、电流互感器、电压互感器、避雷器、母线等。

一、高压开关柜

高压开关柜是指电力系统中发电、输电、配电及电能转换和消耗中起通断、控制或保护等作用的柜体电气设备。开关柜内部件主要由断路器、隔离开关、负荷开关、操作机构、互感器以及各种保护装置等组成。

（一）高压开关柜的功能分类

（1）进线柜：又叫受电柜，是用来从电网上接受电能的设备（从进线到母线），一般安装有断路器、电流互感器、隔离开关、避雷器等元器件。

（2）出线柜：也叫馈电柜、配电柜或汇集柜，是用来分配电能的设备（从母线到各个出线），一般也安装有断路器、电流互感器、隔离开关、避雷器等元器件。

（3）母线联络柜：也叫母线分段柜，是用来连接网段母线的设备（从母线到母线），在单母频分段、双母线系统中常常要用到母线联络，以满足用户选择不同运行方式的要求或保证故障情况下有选择的切除负荷。

（4）电压互感器柜：也称 TV 柜，一般是直接装设到母线上，以检测母线电压和实现保护功能，内部主要安装电压互感器、隔离开关、高压熔断器、消谐装置、避雷器等。

（5）隔离柜：是用来隔离两段母线用的或者是隔离受电设备与供电设备用的，可以为运行人员提供一个可见的端点，以方便维护和检修作业。由于隔离柜不具有分断、接通负荷电流的能力，所以在断路器闭合的情况下，不能够推拉隔离柜的手车，在一般的应用中，都需要设置断路器辅助触点与隔离手车的联锁，防止运行人员的误操作。

（6）计量柜：主要用作计量电能的设备装置，一般安装有隔离开关、高压熔断器、电压互感器、电流互感器、电能表等。

（7）SVG 无功补偿柜：所谓无功补偿柜就是用来防止电容器、电抗器及一次回路和二次回路的普通的低压柜，其主要作用是做无功补偿。把电能转换为另一种形式的能，这种能作为电气设备能够做功的必备条件，并且这种能是在电网中与电能进行周期性转换，这部分功率称为无功功率。无功补偿的目的就是采用外置的电流源补偿负载运行过程中所消耗的无功功率，提供此电流源的设备成为无功补偿设备。

（8）接地变压器开关柜：接地变压器开关柜下端接一台接地（站用）变压器，然后接入消弧线圈。配合小电流选线接地装置及消弧线圈自动跟踪接地补偿装置控制器，当发生接地时，通过补偿及选线判断，将故障线路跳闸以保护系统安全。根据电网要求，此系统不可动作出线开关。接地变可兼作站用变压器，给 400V 低压母线供电，作为电站常用电源。

（二）高压开关柜的调管方式

高压配电室所有设备应接受当地公共电网调度管理部门的管辖（见图 3-39）。按照签订的调度协议，具体应按以下规则执行：

图 3-39　高压配电室

（1）省调调度设备：只有经过省级调度同意后，方可改变其运行方式的设备，如光伏单元，SVG 无功补偿柜。

（2）地调调度设备：只有经过地级调度同意后，方可改变其运行方式的设备，如进线开关柜。

（3）省调授权、地调调管设备：省级调度授权给地级调度，由地级调度直接管理，如 SVG 无功补偿装置、光伏单元。

（4）自行调度设备：由光伏电站自行调度的设备，在符合操作规程的情况下，可不经过省级、地级调度，自行改变运行方式的设备，如出线开关柜（汇集柜）。

（三）高压开关柜运行维护规范要求

高压开关柜应每日进行巡视检查，及时查看设备运行参数，确保设备安全稳定运行，主要巡视内容如下：

（1）高压配电室的通风、照明及安全防火装置是否正常。

（2）高压开关柜柜门严密无损坏现象，柜内清洁，无尘土。

（3）站内所有开关柜均应标注设备双重名称。

（4）仪表、信号、指示灯等指示是否正确，继电保护连接片位置是否正确。

（5）保护装置定值及时间是否正确。

（6）母线和各触点是否有过热现象。

（7）开关柜中各电气元件在运行中有无异常气味和声响。

（8）继电器及直流设备运行是否良好。

（9）接地和接零装置的连接线有无松脱和断线。

（10）断路器和隔离开关的机械联锁是否灵活可靠，如采用电磁联锁装置，则需通电检查电磁锁动作是否灵活，开闭是否准确。

二、主变压器

主变压器通常是将光伏区箱式变压器送出的交流电流升压至 110kV 及以上电压等级，并按照并网电压等级并入公共电网。光伏电站设备夜间还需要电网反送电保持正常运行，通过主变压器降压使厂内设备正常运行。对于按 35kV 电压等级并网的中小容量光伏电站，主变压器不是必需的系统构件。

（一）主变压器运行要求

1. 主变压器试运行一般检查

（1）进行冲击合闸时，其中性点必须接地。

（2）主变压器第一次投入时，可全电压冲击合闸，如有条件时应从零起升压；冲击合闸时，主变压器由高压侧投入。

（3）主变压器应进行五次空载全电压冲击合闸，均无异常情况。第一次受电后持续时间不应少于 10min；励磁电流不应引起保护装置的误动。

（4）几台有载调压的主变压器一般不考虑并联运行。若倒负荷需临时并联，则主变压器并列前，应核对相位，检查接线组别，分接开关在相同位置且压差在规定范围内。

（5）带电后，检查本体及附件所有焊缝和连接面，不应有渗油现象。

2. 主变压器的投运和停运操作要求

（1）主变压器投入运行时，应选择保护完备和励磁涌流较小的电源侧进行充电。停电时，先停低压侧，后停高压侧。

（2）拉合空载变压器时，进行操作侧（高压侧）的中性点必须接地。

（3）主变压器的投运和停运，必须使用断路器进行。

（4）大电流接地系统中 2 台主变压器中性点接地方式互换时，应先合上待接地变压器的中性点接地隔离开关，再拉开原来接地变压器的中性点接地隔离开关。

（5）新建或大修改造后的主变压器，应核相无误后才能与其他变压器并列运行。

（6）倒换主变压器时，应检查投入变压器确已带上负荷后，才允许退出需停运变压器。

3. 主变压器的投运

（1）主变压器并联运行应满足以下条件：

1）接线组别相同。

2）相序、相位相同。

3）电压比相等（允许相差 5%）。

4）短路电压相等（允许相差 10%）。

（2）运行人员在投运主变压器之前，应做如下检查，并确定主变压器在完好状态，且具备带电运行条件。

1）主变压器本体无缺陷，外观整洁无遗物。

2）油位、油色正常，无渗油、漏油现象。

3）主变压器电器试验应有记录，并合格。

4）冷却装置正常，油管通道阀门均应打开。

5）套管清洁，无裂纹，油位、油色正常，引线无松动现象。

6）各种螺丝应紧固，主变压器外壳应有可靠接地，接地电阻应合格。

7）瓦斯继电器内无充气、卡涩现象。

8）有载调压分接开关位置指示正确，手动、电动调压无卡涩现象。

9）热虹吸不应吸潮，正常应为天蓝色（不能采用白色硅胶），管道阀门应打开，无堵塞现象。

10）压力释放器试验应符合《电力安全工作规程》要求。

11）继电保护定值及连接片位置应符合要求。

（二）主变压器运行维护规范

1. 主变压器的巡视

（1）主变压器的正常巡视检查项目。

1）主变压器的音响均应正常。

2）油枕、套管的油位、油色正常，无渗漏油现象。

3）呼吸器的硅胶是否变色。

4）套管应无破损，裂纹及放电痕迹。

5）套管各引线接头接触良好，无发热现象。

6）瓦斯继电器充满油，无气体。

7）主变压器测量表计应指示正确，无异常现象。

8）调压装置正常，指示正确，二次回路良好，驱潮电阻正常。

9）主变压器端子箱是否密封严密，是否干燥、干净。

（2）主变压器的特殊巡视。

出现下列情况之一，维操人员应对主变压器进行特殊巡视，增加巡视次数。

1）根据现场具体情况（尘土、污秽、大雾、结冰等），应增加检查次数。大风天气，检查引线及有无搭挂杂物。大雾天气，检查瓷套管有无放电现象。下雪天气，根据积雪溶化情况，检查接头是否发热，并及时处理冰柱。

2）雷雨后，检查套管有无放电现象，检查避雷器及保护间隙的动作情况。

3）在气候激变时（冷、热）应对主变压器的油面进行额外的检查。

4）气体继电器发出信号时，进行本体油位及外部检查。

5）过负荷时，应增加巡视次数。重点监视负荷、油温和油位的变化、引线接头接触良好无发热现象及冷却系统运行情况。

6）大短路故障后，重点检查有关设备触点有无异状。

2. 主变压器的维护

（1）主变压器运行的第一个月，每周取油样进行耐压击穿试验，若油的耐压值比出厂试验值下降 15% ~ 20% 时，此时，油应进行过滤；若油的耐压值低于 35kV/2.2mm，主变压器须立即停止运行。在滤油过程中，若滤纸表面滞留有黑色的碳化物，必须进行器身检查，检查的要求与程序和验收器身检查一样。找出故障点，及时排除。

（2）对运行中的主变压器，取油样进行色气色谱分析。分析油中气体的成分及含量，由此来判断主变压器有无故障及故障性质。若从油中气体含量来判断暂不会危险主变压器的安全运行时，主变压器可继续运行，但必须随时加强监视。若故障严重时必须采取措施，作出处理决定。

（3）主变压器油箱顶盖有铁芯接地套管，可用接地套管进行器身绝缘监视，将接地套管的接地线打开进行测量，测量时应注意避免瞬间开路。

（4）事故放油，主变压器下节油箱上装有玻璃板的事故放油阀，此玻璃板平时作闸阀密封盖板用。若发生事故必紧急放油时，立即砸碎玻璃板便可迅速将油箱内的主变压器油放出。

3. 主变压器附件的运行维护

（1）压力释放阀。

1）运行中的压力释放阀动作后，应将释放阀的机械电气信号手动复位。

2）压力释放阀有渗漏油现象，应采取措施解决，渗漏油的主要原因一般由于某种原因导致油箱内压力偏高，已超过释放阀的密封压力，但尚未达到开启压力，造成渗漏。排除压力增高的因素即可。

3）阀内三种密封圈有的已老化失效，应及时更换失效的胶圈。密封面有异物应及时清除，无须调整。

4）利用电气设备每次停电检修的机会对压力释放阀进行下列检修：开启动作是否灵敏，如有卡堵现象应排除；清除阀内异物；密封胶圈是否已老化、变形或损坏；零部件是否锈蚀、变形或损坏；信号开关动作是否灵活。

5）压力释放阀的胶圈自出厂之日算起，每十年必须更换一次，以免因胶圈老化后导致释放阀漏油甚至失效。

（2）气体继电器的维护。

1）继电器应每年进行一次外观检查及信号回路的可靠性和跳闸回路的可靠性检查。

2）已运行的继电器应每年开盖一次，进行内部结构和动作可靠性检查。

3）已运行的继电器应每五年进行一次工频耐压试验。

（3）取气盒的使用。

当需要采集气体时，首先应卸下罩，然后轻轻旋转下部气塞的螺塞或针阀逐渐放出取气盒内的主变压器油，当油面下降至所需要的气体量时关闭螺塞或针阀，按同样的操作方法在上部气塞采集气体。采集完成后取气盒内应充满主变压器油以保证下次采样时的真实性，并回装好各拆卸件。

（4）冷却器的维护。

在长期运行中，由于空气入口的表面附着昆虫、尘埃、枝叶等杂物，形成堵塞而降低冷却能力，因此在主变压器停止运行的定期检查中，要对冷却管簇进行清扫。

（5）主变压器温度控制器。

主变压器温度控制器主要由弹性元件、毛细管、温包和微动开关组成。当温包受热时，温包内感温介质受热膨胀所产生的体积增量，通过毛细管传递到弹性元件上，使弹性元件产生一个位移，这个位移经放大后指示出被测温度并带动微动开关工作，从而控制冷却系统的投入或退出。

1）温控器检验时必须按照压力式温度计的检定规程进行。即温包必须全部浸入在恒温槽内，表头必须垂直安装。

2）现场安装时，必须注意温包应全部插入有油的套管内，温包进入有油的套管内深度至少不应小于150mm。

（6）有载调压分接开关维护。

新安装或大修后的有载调压主变压器在投运前，运行人员应与施工人员共同进行下列检查：

1）审查施工单位的检查、调试和处理报告。

2）进行外观检查（包括油位、密封、防尘、防雨、温度控制、机构传动装置、气体继电器、防爆装置、电器控制回路等）。

3）手动操作一个循环（由 1 → N 和由 N → 1）。由施工人员做示范，并向值班人员交待每档切换操作转数，检查位置继电器、行程指示器、计数器的指示正确无误；极限位置的机械闭锁、手摇和电动的联锁应可靠。

4）电动操作两个循环。先在现场就地操作一个循环，然后在控制室操作一个循环。检查电器回路各部端子接触良好，接触器动作可靠，各部指示及极限位置的电器闭锁均应正确可靠。

5）有载开关气体继电器经检验合格（流速在 1.4/s ± 10% 动作），其重瓦斯触点应投入跳闸，轻瓦斯触点接信号，检查气体继电器的脱扣功能，按动脱扣试验按钮，应能切断主变压器的电源。

6）检查主变压器各接头位置的老化，直流电阻合格；检查有载开关绝缘油应符合标准。

有载调压开关的巡视检查应与变压器的巡视检查同时进行，项目如下：

1）电压指示应在规定范围内。

2）装置指示器应与分接开关位置一致。

3）切换开关有管油位，油色及吸潮器均应正常。

4）开关箱、气体继电器无渗漏油。

5）运行人员应每月检查一次控制箱密封情况，大雨后应及时检查是否进水，驱动电机变速盒内和扇形齿轮的润滑油应保持在油面线上，不得渗漏。

6）驱动控制箱内，运行人员应每月清扫一次（最好使用吸尘器），重点检查，处理交流接触器、端子排的重点部分。

7）有载调压装置控制箱在春、冬季应投入驱潮电阻。

三、高压断路器

高压断路器（简称高压开关）是变电站的主要电气设备之一。它不仅在系统正常运行时能切断和接通高压线路及各种空载和负荷电流，当系统发生故障时，通过继电保护装置的作用能自动、迅速、可靠地切除各种过负荷电流和短路电流，防止事故范围的发生和扩大。

（一）高压断路器结构及分类

高压断路器可分为油断路器（多油断路器、少油断路器），六氟化硫断路器（SF_6 断路器），压缩空气断路器，真空断路器等。

随着国民经济的迅速发展，各行各业的用电需求量也急剧增加，电力系统负荷日益增长，供电可靠性要求逐步提高；变电站的开关也逐渐由油开关换代成新型的六氟化硫断路器。

1. 六氟化硫断路器

六氟化硫断路器是利用六氟化硫（通常以 SF_6 表示）气体作为灭弧介质和绝缘介质的一种断路器，简称 SF_6 断路器。

六氟化硫断路器是利用六氟化硫气体作绝缘介质和灭弧介质的新型断路器。六氟化硫气体是无色、无味、无毒，不可燃的惰性气体，具有很高的抗电强度和良好的灭弧性能，介电强度远远超过传统的绝缘气体。因此，其用于电气设备中，可以缩小设备尺寸，消除火灾，改善电力系统的可靠性和安全性。

六氟化硫开关由本体结构（采用三相共箱式结构）、操作机构、灭弧装置三部分组成。具有结构简单，体积小，重量轻，断流容量大，灭弧迅速，允许开断次数多，检修周期长等优点，是今后电力系统推广应用的方向。

六氟化硫断路器内经常充满了 3 ~ 5 个大气压的六氟化硫气体作为断路器的内绝缘，在断路器断开的过程中，由动触头带动活塞压气，以形成用来吹熄电弧的气流。

六氟化硫断路器灭弧室的基本结构由动触头，绝缘喷嘴和压气活塞连在一起，通过绝缘连杆由操作机构带动。定触头制成管形，动触头是插座式，动、定触头的端部都镶有铜钨合金。绝缘喷嘴用耐高温、耐腐蚀的聚四氟乙烯制成。

断路器进行分闸时，动触头、活塞一起向右运动。动、定触头分开后产生电弧，活塞向右迅速移动时使右侧的气体受压缩，产生气流通过喷嘴，对电弧进行纵吹，使电弧熄灭。此后，灭弧室内的气体通过定触头内孔和冷却器排入开关本体内。

断路器进行合闸时，操作机构带动动触头、喷嘴和活塞向左运动，使定触头插入动触头座内，使动、定触头有良好的电接触，达到合闸的目的。

六氟化硫断路器二次接线在接线调试中应注意下面几点：

（1）分闸电气连锁靠转换电抗器来实现，机构内部已有可靠的分合闸机械联锁。手动分闸时，如拉不动分闸环（分闸闭锁）时，不要用力拉；欲合闸而拉不动合闸环时，也不要用力拉。此时应观察指针位置后，再进行分、合闸操作。

（2）电接点真空压力表引线在罩的下部，从该压力表的常开接点引出。出厂时已将下限指针调至 0.2MPa（按 0.25MPa，−10℃考虑），当六氟化硫气压降低至少于 0.2MPa 时，触点即行关合，接通继电保护回路。用户可根据运行要求适当调高下限，但不得低于 0.2MPa。

（3）靠箱体外侧的是合闸拉环，靠箱体里边的是分闸拉环，手动操作时切勿拉错。

（4）贮能电动机必须用交流电源。

六氟化硫断路器是利用六氟化硫密度继电器来监视气体压力的变化的。当六氟化硫气体压力下降到第一报警值时，密度继电器动作，报出补气压力的信号。当六氟化硫气体压力下降到第二报警值时，密度继电器动作，报出闭锁压力的信号，同时把开关的跳合闸回路断开，实现分、合闸闭锁。

2. 真空断路器

真空断路器因其灭弧介质和灭弧后触头间隙的绝缘介质都是高真空而得名。其具有体积小、重量轻、适用于频繁操作、灭弧不用检修的优点，在配电网中应用较为普及。真空断路器主要包含三大部分：真空灭弧室、电磁或弹簧操动机构、支架及其他部件。

（1）真空灭弧室。

真空灭弧室按照开关型式不同有外屏蔽罩式陶瓷真空灭弧室、中间封接杯状纵磁场小型化真空灭弧室、内封接式玻璃泡灭弧室，其基本结构如下：

1）气密绝缘系统（外壳）。

气密绝缘系统由陶瓷、玻璃或微晶玻璃制成的气密绝缘筒、动端盖板、定端盖板、不锈钢波纹管组成，是一个真空密闭容器。为了保证气密性，除了在封接式要有严格的操作工艺，还要求材料本身透气性和内部放气量小。

2）导电系统。

导电系统由定导电杆、定跑弧面、定触头、动触头、动跑弧面、动导电杆构成。触头结构大致有三种：圆柱形触头、带有螺旋槽跑弧面的横向磁场触头、纵向磁场触头。目前通常采用纵磁场技术，此种灭弧室具有强而稳定的电弧开断能力。

3）屏蔽系统。

屏蔽罩是真空灭弧室中不可缺少的元件，并且有围绕触头的主屏蔽罩、波纹管屏蔽罩和均压用屏蔽罩等多种。主屏蔽罩的作用是：①防止燃弧过程中电弧生成物喷溅到绝缘外壳的内壁，从而降低外壳的绝缘强度。②改善灭弧室内部电场分布的均匀性，有利于降低局部场强，促进真空灭弧室小型化。③冷凝电弧生成物，吸收一部分电弧能量，有助于弧后间隙介质强度的恢复。

（2）操作机构。

按照断路器型式不同，采用的操作机构不同。常用的操作机构有弹簧操作机构、CD10 电磁操作机构、CD17 电磁操作机构、CT19 弹簧储能操作机构、CT8 弹簧储能操作机构。

（3）其他部件。

其他部件包括基座、绝缘支撑件、绝缘子等部件。

3. 油断路器

油断路器即以密封的绝缘油作为开断故障的灭弧介质的一种高压开关设备。该类断路器较早应用于电力系统中，技术成熟，价格便宜，广泛应用于各个电压等级的电网中。油断路器用来切断和接通电源，并在短路时能迅速可靠地切断电流。

油断路器按对地绝缘介质的不同，可分为接地箱壳多油断路器（简称多油断路器）和带电箱壳少油断路器（简称少油断路器）两种。无论是哪种油断路器，结构本体内都需要充油，其主要作用是灭弧，散热和绝缘。油断路器具有一定的危险性，主要在于当发生故障时可能引起爆炸，而且爆炸后由于油断路器内的高温油发生喷溅，形成大面积的燃烧，引起相间短路或对地短路，破坏电力系统的正常运行，使事故扩大，甚至造成严重的人身伤亡事故。

（1）多油断路器。

多油断路器的灭弧室装在一个接地金属箱中，故用油量较多。油既用作灭弧介质又用作对地绝缘。多油断路器结构简单，性能可靠，可以制成超高压电压等级，并可方便地带电流互感器，配套性强，户外使用时受大气条件的影响小。多油断路器的使用历史悠久，使用和制造技术成熟，曾在电力系统中起过重要作用。近年来多油断路器因其相对体积庞大，需消耗大量钢材和变压器油，运输和安装均比较困难，安全性较差，当前已趋于淘汰。

（2）少油断路器。

少油断路器的灭弧室装在与大地绝缘的油箱中。油箱既可用金属做成，又可以用绝缘材料制成。箱内充油仅作为灭弧介质和断口间绝缘用，而不作对地绝缘用，故用油量少。

少油断路器主要由底架、绝缘子、传动系统、导电系统、触头、灭弧室、油气分离器、缓冲器及油面指示器等部分组成。合闸时，操动机构通过传动拐臂连杆（见开关机构），把力传到主轴，主轴带动 3 根绝缘拉杆使三极动触杆向上做直线运动，最后插入静触头中，操动机构扣住触杆，使断路器保持在闭合位置。在这一过程中，开断弹簧拉伸贮能，为分闸做准备。分闸是当操作机构脱扣时，由于开断弹簧力的作用，使主轴转动带动拉杆，从而使动触杆向下运动，最后应开断弹簧的预拉力作用，主轴拐臂紧靠在分闸定位件上，从而使断路器保持在断开的位置上。

110kV 及以上电压等级的户外式少油断路器多采用开断电弧的单元断口（或称开断单元）串联、积木式组合的落地式总体结构。标准开断单元的电压为 55 ~ 110kV。例如 SW6 型少油断路器，开断单元为 55kV，属于这一系列的 220kV 和 330kV 的少油断路器将取双柱四断口和三柱六断口的结构，每极由四个和六个开断单元串联而成，各断口上均并联电容器以均匀开断时断口的电压分布；每极各用一个单独的液压操动机构操作。SW7-220 型 220kV 少油断路器，因开断单元为 110kV，所以每极取单柱双断口的结构。

少油断路器的突出特点是结构简单，易于制造和维修、价格低、使用方便。与多油断路器相比，少油断路器体积小、重量轻、用油量少，能采用积木式组装成超高压少油断路器，并在电力系统中被广泛应用。其缺点是燃弧时间长，动作较慢，检修周期短，维修工作量大，受单元断口的电压限制，发展特高压等级有一定困难。

（二）高压断路器运行维护规范

为保证高压断路器的长周期安全可靠运行，及时发现断路器运行中出现的设备缺陷和异常现象，运维人员应对断路器运行参数及变化进行细致检查，也要根据不同类型断路器的性能特点开展相关检查维护。

1. SF_6 断路器

（1）SF_6 管路安装之前，必须用干燥氮气彻底吹净管子，所有管道法兰处的密封应良好。

（2）空气管道安装前，必须用干燥空气彻底吹净管子，安装过程中，要严防灰尘和杂物掉入管内。

（3）充加 SF_6 气体时，应采取措施，防止 SF_6 气体受潮。

（4）充完 SF_6 气体后，用检漏仪检查管接头和法兰处，不得有漏气现象。

（5）压缩空气系统（氮气），应在规定压力下检查各接头和法兰，不准漏气。

2. 真空断路器

真空断路器应该每年进行一次停电检查维护，以保证正常运行。检查应做好如下方面的工作：

（1）对管子进行断口工频耐压试验，测试真空度并记录在册。

（2）对绝缘件进行工频耐压试验。

（3）测试断路器的开距、接触行程和机械特性，并记录在册。

（4）对各连接件的可调整处的连接螺栓、螺母等应检查是否有松动，特别是辅助开关拐臂处的连接小螺钉，真空管动导电杆连接的锁紧螺母等。

（5）对各转动关节处应检查各种卡簧，销子等是否松脱；并对各转动、滑动部分加润滑油膏。

（6）对使用在电流大于 1600 A 以上的真空断路器，应对每极作直流电阻测试并记录在册。

（7）如需更换管子应按产品说明书的要求进行，更换后应进行机械特性的测试和耐压试验。

（8）年检后和投运前应连续空载操作 8 ~ 10 次，一切正常方可投运。

3. 油断路器

油断路器的运行维护是指油开关设备在带电运用中的巡检（包括点检）及日常维护，是保证油开关安全运行的必要手段。

（1）检查油开关的套管、支持瓷瓶有无不正常现象，检查油开关运行中有无杂声。

（2）油色是否正常，并观察油开关外壳有无渗油或漏油现象；观察油开关油位，如严重漏油而看不出油面，应立即取下跳闸回路直流熔断丝，挂上“禁止拉闸”的警告牌，通知调度作事故处理。

（3）检查油开关的工作接头的状态及颜色是否有发热现象，套管胶垫和油门、油标是否渗油，油开关各部相对位置是否正常。

（4）油开关的操作机构是否完整清洁，“合分”位置标示及信号灯是否与断路器实际位置相符。

（5）大风天气应检查室外油开关套管端子接线有无剧烈摆动、松动现象，上部有无挂落杂物。

（6）降雪浓雾天气应检查室外油开关套管和绝缘子有无放电、挂冰现象，上部有无挂落杂物。

（7）检查信号装置的指示或显示是否正确。

四、电压互感器

电压互感器（potential transformer），以下简称 TV，是在电力系统中用以变换电压的设备。电压互感器与变压器不同的是，变压器变换电压的目的是方便输送电能，故容量较大，一般都是以 kV 安或 kVA 为计算单位。电压互感器变换电压的目的，主要是用来给测量仪表和继电保护装置供电，以测量线路的电压、功率和电能，或者用来在线路发生故障时保护线路中的贵重设备、电机和变压器，因此电压互感器的容量很小，一般都只有几伏安、几十伏安，最大也不超过 1kVA。

（一）电压互感器基本结构及分类

电压互感器的基本结构和变压器很相似，它也有两个绕组，一个叫一次绕组，一个叫二次绕组。两个绕组都装在或绕在铁芯上。两个绕组之间以及绕组与铁芯之间都有绝缘，使两个绕组之间以及绕组与铁芯之间都有电气隔离。电压互感器在运行时，一次绕组 N_1 并联接在线路上，二次绕组 N_2 并联接仪表或继电器。因此在测量高压线路上的电压时，尽管一次电压很高，但二次却是低压的，可以确保操作人员和仪表的安全。按照不同的维度，电压互感器可以作如下分类：

（1）按安装地点可分为户内式和户外式：35kV 及以下多制成户内式；35kV 以上则制成户外式。

（2）按相数：可分为单相和三相式，35kV 及以上不能制成三相式。

（3）按绕组数目：可分为双绕组和三绕组电压互感器，三绕组电压互感器除一次侧和基本二次侧外，还有一组辅助二次侧，供接地保护用。

（4）按绝缘方式：可分为干式、浇注式、油浸式和充气式。

干式电压互感器结构简单、无着火和爆炸危险，但绝缘强度较低，只适用于 6kV 以下的户内式装置；浇注式电压互感器结构紧凑、维护方便，适用于 3 ~ 35kV 户内式配电装置；油浸式电压互感器绝缘性能较好，可用于 10kV 以上的户外式配电装置；充气式电压互感器用于 SF_6 全封闭电器中。

（5）按工作原理：可分为电磁式、电容式和电子式电压互感器。

1）电磁式电压互感器：是利用电磁感应原理按比例变换电压或电流的设备。

2）电容式电压互感器：电容式电压互感器是由串联电容器分压，再经电磁式互感器降压和隔离，作为表计、继电保护等的一种电压互感器，电容式电压互感器还可以将载波频率耦合到输电线用于长途通信、远方测量、选择性的线路高频保护、遥控、电传打字等。

3）电子式电压互感器：由连接到传输系统和二次转换器的一个或多个电压或电流传感器组成的一种装置，用以传输正比于被测量的量，供给测量仪器、仪表和继电保护或控制装置。

（二）电压互感器运行维护规范

为保障电压互感器的稳定运行，再投入前及运行过程中，应加强巡视检查，确保带隐患运行。

（1）电压互感器在投入运行前要按照规程规定的项目进行试验检查。例如，测极性、连接组别、摇绝缘、核相序等。

（2）电压互感器的接线应保证其正确性，一次绕组和被测电路并联，二次绕组应和所接的测量仪表、继电保护装置或自动装置的电压线圈并联，同时要注意极性的正确性。

（3）接在电压互感器二次侧负荷的容量应合适，接在电压互感器二次侧的负荷不应超过其额定容量，否则会使互感器的误差增大，难以达到测量的正确性。

（4）电压互感器二次侧不允许短路。由于电压互感器内阻抗很小，若二次回路短路时，会出现很大的电流，将损坏二次设备甚至危及人身安全。电压互感器可以在二次侧装设熔断器以保护其自身不因二次侧短路而损坏。在可能的情况下，一次侧也应装设熔断器以保护高压电网不因互感器高压绕组或引线故障危及一次系统的安全。

（5）为了确保人在接触测量仪表和继电器时的安全，电压互感器二次绕组必须有一点接地。因为接地后，当一次和二次绕组间的绝缘损坏时，可以防止仪表和继电器出现高电压危及人身安全。

（6）电压互感器副边绝对不容许短路。

（7）电压互感器基础是否存在裂纹、下沉、塌陷情况。

（8）支撑钢架是否存在变形、锈蚀、裂纹等情况。

（9）电压互感器编号牌及安全标识牌是否存在缺失、脱落、字体严重模糊无法辨识的情况。

（10）电压互感器是否存在安装固定松动、歪斜的情况，复合材料或瓷质表面是否脏污、损伤、电晕及放电痕迹。

（11）器身外涂漆层是否存在脏污、爆皮掉漆现象。

五、电流互感器

电流互感器（current transformer），以下简称 TA，是依据电磁感应原理将一次侧大电流转换成二次侧小电流来测量的仪器。电流互感器是由闭合的铁芯和绕组组成。其一次侧绕组匝数很少，串接在需要测量的电流的线路中。因此经常有线路的全部电流流过，二次侧绕组匝数比较多，串接在测量仪表和保护回路中。电流互感器在工作时，它的二次侧回路始终是闭合的，因此测量仪表和保护回路串联线圈的阻抗很小，电流互感器的工作状态接近短路。电流互感器是把一次侧大电流转换成二次侧小电流来测量，二次侧不可开路。

（一）电流互感器的分类

与电压互感器类似，电流互感器也可以做不同维度的分类。

1. 按照用途不同

（1）测量用电流互感器（或电流互感器的测量绕组）：在正常工作电流范围内，向测量、计量等装置提供电网的电流信息。

（2）保护用电流互感器（或电流互感器的保护绕组）：在电网故障状态下，向继电保护等装置提供电网故障电流信息。

2. 按绝缘介质分类

（1）干式电流互感器：由普通绝缘材料经浸漆处理作为绝缘。

（2）浇注式电流互感器：用环氧树脂或其他树脂混合材料浇注成型的电流互感器。

（3）油浸式电流互感器：由绝缘纸和绝缘油作为绝缘，一般为户外型。

（4）气体绝缘电流互感器：主绝缘由气体构成。

3. 按安装方式分类

（1）贯穿式电流互感器：用来穿过屏板或墙壁的电流互感器。

（2）支柱式电流互感器：安装在平面或支柱上，兼做一次电路导体支柱用的电流互感器。

（3）套管式电流互感器：没有一次导体和一次绝缘，直接套装在绝缘的套管上的一种电流互感器。

（4）母线式电流互感器：没有一次导体但有一次绝缘，直接套装在母线上使用的一种电流互感器。

4. 按原理分类

（1）电磁式电流互感器：根据电磁感应原理实现电流变换的电流互感器。

（2）电子式电流互感器：

1）光学电流互感器，是指采用光学器件作被测电流传感器，光学器件由光学玻璃、全光纤等构成。

2）空心线圈电流互感器，又称为 Rogowski 线圈式电流互感器。空心线圈往往由漆包线均匀绕制在环形骨架上制成，骨架采用塑料、陶瓷等非铁磁材料，其相对磁导率与空气的相对磁导率相同，这是空心线圈有别于带铁芯的电流互感器的一个显著特征。

3）铁芯线圈式低功率电流互感器，是传统电磁式电流互感器的一种发展，其按照高阻抗电阻设计，在非常高的一次电流下，饱和特性得到改善，扩大了测量范围，降低了功率消耗，可以无饱和的高准确度测量高达短路电流的过电流、全偏移短路电流，测量和保护可共用一个铁芯线圈式低功率电流互感器，其输出为电压信号。

（二）电流互感器运行维护规范

1. 使用原则

（1）电流互感器的接线应遵守串联原则，即一次绕组应与被测电路串联，而二次绕组则与所有仪表负载。

（2）按被测电流大小，选择合适的变比，否则误差将增大。同时，二次侧一端必须接地，以防绝缘一旦损坏时，一次侧高压窜入二次侧低压，造成人身和设备事故。

（3）二次侧绝对不允许开路，因一旦开路，一次侧电流 I_1 全部成为磁化电流，引起 ϕ_m 和 E_2 骤增，造成铁芯过度饱和磁化，发热严重乃至烧毁线圈；同时，磁路过度饱和磁化后，使误差增大。电流互感器在正常工作时，二次侧与测量仪表和继电器等电流线圈串联使用，测量仪表和继电器等电流线圈阻抗很小，二次侧近似于短路。电流互感器二次电流的大小由一次电流决定，二次电流产生的磁势，是平衡一次电流的磁势的。若突然使其开路，则励磁电动势由很小的数值骤变为很大的数值，铁芯中的磁通呈现严重饱和的平顶波，因此二次侧绕组将在磁通过零时感应出很高的尖顶波，其值可达到数千甚至上万伏，危及工作人员的安全及仪表的绝缘性能。

此外，二次侧开路使二次侧电压达几百伏，一旦触及将造成触电事故。因此，电流互感器二次侧都备有短路开关，防止二次侧开路。在使用过程中，二次侧一旦开路应马上撤掉电路负载，然后再停电处理，一切处理好后方可再用。

（4）为了满足测量仪表、继电保护、断路器失灵判断和故障滤波等装置的需要，在发电机、变压器、出线、母线分段断路器、母线断路器、旁路断路器等回路中均设2～8个二次绕组的电流互感器。

（5）对于保护用电流互感器的装设地点应按尽量消除主保护装置的不保护区来设置。例如：若有两组电流互感器，且位置允许时，应设在断路器两侧，使断路器处于交叉保护范围之中。

（6）为了防止支柱式电流互感器套管闪络造成母线故障，电流互感器通常布置在断路器的出线或变压器侧。

（7）为了减轻发电机内部故障时的损伤，用于自动调节励磁装置的电流互感器应布置在发电机定子绕组的出线侧。为了便于分析和在发电机并入系统前发现内部故障，用于测量仪表的电流互感器宜装在发电机中性点侧。

2. 接线方式

电流互感器的接线方式按其所接负载的运行要求确定。最常用的接线方式为单相、三相星形和不完全星形。

3. 校验方法

在进行电流互感器误差试验之前，通常需要检查极性和退磁等试验。

（1）极性检查。

电流互感器一次绕组标志为P1、P2，二次绕组标志为S1、S2。若P1、S1是同名端，则这种标志叫减极性。一次电流从P1进，二次电流从S1出。极性检查很简单，除了可以在互感器校验仪上进行检查外，还可以使用直流检查法。

（2）退磁检查。

电流互感器在电流突然下降的情况下，互感器铁芯可能产生剩磁，如电流互感器在大电流情况下突然切断电源、二次绕组突然开路等。互感器铁芯有剩磁，使铁芯磁导率下降，影响互感器性能。长期使用后的互感器都应该退磁。互感器检验前也要退磁。退磁就是通过一次或二次绕组以交变的励磁电流，给铁芯以交变的磁场。从0开始逐渐加大交变的磁场（励磁电流）使铁芯达到饱和状态，然后再慢慢减小励磁电流到零，以消除剩磁。

对于电流互感器退磁，一次绕组开路，二次绕组通以工频电流，从零开始逐渐增加到一定的电流值（该电流值与互感器的设计测量上限有关，一般为额定电流的20%～50%左右。如果电流突然急剧变大，此时表示铁芯以进入磁饱和阶段）。然后再将电流缓慢降为零，如此重复2～3次。在断开电源前，应将一次绕组短接，才断开电源，铁芯退磁完成，该方法称开路退磁法。对于有些电流互感器，由于二次绕组的匝数都比较多。若采用开路退磁法，开路的绕组可能产生高电压。因此可以在二次绕组接上较大的电阻（额定阻抗的10～20倍）。一次绕组通以电流，从零渐变到互感器一次绕组允许的最大电流，再渐变到零，如此重复2～3次。由于接有负载铁芯可能不能完全退磁，一次绕组的最大电流有限制，过大的话可能烧坏一次绕组。如果接有负载的二次绕组产生电压不是过高的话，可以加大二次绕组的负载电阻，这样可以提高退磁效果。

（3）准确度检查。

互感器误差试验一般采用被测互感器与标准互感器进行比较，两种互感器的二次电流差即为被测互感器误差，此种检验方法称比较法。标准互感器要求比被测互感器高出二个等级，此时标准互感器误差可忽略不计。若标准互感器比被测互感器只高一个等级，此时试验结果误差应考虑加上标准互感器误差。

被测互感器与标准互感器的二次电流差一般采用互感器校验仪进行量，直接从互感器校验仪上读出比值差f_x（%），相位差δ_x（′）。由于互感器校验仪测的是被测互感器与标准互感器电流差与二次电流的比值，所以对互感器校验仪的要求不高。校验什么等级的互感器，基本由标准互感器决定。

4. 日常巡视注意事项

（1）电流互感器基础是否存在裂纹、下沉、塌陷情况。

（2）支撑钢架是否存在变形、锈蚀、裂纹等情况。

（3）电流互感器编号牌及安全标识牌是否存在缺失、脱落、字体严重模糊无法辨识的情况。

（4）电流互感器是否存在安装固定松动、歪斜的情况，复合材料或瓷质表面是否脏污、损伤、电晕及放电痕迹。

（5）器身外涂漆层是否存在脏污、爆皮掉漆现象。

（6）电流互感器是否出现异常震动及异常响声。

（7）一次引线是否存在散股、风摆过大，接头是否存在接触不良、发热、放电、悬挂杂物的情况。

（8）地引下线、排是否存在虚接、脱落、断裂、锈蚀等情况。

（9）油位指示器的油位是否出现不正常现象，密封是否不良，油色是否浑浊，是否存在渗油现象。

（10）金属膨胀器位置是否存在异常、是否渗油。

（11）防爆膜是否破裂。

（12）端子箱二次回路一点接地是否不良，各连接端子是否未紧固，是否存在过热、打火现象，二次导线和电缆是否腐蚀及损伤。

六、SVG 无功补偿装置

（一）SVG 无功补偿概述

SVG（static var generator）无功补偿装置是当前最主流的无功功率控制设备类型，其原理是将自换相桥式电路通过变压器或者电抗器并联到电网上，适当地调节桥式电路交流侧输出电压的幅值和相位，或者直接控制其交流侧电流使该电路吸收或者发出满足要求的无功电流，实现动态无功补偿的目的。

光伏电站配置 SVG 无功补偿装置可提高光伏发电输送容量和系统的稳定性，并防止电压崩溃。SVG 无功补偿装置主要包括动态无功补偿、谐波治理成套装置、连接变压器，成套设备含变压器围栏、快速放油阀、框架、设备支架、设备或支架间的接地连接线、安装辅材及成套装置内部的所有一次、二次电缆等。

SVG 无功补偿共有三种运行模式：恒电压模式，恒无功模式，功率因数模式。不同地区对应要求运行的模式也不一样，但均纳入公共电网“两个细则”考核范围，是光伏电站电能质量指标的重要影响因素。在电站日常巡检及维护中应加以足够重视。无功补偿装置的具体作用是：

（1）根据供电母线的电压、无功需求或者功率因数情况，自动投切电容器组，跟踪负荷的变化情况进行无功补偿，从而提高功率因数，改善供电质量，降低电能损耗。

（2）特殊设计兼顾滤波功能。随着电力电子技术的广泛应用，非线性负荷产生的高次谐波进入电力系统，引起供电电压波形畸变，使电力设备损耗增加、温度升高、绝缘老化、缩短设备寿命，对通信系统产生干扰，对电子式保护装置产生误动，加大计量误差，影响设备正常运行。同时高次谐波还可能因电容器组的配置不合理而造成系统谐波放大，甚至产生并联谐振，损坏供用电设备，或者放大进入电容器组的谐波电流，使电容器组过载而发生故障。

（二）无功补偿装置的运行维护规范

为保障无功补偿装置的稳定运行，电站应每日进行巡视检查，并对其运行参数进行实时监控分析，常规检查项目如下：

（1）电抗器位置是否不正确，是否存在歪斜、松动等异常现象。

（2）SVG 装置箱体是否存在损伤、固定不牢靠的情况。

（3）SVG 装置箱体接地是否存在虚接、脱落、断裂、锈蚀等情况。

（4）SVG 装置功率柜过滤网是否存在杂物封堵、积灰严重的情况，滤网清灰一般为一周一次，电站可根据现场环境判断及时进行清灰除尘。

（5）SVG 装置箱体上通风管道是否畅通无损伤。

（6）SVG 进线电缆连接处是否存在放电的情况。

（7）SVG 功率柜是否存在异声、异响的情况。

（8）冷却风扇运行是否存在卡涩、停转、不能按定值启动的异常情况。

（9）SVG 工控机显示数值是否与监控系统数值不一致，运行是否存在异常，是否存在异声、异味；显示屏、指示灯是否存在告警信号。

（10）交流电源干式变压器是否存在异声、异味，是否存在过热、放电的情况。

（11）二次电源开关名称标识是否存在脱落、字迹模糊，运行位置与实际运行方式是否不相符。

（12）二次接线是否标识是否存在缺失，接线端子是否存在虚接、松动发热情况，电流端子是否有放电声。

（13）SVG 控制柜内是否存在严重积灰、防火封堵是否存在缺失、脱落的情况。

七、隔离开关

隔离开关俗称“刀闸”，一般指的是高压隔离开关，即额定电压在 1kV 及其以上的隔离开关。隔离开关是电力系统中使用最多的一种高压电气设备，其结构简单、使用量大、工作可靠性要求高。隔离开关的主要特点是无灭弧能力，只能在没有负荷电流的情况下分、合电路。隔离开关用于各级电压，用作改变电路连接或使线路或设备与电源隔离，它没有断流能力，只能先用其他设备将线路断开后再操作。一般带有防止开关带负荷时误操作的联锁装置，有时需要销子来防止在大的故障的磁力作用下断开开关。

隔离开关在“分”位置时，触头间有符合规定要求的绝缘距离和明显的断开标志；在“合”位置时，能承载正常回路条件下的电流及在规定时间内异常条件下的电流的开关设备。

（一）隔离开关的分类

高压隔离开关一般可分为户外式和户内式两种。

（1）户外式高压隔离开关，运行中经常受到风雨、冰雪、灰尘的影响，工作环境较差。因此对户外式隔离开关的要求通常较高，应具有防冰能力和较高的机械强度。在不同电压等级的系统中，均需要使用隔离开关，所以隔离开关也有相应的电压等级。35kV 及以上电压等级采用的隔离开关，一般均为三相联动型，操作方式可分为手动操作、电动操作、压缩空气操作和液压操作。隔离开关还可以用来做接地开关用。

（2）户内式隔离开关，一般为三相联动型，手动操作，在成套配电装置内，装于断路器的母线侧和负荷侧或作为接地开关用。

（二）隔离开关操作要求

（1）当隔离开关与断路器、接地开关配合使用时，或隔离开关本身具有接地功能时，应有机械连锁或电气连锁来保障正确的操作程序。

（2）合闸时，在确认断路器等开关设备处于分闸位置上，才能合上隔离开关，合闸动作快结束时，用力不宜太大，避免发生冲击；若单级隔离开关，合闸时应先合两边相，后合中间相；分闸时应先拉中间相，后拉两边相，操作时必须使用绝缘棒来操作。

（3）分闸时，在确认断路器等开工设备处于分闸位置，应缓慢操作，待主刀开关离开静触点时迅速拉开。操作完毕后，应保证隔离开关处于断开位置，并保持操作机构锁牢。

（4）用隔离开关来切断变压器空载电流、架空线路和电缆的充电电流、环路电流和小负荷电流时，应迅速进行分闸操作，已达到快速有效的灭弧。

（5）送电时，应先合电源侧的隔离开关，后合负荷侧的隔离开关；断电时，顺序相反。

（6）隔离开关允许直接操作的项目：

1）开、合电压互感器和避雷器回路。

2）电压为 35kV、长度为 10km 以内的无负荷允许的架空线路。

3）电压为 10kV、长度为 5km 以内的无负荷允许的电缆线路。

4）电压为 10kV 以下，无负荷运行的变压器，其容量不超过 320kVA。

5）电压为 35kV 以下，无负荷允许的变压器，其容量不超过 1000kVA。

6）开、合母线和直接接在母线上的设备的电容电流。

7）开、合变压器中性点的接地线，当中性点上接有消弧线圈时，只能在系统未发生短路故障时才允许操作。

8）与断路器并联的旁路隔离开关，断路器处于合闸位置时，才能操作。

9）开、合励磁电流不超过 2A 空载变压器和电容电流不超过 5A 的无负荷线路，对电压为 20kV 及以上时，必须使用三相联动隔离开关。

10）用室外三相联动各类开关，开合电压为 10kV 及以下，电流为 15A 以下的负荷电流和不超过 70A 的环路均衡电流。

（三）隔离开关运行维护规范

为保障隔离开关正常运行，电站应每日进行检查，并定期进行维护，在检修期间对设备隐患进行清除。具体检查维护如下：

（1）清扫瓷件表面的尘土，检查瓷件表面是否刁釉、破损，有无裂纹和闪络痕迹，绝缘子的铁、瓷结合部位是否牢固。若破损严重，应进行更换。

（2）用汽油擦净刀片、触电或触指上的油污，检查接触表面是否清洁，有无机械损伤、氧化和过热痕迹及扭曲、变形等现象。

（3）检查触点或刀片上的附件是否齐全，有无损坏。

（4）检查连接隔离开关和母线、断路器的引线是否牢固，有无过热现象。

（5）检查软连接部件有无折损、断股等现象。

（6）检查并清扫操作机构和传动部分，并加入适量的润滑油脂。

（7）检查传动部分与带电部分的距离是否符合要求；定位器和制动装置是否牢固，动作是否正确。

（8）检查隔离开关的底座是否良好，接地是否可靠。

第七节　监控自动化系统

为确保光伏电站安全稳定及高效运行，根据电网调度管理部门关于光伏电站并网继电保护及安全自动装置配置有关要求，并网投运的光伏电站还必须配置继电保护装置、远动装置、自动装置、测控装置、直流系统等二次设备，并以此形成具有保护控制、同期并列、直流监视、测量和继电保护等功能的二次回路。具有上述功能的二次设备及其形成的回路系统统称为监控自动化系统。

一、继电保护及安全自动装置

（一）继电保护概述

电力系统继电保护和安全自动装置是在电力系统发生故障和不正常运行情况时，用于快速切除故障，消除不正常状况的重要自动化技术和设备。电力系统发生故障或危及其安全运行的事件时，继电保护和安全自动装置能及时发出告警信号，或直接发出跳闸命令以终止事件。

继电保护的基本任务是反映电气元件的不正常运行状态并自动迅速、有选择的跳开特定的断路器。因此，继电保护及其自动装置是保障电网安全运行，保障电气设备在发生故障时不受损伤或减轻损坏程度，是电力系统不可缺少部分。《电力安全工作规程》明确要求严禁电气设备在无任何保护的状态下运行。光伏电站的继电保护根据电压等级和升压变压器电压等级的不同配置不同的保护装置，但是基本的线路保护、母差保护、变压器保护则是必备的。

在电力系统运行中，各种外界因素（如雷击、鸟害等）、内部因素（绝缘老化，损坏等）及人为操作等，都可能引起各种故障及不正常运行的状态出现。常见的故障类型有：单相接地、三相短路、两相短路、两相接地短路和断线等。

1. 继电保护的原理

继电保护装置必须具有正确区分被保护元件是处于正常运行状态还是发生了故障，是保护区内故障还是区外故障的功能。保护装置要实现这一功能，需要根据电力系统发生故障前后电气物理量变化的特征为基础来构成。电力系统发生故障后，工频电气量变化的主要特征是：

（1）电流增大。短路时故障点与电源之间的电气设备和输电线路上的电流将由负荷电流增大至大大超过负荷电流。

（2）电压降低。当发生相间短路和接地短路故障时，系统各点的相间电压或相电压值下降，且越靠近短路点，电压越低。

（3）电流与电压之间的相位角改变。正常运行时电流与电压间的相位角是负荷的功率因数角，一般约为 20°，三相短路时，电流与电压之间的相位角是由线路的阻抗角决定的，一般为 60° ~ 85°，而在保护反方向三相短路时，电流与电压之间的相位角则是 180°+（60° ~ 85°）。

（4）测量阻抗发生变化。测量阻抗即测量点（保护安装处）电压与电流之比值。正常运行时，测量阻抗为负荷阻抗；金属性短路时，测量阻抗转变为线路阻抗，故障后测量阻抗显著减小，而阻抗角增大。

不对称短路时，出现相序分量，如两相及单相接地短路时，出现负序电流和负序电压分量；单相接地时，出现负序和零序电流和电压分量。这些分量在正常运行时是不出现的。

利用短路故障时电气量的变化，便可构成各种原理的继电保护。

2. 电力系统对继电保护的基本要求

（1）速动性：继电保护装置应能尽快地切除故障，以减少设备及用户在大电流、低电压运行的时间，降低设备的损坏程度，提高系统并列运行的稳定性。

（2）选择性：当电力系统中的设备或线路发生短路时，其继电保护仅将故障的设备或线路从电力系统中切除，当故障设备或线路的保护或断路器拒动时，应由相邻设备或线路的保护将故障切除。

（3）灵敏性：指电气设备或线路在被保护范围内发生短路故障或不正常运行情况时，保护装置的反应能力。

（4）可靠性：包括安全性和信赖性，是对继电保护最根本的要求。安全性是指继电保护在不需要它动作时可靠不动作，即不发生误动。信赖性则要求继电保护在规定的保护范围内发生了应该动作的故障时可靠动作，即不拒动。

（二）继电保护运行维护规范要求

1. 运行人员要求

（1）熟悉保护的基本原理和主要结构。

（2）熟悉保护的配置和保护范围。

（3）能正确的投、退保护软、硬连接片，整组投运或停运保护装置，进行简单的人机对话。

（4）能按规定对保护进行正常监视、检查，能看懂信息报告。

（5）能对保护及回路上的作业及安全措施进行监督、验收、传动。

（6）继电保护的投入、退出和事故时的动作情况，以及保护装置本身发出的异常、告警现象均应详细记录。

（7）保护及二次回路上工作必须持有工作票，并应履行工作许可制度，运行人员必须审查工作票及其安全措施。

（8）继电保护工作完成以后，值班人员应进行以下检查：

1）工作中的临时线是否全部拆除，拆开的线头连片是否全部恢复好。

2）保护连接片的名称、投退位置是否正确，接触是否良好。

3）各信号灯、指示灯指示是否正确。

4）保护定值是否正确。

5）变动的接线是否有书面交代，检验项目和试验报告是否齐全正确。

6）协同保护人员带开关联动试验，且动作可靠，信号正确。

7）检查电压互感器、电流互感器的二次侧及端子无短路和开路现象。

2. 运行维护注意事项

（1）凡带电运行的设备，不允许无保护运行。

（2）一次设备停电，保护装置及二次回路无工作时，保护装置可不停用，但其他运行断路器的跳闸出口连接片应解除。

（3）继电保护和自动装置的投入、停用须经站长的命令或同意后才能进行；涉及主要保护及调度管辖设备须向调度申请，征得调度同意后方可进行。

（4）当继电保护或自动装置有异常可能引起误动作，须立即处理时，现场值班人员可先行处理，然后向调度报告。

（5）继电保护和自动装置的定值变更（包括电流互感器的变比），应按保护定值通知单执行，执行完毕相关领导应与现场值班人员进行核对。

（6）保护装置投跳闸前，运行人员必须检查信号指示正常（包括高频保护通道、差动保护差电流或差电压等），工作后的保护装置还应用高内阻电压表以一端对地测电压的方法验证保护装置确实未给出跳闸或合闸脉冲。

（7）新（改、扩）建设备投运前及现场运行设备继电保护整定值改变后，应与调度核对现场继电保护工作记录、定值，核对无误后，方可将设备投入系统运行；新安装的或一、二次回路有过变动的方向保护及差动保护，必须在负荷状态下进行相位测定（如做方向六角图、测量差动保护的差电压或差电流）。

（8）投入保护装置的顺序为：先投入直流电源，后投入出口连接片；停用保护装置的顺序与之相反。

（9）遇到下列情况之一时，应将相应的保护装置退出运行：

1）运行中需更改保护定值。

2）保护回路有检修工作。

3）电压互感器因故退出运行。

4）保护装置本身有故障，不能正常运行。

二、计算机监控系统

计算机监控系统以计算机、通信设备、测控单元为基本工具，为光伏电站发电系统的实时数据采集、开关状态检测及远程控制提供了基础平台，可以和检测、控制设备构成任意复杂的监控系统，在监控中发挥核心作用，可以帮助电站站消除孤岛，降低运作成本，提高生产效率，提高对发电过程中异常情况的快速反应。

计算机监控系统正常运行中应检查后台机电源运行是否正常，有无告警信号；检查监控系统通信是否正常，各数据显示指示是否正确；检查监控窗口各主菜单有无异常；检查打印机工作是否正常，打印纸是否够用；检查各软、硬连接片是否正确投、退。除此之外，还有以下运行和维护规定：

（1）严禁对运行中的监控系统断电。

（2）严禁更改监控系统中的参数、图表及相关的操作密码。

（3）严禁将运行中的后台机退出监控窗口，不得在后台机上安装与系统运行无关的程序。

（4）在后台机中操作断路器时，对其他设备不得越限进行操作。

（5）监控系统出现数据混乱或通信异常时，应立即检查并上报。

（6）打印的资料妥善保管。

（7）严禁在 UPS 电源上接其他用电设备。

三、直流系统

直流系统是光伏电站非常重要的组成部分，它的主要任务就是给继电保护装置、断路器操作、各类信号回路提供电源。直流系统的正常运行与否，关系到继电保护及断路器能否正确动作，会影响光伏电站乃至整个电网的安全运行。

（一）直流系统的构成

直流系统由充电设备、蓄电池、直流屏、绝缘监察装置、负载等组成。

（1）整流模块系统。

电力整流模块就是把交流电整流成直流电的单机模块，通常是以通过电流大小来标称（如 2A 模块、5A 模块、10A 模块、20A 模块等），按设计理念的不同也可以分为：风冷模块、独立风道模块、自冷模块、自能风冷模块和自能自冷模块。整流模块可以多台并联使用，实现了 N+1 冗余。模块输出是 110V、220V 稳定可调的直流电压。模块自身有较为完善的各种保护功能如：输入过压保护、输出过压保护、输出限流保护和输出短路保护等。

（2）监控系统。

监控系统是整个直流系统的控制、管理核心，其主要任务是：对系统中各功能单元和蓄电池进行长期自动监测，获取系统中的各种运行参数和状态，根据测量数据及运行状态及时进行处理，并以此为依据对系统进行控制，实现电源系统的全自动管理，保证其工作的连续性、可靠性和安全性。监控系统分为两种：一是按键型；二是触摸屏型。监控系统提供人机界面操作，实现系统运行参数显示，系统控制操作和系统参数设置。

（3）绝缘监测单元。

直流系统绝缘监测单元是监视直流系统绝缘情况的一种装置，可实时监测线路对地漏电阻，此数值可根据具体情况设定。当线路对地绝缘降低到设定值时，就会发出告警信号。直流系统绝缘监测单元有母线绝缘监测、支路绝缘监测。

（4）电池巡检单元。

电池巡检单元就是对蓄电池在线电压情况循环检测的一种设备。可以实时检测到每节蓄电池电压的多少，当某节蓄电池电压高过或低过设定时，就会发出告警信号，并能通过监控系统显示出是哪节蓄电池发生故障。电池巡检单元一般能检测 2～12V 的蓄电池和循环检测 1～108 节蓄电池。

（5）开关量检测单元。

开关量检测单元是对开关量在线检测及告警干节点输出的一种设备。比如在整套系统中某路断路器发生故障跳闸或者是某路熔断器熔断后开关量检测单元就会发出告警信号，并能通过监控系统显示出是断路器发生故障跳闸或者是熔断器熔断的位置。开关量检测单元可以采集到 1～108 路开关量和多路无源干节点告警输出。

（6）配电单元。

配电单元主要是直流屏中为实现交流输入、直流输出、电压显示、电流显示等功能所使用的器件如：电源线、接线端子、交流断路器、直流断路器、接触器、防雷器、分流器、熔断器、转换开关、按钮开关、指示灯以及电流、电压表等。

（二）直流系统运行维护规范

为保障直流系统的安全稳定运行，应定期对直流系统进行检查维护：

（1）每天应检查直流母线对地的绝缘值。若有接地现象，应立即寻找和处理。

（2）对运行中的直流电源装置，主要监视交流输入电压值、充电装置输出的电压值和电流值，蓄电池组电压值、直流母线电压值、浮充电流值及绝缘电压值等是否正常。

（3）检查高频整流开关是否工作正常，若不正常应退出故障整理器，通知现场运维人员进行处理。

（4）检查微机监测装置工作状态是否正常，若不正常应退出运行，通知现场运维人员进行检修。

（5）蓄电池的运行温度不宜过高或过低，正常运行中一般要求室温处于 10 ~ 30℃为宜，最高不得超过 35℃，最低不得低于 5℃。

（6）蓄电池应置于阴凉干燥，并应避免阳光直射。

（7）蓄电池正常运行时，采取全浮充电运行方式。

（8）蓄电池应定期进行均衡性充电；大型操作，全站失压，浮充机故障后，也应进行均衡充电。

（9）蓄电池使用时应避免产生过充电或过放电，否则会影响蓄电池的寿命。

（10）蓄电池不允许接任何其他负荷。

（11）定期清除尘埃并检查电池有无漏液、破损、鼓肚和连接部位有无松动现象。

四、光功率预测系统

光功率预测系统的主要功能是将光伏电站所在区域天气预报数据和站内环境检测仪所采集的数据加以分析，并将生成的数据文件通过非实时交换机发送给当地电网调度部门。电网调度部门接收数据文件，入库并加以分析，得到电站的日常发电负荷预测情况，以便于对该地区整个新能源发电场站的集中管控。

（一）光功率预测系统结构及工作原理

光功率预测系统般在电站里以组屏的形式存在，在监控后台放置一台主机和一台显示器，便于站内运维人员巡视和维护。屏体内所包含的设备一般有防火墙、反向隔离器、网络服务器和交换机等，通常各个厂家都有自己的产品网络结构图。光伏功率预测系统以全球中尺度模式数值气象预报数据为基础，结合光伏电站微观选址及针对不同地域特点的参数化方案，经过大规模并行分布式计算机集群的模式计算优化后得到高精度的中小尺度数值天气预报，作为太阳能辐照预报的基础。整套系统应具备高精度数值气象预报、光电信号数值净化、网络化实时通信、通用电力信息数据接口等功能模块（见图 3-40）。

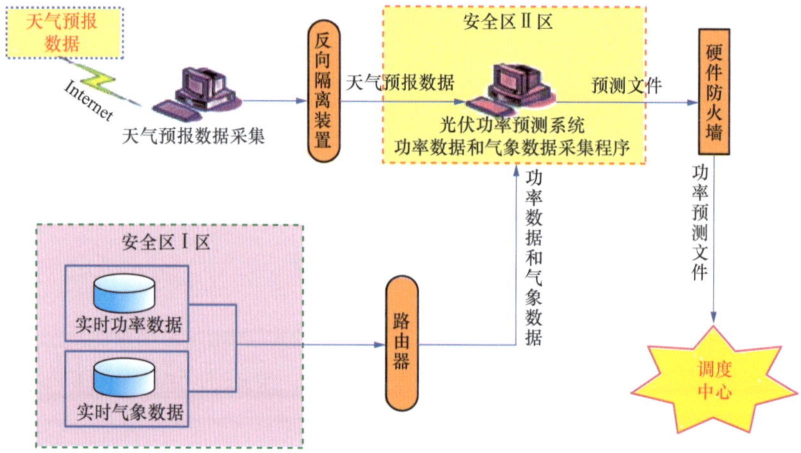

图 3-40　光功率预测结构图

光功率预测系统的工作过程主要分为以下几个步骤：

（1）系统外网服务器通过互联网，从系统指定的公共气象部门的服务器下载该电站所属地区的天气预报数据，然后通过反向隔离器传到内网服务器中。

（2）内网服务器的主要功能是接收电站内预测所需数据和环境检测仪采集的数据，并存储到该服务器的数据库中，然后内网服务器里的程序从数据库里取数据。根据相应数值和预测系统的计算模型，生成调度部门要求的预测数据文件。常见的数据文件以 .PDV 格式生成，并通过 102 规约（或 FTP 形式）传到电网调度部门。预测系统生成的文件包括短期文件、超短期文件和气象文件等。

（3）后台主机显示器可以显示预测系统所生成的调度要求的曲线和数据，并相对直观地展示给现场运维人员，方便运维管理。

（二）光功率预测系统的作用

1. 提高电网稳定性、增加电网消纳光电能力

光伏发电的负荷输出具有间歇性、随机性和波动性的特点，因此对公共电网的安全运行带来了一系列问题。如果缺乏准确的负荷预测，电网调度部门只能采取拉闸限电的传统手段进行电网负荷平衡控制。

随着光伏电源占据电网电源结构比重的增加，光伏功率预测系统变得尤为重要。只有光伏功率预测越准确，光伏并网给电网的安全运行带来的影响就越小，就能够有效的帮助电网调度部门做好各类电源的调度计划。

2. 提高调度计划效率，减少限电损失，提高发电效率

光功率预测越精准，电网调度部门才有可能更加优化电网调度计划，尽可能减少对光伏电站功率输出限制，大大提高了电网消纳光伏电源的能力。限电损失的降低也相当于提高了发电效率和光伏电站投资回报率。

（三）光功率预测系统运行维护

光功率预测系统应遵循以下运行规定：

（1）光功率预测系统的投退要严格按照调度要求进行，不得擅自进行投退。

（2）光功率预测系统的检修，应根据相关检修规定的要求按时向调度提出检修申请，调度批准后方可进行。

（3）现场进行光功率预测系统工作时，应按规定做好安全措施，确保系统正常运行。

光功率预测系统的巡回检查应注意以下几个要求：

（1）装置电源指示灯均亮。

（2）光功率预测服务器运行正常，没有异常信号。

（3）显示屏传输信息应正确，无其他异常信息。

（4）网络安全隔离装置运行指示灯，无其他异常。

（5）以太网交换机运行指示灯正常，无其他异常信息。

（6）装置出线异常情况，应逐步检查，排除异常情况，若无法排出，应及时向调度及主管领导汇报，并联系予以处理。

五、AGC 功率控制系统

（一）自动功率控制概述

自动功率控制（AGC）是并网光伏电站逆变器在规定的出力调整范围内，跟踪电力调度下发的指令，按照一定调节速率实时调整发电出力，以满足电力系统频率和联络线功率控制要求（见图 3-41）。

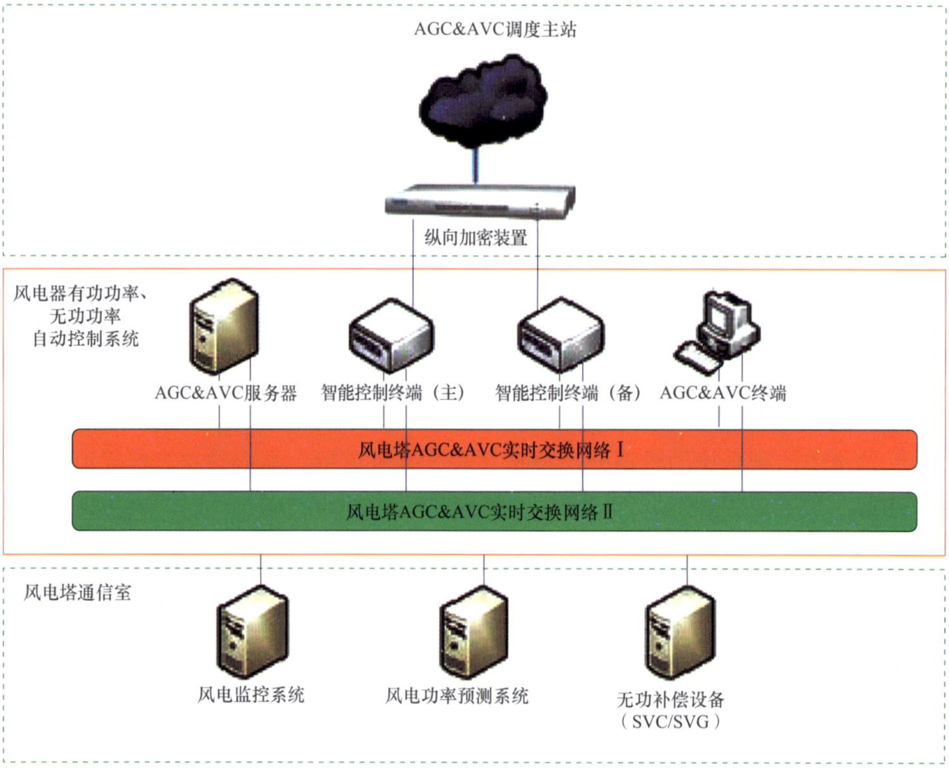

图 3-41　AGC 系统结构图

AGC 常用控制策略概述：

（1）当 AGC 主机接收到的当前有功计划值小于光伏电站当前出力时，执行降低总有功出力的控制，能综合考虑各逆变器的运行状态和当前有功出力，按照等裕度或等比例等方式，合理进行有功分配。

（2）当 AGC 主机接收到的当前有功计划值大于光伏电站当前出力时，执行增加总有功出力的控制，能综合考虑各逆变器的运行状态和有功出力预测值，按照等裕度或等比例等方式，合理进行有功分配。

（3）AGC 主机具备对光伏电站有功出力变化率进行限制的能力，具备 1min、10min 调节速率设定能力，以防止功率变化波动较大对电网的影响。

（4）当升压站高压侧采用多分段母线时，AGC 主机具备分别接收不同母线所连接的送出线总有功设定指令的能力。

（二）AGC 系统运行维护规范

1. AGC 的投运和退出规则

AGC 系统调试成功投入后，电站运行人员除特殊情况外（如故障等）不得退出运行，必需的投运和退出应根据垫底电网调度部门的命令执行。

（1）机组 AGC 控制模式由省调值班调度员根据系统情况确定。

（2）机组 AGC 功能正常投退，值长在得到省调值班调度员的同意后方可下令操作。

（3）当机组发生异常或其 AGC 功能不能正常运行时，运行值班人员应立即汇报值长并得到同意后，可按现场运行规定将 AGC 功能退出，值长应同时汇报省调值班调度员并做好记录。

（4）机组在大修或自动化系统检修过后首次投 AGC 之前必须检查控制信号通道并确认完好，在信号畅通的情况下，不得将 AGC 控制系统退出。

（5）设备停役检修影响机组 AGC 功能正常投运时，值长应向省调提出申请，经批准后方可进行。

2. AGC 的投、退步骤

（1）AGC 投入。

1）AGC 负荷调节区间：低限为 0MW，高限为实际并网容量。

2）负荷变化率设定，AGC 投入时要求的负荷变化率每分钟应不低于额定负荷的 2%，AGC 调节速率最终根据 AGC 有关性能试验数据确定，禁止运行人员随意更改 AGC 调节速率。

3）接调度命令要求或征得调度同意方可投入 AGC，同时检查 AGC 满足投入条件后，在 DCS“机组协调控制”画面中点“AGC”按钮投入 AGC，检查“AGC”已投入。此时机组 AGC 控制模式已经正常投入，负荷指令随调度指令变化。

（2）AGC 退出。

1）接调度命令要求或征得调度同意方可退出 AGC。

2）在 DCS“机组协调控制”画面中点“AGC”按钮退出 AGC，检查“AGC”已退出。机组变为 ccs 控制模式，此时机组 AGC 控制已经退出，机组负荷根据调度口头命令设定。

3. AGC 运行注意事项

（1）注意 AGC 负荷指令、负荷速率的变化情况以及机组调节情况，如天气发生较大变化，手动干预调节仍不能维持，则应及时联系维护人员检查处理。

（2）当 AGC 指令持续增加时，应及时调整发电设备冷却装置，防止在升负荷过程中长时间超温。

（3）当机组 AGC 指令较长时间停留在负荷限制值的上限、下限或其他负荷值时，应及时联系调度确认 AGC 指令是否正常；若省调端 AGC 负荷指令区间正常，则应立即维护人员检查处理。

（4）值长要了解机组负荷阶段性的变化趋势和一般规律，运行人员应密切关注 AGC 负荷指令的变化情况，及时做好负荷大幅度变化情况下制粉系统的启停工作，保证 AGC 的正常调节。

（5）在机组负荷接近 AGC 调节上限值时，运行人员需加强监视。若发现运行参数异常应及时退出 AGC 控制模式，并进行必要的调整。严禁机组运行参数长时间超限。

（6）当主、辅设备性能不能满足负荷速率时，及时解除 AGC 并汇报值长，值长应及时与调度沟通。

（7）当天气及设备缺陷等原因，导致机组负荷无法调 AGC 的指令负荷时，值长应及时与调度沟通。

（8）当机组运行中 AGC 因故退出，待运行调整或检查处理正常，要注意联系省调及时投入 AGC，以保证 AGC 的投运率符合省调考核要求。

六、AVC 电压控制系统

（一）自动电压控制概述

自动电压控制（AVC）在光伏电站中，可接收来自调度的母线电压和总无功的负荷设定以及电站内的母线电压和无功的设定，通过一定策略调节并网逆变器无功功率、无功补偿设备（SVG/SVC）的投入量或变电站升压变压器的变比进行电站的无功及电压调节使并网点电压在正常运行范围内。

1. 电压控制的措施

（1）改变发电机端电压调压。

（2）改变变压器变比调压。

（3）补偿设备调压。

2. AVC 常用控制策略概述

（1）在电网稳态情况下，AVC 主机具备充分利用逆变器的无功调节能力来调节电压的能力，当逆变器无功调节能力不足时，考虑 SVC/SVG 装置的无功调节。在保证电压合格基础上，应为 SVC/SVG 装置预留合理的动态无功储备。

（2）在电网故障情况下，AVC 主机可快速调节 SVC/SVG 装置无功使电压恢复到正常水平。

（3）当电网从故障中恢复正常后，AVC 主机能通过调节逆变器的无功出力，将 SVC/SVG 装置已经投入的无功置换出来，使其预留合理的动态无功储备。

（4）当升压站内有多组 SVC/SVG 装置时，AVC 主机能协调控制各组 SVC/SVG 装置，各组装置之间避免无功的不合理流动。

（5）当全部无功调节能力用尽，电压仍不合格时，AVC 主机可以给出调节分头的建议策略或自动调节分头。

（二）AVC 系统的运行维护规范

1. AVC 系统的投运和退出规则

（1）机组 AVC 装置正常应投入运行，AVC 功能的正常投退，必须在机组稳定工况下，值长在得到省调值班调度员的同意后方可发令运行值班人员进行操作。

（2）设备停役检修影响机组 AVC 功能正常投运时，应向省调提出申请，经批准后方可进行。

（3）AVC 系统遇有下列紧急情况时，可先将 AVC 系统退出运行，同时汇报省调调度员，待异常情况处理完毕后与省调联系恢复运行。

1）系统事故危及机组安全。

2）AVC 系统发生故障无法正常运行。

3）发电机组检修、启停，或 AVC 装置系统不正常、自动调节器未能正常投自动方式运行。

4）开机时，机组并网结束后，检查 AVC 装置无异常，值长即可向省调汇报申请投入 AVC。

5）停机时，机组在切换厂用电后，进行发电机解列电气操作前，值长联系省调要求退出 AVC。

2. AVC 系统的投退步骤

（1）AVC 功能的投入步骤。

1）在得值长令后，检查 AVC 后台机监视画面中无报警。“AVC 上位机运行状态”为“退出”。

2）在 AVC 后台机监视画面中中检查“AVC 装置运行模式”为“远方”；“AVC 控制状态”为“退出”。

3）在 AVC 后台机监视画面中中检查“AVC 故障”为“正常”，检查“DCS 允许投入”为“退出”。

4）在 AVC 后台机监视画面中中检查“增磁总闭锁”绿灯亮。

5）在 DCS 系统的“AVC 系统画面”中，点击“AVC 控制”按钮打开窗口，点击“机组 DCS 允许 AVC 调节”按钮，点击“确定”按钮，此时“机组 DCS 允许 AVC 调节”信号亮。

6）在 AVC 后台机监视画面中检查“AVC 上位机运行状态”为“投入”。

7）在 AVC 后台机监视画面中检查“AVC 控制状态”为“投入”。

8）在 AVC 后台机监视画面中检查“DCS 允许投入”为“投入”。

9）全面检查 AVC 系统及 DCS 系统中的 AVC 功能动作正常后汇报值长。

（2）AVC 功能的退出步骤。

1）在得值长令后，在 DCS 系统的“AVC 系统画面”中，点击“AVC 控制”按钮打开窗口，点击“机组 DCS 允许 AVC 调节”复位按钮，点击“确定”按钮，此时“机组 DCS 允许 AVC 调节”信号灭，点击“取消”按钮，检查信号已复归。

2）在 AVC 后台机监视画面中检查“AVC 上位机运行状态”为“退出”。

3）在 AVC 后台机监视画面中检查“AVC 装置运行模式”为“远方”。

4）在 AVC 后台机监视画面中检查“AVC 控制状态”为“退出”。

5）在 AVC 后台机监视画面中检查“AVC 控制故障 ”为“正常”。

6）在 AVC 后台机监视画面中检查“DCS 允许投入”为“退出”。

7）在 AVC 后台机监视画面中检查“1 号机组增磁总闭锁”绿灯亮。

8）在 AVC 后台机监视画面中检查“11 机组减总闭锁”绿打亮。

9）全面检查正常并复位信号后汇报值长。

3. AVC 运行注意事项

（1）当发电机进相时，密切注意功率因数、发电机各点温度，温度不允许超过额定值。

（2）当发电机进相度较深时，注意发电机端部振动。

（3）当发电机进相度较深时，注意发电机电刷运行情况。

（4）机组运行中，如需启动大容量 6kV 设备时，应注意尽可能错开启动时间与电压考核点记录时间（电压考核点每 15min 记录一次），防止大容量辅机瞬间启动时造成电压下降引起电压不合格点。

（5）当系统出现异常或事故应及时与调度联系退出 AVC。

（6）当 AVC 由远方自动切为就地时，应检查 AGC、一次调频功能是否正常，因为 AVC、AGC、一次调频这三个功能的远方通信是一个通道，主站与 RTU 通道异常或中断，导致 AVC 装置 15min 仍未收到调度下发的控制指令此时 AVC 控制方式自动切换至“就地”退出远方控制运行，转为本地计划曲线运行，根据预设的电压计划曲线进行 AVC 调节。此时应联系通信专职进行检查处理，当调度指令恢复正常可联系调度将

AVC 切为远方控制。

（7）当 AVC 功能自动退出时，应检查 AVC 系统报警，如同时有调节无效信号报警检查是何条件引起闭锁，在确认闭锁原因并检查无其他异常时，可复位信号后再将 AVC 功能投入。

七、故障录波装置

（一）故障录波装置概述

故障录波装置是电力系统发生故障及振荡时能自动记录的一种装置。可以记录下该故障全过程中线路上的三相电流、零序电流的波形和有效值，母线上三相电压、零序电压的波形和有效值，并形成故障分析报告，给出此种故障的故障类型，可以查看电流和电压的幅值与相位、本侧保护的动作时间以及线路两侧高频保护收发信机发信和停信的时间、断路器分合时间等。当线路两侧装有自动重合闸时，还可以看出线路两侧自动重合闸动作的全过程。

正常运行时，波形为正弦曲线。当出现故障时，对应的微机保护跳闸，在装置内产生波形就变成非正弦曲线。故障录波的使用，使得当故障出现时，故障情况可直观的体现故障录波装置上。在当前的电网调度管理实务上，光伏电站故障信息子站是必须配置的，相关的故障信息采集后，应按要求发送到电网调度端，便于后者即时掌握并分析研判各电站故障情况。

（二）故障录波装置的启动

故障录波启动方式包括模拟量启动、开关量启动和手动启动三种基本形式。故障录波装置正常情况下只作数据采集，只有当它的启动元件动作时才进行录波。除高频信号外，所有信号均可作为启动量，任一路输入信号满足定值给出的启动条件，均可启动录波。为了保证故障录波装置可靠动作，要求故障录波装置有良好的灵敏度。

对故障录波装置通常采用如下的启动方式：

（1）电压各相和零序电压突变量启动。

（2）频率越限与变化率启动。

（3）正序、负序、零序电压越限启动。

（4）线路同一相电流变化，1.5s 内最大值和最小值之差大于平均值 10%。

（5）电流各相和零序电流突变量启动。

（6）线路相电流、负序电流、零序电流越限启动。

（7）开关量变位启动，一种是继电保护的跳闸动作信号启动，另一种是调度来的启动命令。

（8）手动启动，由人工控制启动录波。

（三）故障录波的运行维护规范

1. 日常巡视检查

（1）运行监视。

1）故障录波日常巡视检查。

2）检查装置各个指示灯指示正常。

3）检查微机箱各个模拟插件和开关量插件插入牢固无松动或掉出。

4）检查变送器箱各插件插入牢固无松动或掉出，无异常声音。

5）按键盘任意键，查看面板显示内容。

6）检查操作按钮完好无损坏洁净无灰尘。

7）检查屏下端交流电源开关和直流电源开关在合的位置。

8）检查屏箱门完好，透明玻璃洁净、无损坏。

（2）定期巡视检查。

1）检查打印机的电源 ON/OFF 开关打在 ON 的位置，打印机打印纸装备，打印机针头、色带等无积灰尘或蜘蛛网。

2）检查端子排上各接线端子接触良好，无开路或潮湿短路现象，无烧焦变黑现象。

3）检查各个箱内无异常声音、无冒烟现象。

4）检查各箱与箱之间的连接电缆完好无损坏，两端插头插入牢固并接触良好。

5）检查屏内接地线完好无损坏或锈蚀。

6）检查屏内通风良好，箱门关闭严密，箱门无脱漆或锈蚀。

2. 录波异常及故障处理

（1）频繁启动。

频繁启动故障一般是定值设置不当造成的。可根据故障报告判断是由那一通道引起的，然后将定值适当调整，重新设置即可。

（2）不能录波。

该故障一般由两个原因造成：

1）参数、定值设置不当。应重新校对参数，设置相应通道的各项定值。

2）是通道电气连接不当。在调整了定值后仍然不启动录波，可进行手动录波，然后进行波形分析。若相应通道无正常波形，则该通道不正常，原因可能是接线不好或接错线等原因。

（3）电源故障。

若整机掉电，应检查供电电源及各个空气开关是否完好。

八、电能量采集系统

（一）电能量采集系统概述

电能量采集系统是一个自动化的信息采集系统，通过采集电站各电能表计的电压、电流、无功等数据，并且对信息加以分析和处理，从而可以对电量情况进行实时监测。电能采集系统的构成总体上讲并不十分复杂，但是在构成系统过程中应用了诸多新技术。电能量采集系统宏观上包含三个大部分：主站系统，信道系统和用户信息采集终端系统。

主站系统的功能实现要包含两个方面——软件和硬件，它是电能信息采集系统的真正核心。信息采集终端处在用户的位置，主要功能是进行电力信息的采集。信道系统是主站和数据采集终端之间的通路。在系统中，承担了连接主站和信息采集终端、终端和电能表之间的连接作用。采集终端系统主要有表计和电能量采集终端装置组成，对发用电信息实时监控，可以在非常短的时间内提供抄表数据。通过分析了解各个终端的发用电状况。终端设备同时具有异常情况自动上报功能，有助于对系统的管理。

（二）电能量采集系统运行维护规范

电站应定期电能量采集系统进行巡视检查，对参数的设定值及数据的正确性进行核对工作，除此之外还应检查以下方面：

（1）检查电能表计外观有无损坏，备用电池是否报警。

（2）检查电能表计接线有无松动，线缆有无破损、发热、发黄现象。

（3）检查电能表计至采集终端通信是否正常。

（4）检查电能表计显示电压、电流等数据与采集终端是否一致，与所对应的母线电压、电流数据是否存在异常。

（5）检查各装置供电电源是否正常。

（6）检查电能量采集终端设备通信是否正常。

（7）检查与主站系统的通信有无延迟、中断等现象。

九、环境检测仪

（一）环境监测仪概述

环境监测仪通常由分散的传感器原件构成，具体包括采集环境温度、环境湿度、风速、风向、大气压强、总辐射值、累计辐射值、瞬时辐射值、组件温度等基本功能单元（见图 3-42）。环境检测仪的基本工作过程是将各个传感器元件通过线缆接到数据采集器上，所测得的数据可以在这个数据采集器上显示，并且通过 485 接口将数据传到后台。

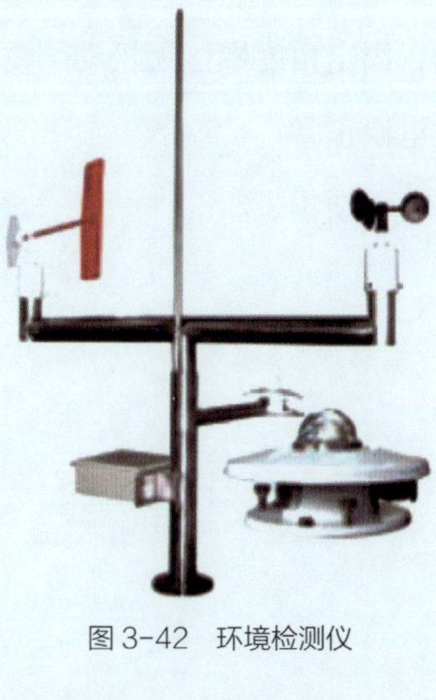

图 3-42　环境检测仪

环境监测仪的数据主要提供给光功率预测系统、单机信息上传系统及测光数据上传，便于电网计算峰值负荷进行统一调配，故环境监测仪数据的准确性尤为重要。

光伏电站通过微机后台监控系统可以将环境监测仪数据进行记录和实时监控，利用计算机系统做成报表，便于电站运维人员维护和查询，根据辐射值估算电站理论发电情况，利用统计数据进行发电量分析对比进行提质增效。

（二）环境监测仪安装及使用

环境监测仪一般安装在屋顶或其他没有遮盖的地方，避免由于外界因素导致监测不准。在安装过程中需注意不要损坏元器件。

环境监测仪的数据采集器的供电一般有两种方式：一是将电源线接到继电保护室的交流柜上，或者不间断电源（UPS）上，保证设备的稳定运行。二是环境检测仪自己配有电池和太阳能电池板，以实现自给自足的状态。

根据当前有关规定，并网光伏电站需要上传的环境监测仪的点必须满足公共电网调度部门相关规范要求。

（三）环境监测仪运行维护规范

环境监测仪是电网计算峰值负荷的重要参考依据，需定期进行巡视检查，确保设备运行正常，数据采集正确，主要检查项目有：

（1）检查监测数据的正确性。

（2）检查各探头连接无松动，线缆无破损现象。

（3）检查辐射仪角度正确，固定角度螺栓无松动、锈蚀现象。

（4）检查环境监测仪供电电源正常。

（5）检查供电组件表明清洁无杂物。

第四章

光伏电站安全生产管理

CHAPTER 4

案例 4-1

2019 年 6 月 8 日某光伏电站申请的光伏集电Ⅰ馈线间隔停电吹灰清扫工作得到调度许可，随后接到调令对改集电Ⅰ线由运行转检修。值班员张某为老员工，因为经常操作，而未填写操作票，与同时值班的董某一起到现场操作。因正值夏日，天气炎热，张某到达现场后未穿戴防护用品，直接上手操作，而监护人董某因玩手机游戏正处于关键时刻，所以告诉张某："你是老员工嘛，这种常规操作你一个人搞定就是啦！"。

张某在摇小车过程中突然发生卡涩现象，立即询问董某下一步如何操作。董某凭借自己经验告知张某："这种现象应该是机械故障，可能长时间不操作导轨卡涩，放心，使劲摇出来就行了"。张某未加思考，就使劲摇出了小车，当把前门打开后才发现断路器航插线被卡断了，发生设备机械性损伤，也造成了电站生产性损失。

分析案例 4-1，可以发现以下问题：

（1）张某操作时未填写操作票，进行违规操作。

（2）监护人玩忽职守，违规指挥。

（3）操作人未正确穿戴防护用品、操作过程中违规操作。

（4）监护人及操作人员未正确执行"两票三制"，导致该事故的发生。

第一节　"两票三制"管理规范

"两票三制"是电业安全生产保证体系中最基本的制度之一，是中国电力行业多年运行实践中总结出来的宝贵经验。对电力生产中任何人为安全责任事故的分析，都可以在其“两票三制”的执行问题上找到原因。这里讲到的“两票”，是指工作票和操作票；“三制”，是指交接班制、巡回检查制和设备定期试验轮换制。

在电气设备操作中应严格执行“两票三制”，实行唱票复诵制，避免误入带电间隔；误分、合断路器；误带负荷分、合隔离开关；误带电挂接电线、合接地开关；误带接地线合断路器。在电力安全生产中运维工作人员始终要杜绝“三违”，即违章指挥、违章操作、违反劳动纪律，保障安全，俗话说“交底三遍熟，安全三思稳”。大量实践证明，安全事故的发生往往都由安全生产管理的疏忽导致。

一、“两票”规范与执行

（一）“两票”概述

工作票的作用主要是规定现场作业所必须遵循的组织措施、技术措施及相关的工作程序、工作要求，并作为指导现场安全作业的文本依据。操作票则是进行电气倒闸操作的书面依据。

“两票”是保障电力系统人身和设备安全的重要措施，“凭票工作、凭票操作”并以此切实降低误操作的发生概率，从而达到保障人身和设备安全的目的。在进行电气设备操作时，须严格按照“两票”要求执行，牢记“三不、四严格”的要求，做到“四清楚、四到位”，杜绝无票工作、违规操作。

“三不、四严格”具体要求是：不走错间隔、不随意扩大工作范围、不擅自解锁；严格遵循工作票、操作票制度，严格遵循工作票、操作票制度，严格执行工作许可制度和工作监护制，严格执行工作间断、转移及终结制度。

“四清楚、四到位”具体要求包括：一是现场作业保证任务清楚、危险点清楚、作业程序清楚、预防措施清楚；二是人员到位、措施到位、执行到位、监督到位。

在案例 4–1 中，操作人员未按照“两票三制”执行，无票工作、违规操作，导致生产事故发生，造成企业损失。在光伏电站生产运行中，像张某、董某这样的类似案例并不鲜见。在电力生产运行中，企业需要加强人员安规培训，落实电力安全生产“凭票工作、凭票操作”要求；在“两票”执行中，必须由通过安规考试的签发人、负责人、许可人这“三种人”进行安全生产操作。杜绝违规操作、违规指挥造成人身、设备伤害等安全生产事故。

（二）"两票"的填写和执行要求

1. 工作票

工作票是指在电力生产的设备检（维）修、安装、试验等工作中，为确保工作范围与运行设备的可靠隔离，保证工作过程人身安全和设备安全，明确运行方与作业方各自的安全责任，双方共同签订的书面安全协议。

根据适用范围的不同，工作票分为第一种工作票和第二种工作票。第一种工作票适用于在高压电气设备、线路上工作，在高压室内的二次接线和照明回路上工作，需要将高压设备停电或做安全措施者，以及在高压电机及所拖运的机械设备上工作者。第二种工作票适用范围：低压带电作业和在带电设备（包括线路）外壳上工作；在控制柜、低压配电柜、配电箱、电源干线上工作；在二次回路上工作，无需将高压设备停电或装设遮栏；在运行中的发电机的励磁回路或高压电动机转子回路上工作；非当班人员使用绝缘杆和电压互感器定相或用钳形电流表测量高压回路的电流等。

（1）工作票的填写及规定要求。

1）用计算机生成或打印的工作票应使用统一的票面格式，由工作签发人审核无误，手工或电子签发后方可执行。

2）对使用计算机生成的工作票，各单位应制定相应的管理制度并严格执行。

3）对手工填写的工作票应用钢笔或圆珠笔填写并签发，一式两份，内容正确、填写清楚，不得有任何涂改。如果有个别错、漏字需要修改，应使用规范的符号，字迹应清楚。

4）一张工作票中，工作签发人、工作负责人、工作许可人三者不得兼任。工作负责人可以填写工作票。

（2）工作票的使用。

一个工作负责人不能同时执行多张工作票，工作票上所列的工作地点，以一个电气连接部分为限。

（3）工作票的送达和许可要求。

1）第一种工作票应在工作前一日预先送达运行人员，可直接送达或通过传真、局域网传送，单传真的工作票许可应待正式工作票到达后履行。临时工作可在工作开始前直接交给工作许可人；第二种工作票、带电作业工作票可在当日工作开始前传送。

2）变电站运行人员接到工作票后，应根据工作任务和现场设备实际运行情况，认真审核工作票上所填的安全措施是否正确、完善并符合现场条件，如不符合，应返回工作负责人，不受理该工作票。

3）运行人员审核合格后，根据工作票安全措施内填写的应拉开的开关或隔离开关，应装设地线、应合接地隔离开关等，与实际所做的现场措施核实后，在相应的已执行栏内打对号，并在“补充工作地点保留带电部分和安全措施”栏内填写相应内容，经核对无误后，方可办理工作许可手续。

4）工作许可制度工作许可人在完成工作现场的安全措施后，还应完成以下手续，工作班方可开始工作：①会同工作负责人到现场再次检查所做的安全措施，对具体的设备指明实际的隔离措施，证明检修设备确无电压。②工作负责人指明带电设备的位置和工作中注意的事项。③工作负责人在工作票上分别确认、签名。④由工作许可人填写许可开始时间，在未履行许可手续前，工作人员和车辆不得进入工作现场（设备区）。

（4）工作终结和工作票终结。

1）全部工作完毕后，工作班应清扫、整理现场。工作负责人应先周密的检查，待全体工作人员撤离工作地点后，再向运行人员交代工作项目、发现的问题、实验结果和存在的问题等，并与运行人员共同检查设备状况、状态，有无遗留物件，是否清洁等，然后在工作票上签明工作结束时间。经双方签名后，表示工作终结。

2）待工作票上的临时遮拦已拆除，标志牌已取下，已恢复常设遮拦，未拉开接地线、接地隔离开关已回报调度，工作票方可告终结。

3）工作票执行后加盖“已执行”章。

2. 操作票

操作票是电力系统进行电气操作的书面依据，是防止误操作，包括误拉、误合、误带负荷拉或合隔离开关、误带地线合闸等的主要措施。操作票类型包括单项操作票、倒闸操作票。

电气设备的倒闸操作电气设备分为运行、备用（热备用和冷备用）、检修三种状态。电气设备由一种状态转换到另一种状态的操作过程，称为倒闸操作。

（1）倒闸操作采用的方式。

1）监护操作：由两人进行同一项的操作，一人监护，一人操作，操作过程中监护人与操作人保持一臂长距离。

2）单人操作：由一人完成的操作；实行单人操作的设备、项目及运行人员需经设备运行管理单位批准，人员应通过专项考核。

3）检修人员操作：由检修人员完成的操作。经设备运行管理单位考试合格、批准的本企业检修人员，可进行电气设备由热备用到检修或由检修到热备用的监护操作，监护人应是同一单位的检修人员或设备运行人员。检修人员进行的接、发令程序及安全要求应由设备运行管理单位技术负责人审定，并报相关部门和调度机构备案。

（2）操作票的填写要求。

1）倒闸操作由操作人填用操作票。

2）操作票应用钢笔或圆珠笔逐项填写。用计算机开出的操作票应与手写格式一致；票面应清楚清洁，不得有涂改，严禁并项、添项等颠倒操作顺序。操作人监护人应根据模拟图或接线图核对所填的操作项目，并分别签名，然后运行值班负责人审核签名。

3）每张操作票只能填写一个操作任务，操作任务应使用设备的双重名称且符合调度规程规定的规范用语，操作项目可只写设备编号。

（3）倒闸操作的规范要求。

1）倒闸操作必须按值班调度员或运行值班负责人的指令进行。

2）倒闸操作必须有操作票，每张操作票只能填写一个操作任务，不准无票操作和弃票操作。

3）操作中不得擅自更改操作票，不得随意解除闭锁。

4）开始操作前，应先在模拟图（或微机监控装置）上进行核对性模拟预演无误后，再进行操作。

5）倒闸操作必须有两人进行，并严格执行操作监护制，一般由对设备较为熟悉的人员监护、值班员操作。

（4）倒闸操作注意事项。

1）除事故处理外，倒闸操作尽可能避免在交接班、重负荷时进行。雷电天气时，严禁倒闸操作。

2）母线充电前，应先将电压互感器加入运行。

3）使用隔离开关可进行下列操作：①拉、合无故障的电压互感器、避雷器。②拉、合母线及直接连接在母线上设备的电容电流。③拉、合励磁电流不超过 2A 的空载变压器及电容电流不超过 5A 的空载线路。

4）手动拉、合隔离开关时，必须迅速果断。隔离开关操作完毕后，应检查是否操作到位。

5）对调度指令有疑问时，应询问清楚再操作；当调度重复指令时，则必须执行。如果操作指令直接威胁人身和设备安全时，可以拒绝执行并报告电网调度部门及本单位主管领导。

6）执行一个操作任务，中途不得换人，操作中严禁做与操作无关的事。

7）操作时必须戴安全帽及绝缘手套，雨天操作室外高压设备时，绝缘杆应有防雨罩，还应穿绝缘靴。接地电阻不符合要求时，晴天操作也应穿绝缘靴。

8）操作中严禁解除闭锁操作，如必须解锁才能操作时，应汇报上级领导同意后方可进行。

案例 4-2　倒闸操作 – 运行转检修流程（河北广围某光伏电站，见图 4-1）

（1）第一步：五防机模拟操作。

1）根据填写好的倒闸操作票，在五防机上进行模拟预演，确认操作票正确无误后下传操作票。

2）操作人、复诵人、监护人均须对操作票进行检查确认；最后报当班负责人审批。

（2）第二步：监控主机遥控操作 – 断开光伏 1 线 321 开关。

1）根据五防要求，主接线图画面不允许进行操作，须进入间隔分图进行操作。

2）操作时应确认操作间隔，无误后输入开关间隔编号及操作密码。

3）操作完成后需到现场确认开关状态，并检查有无异常现象。

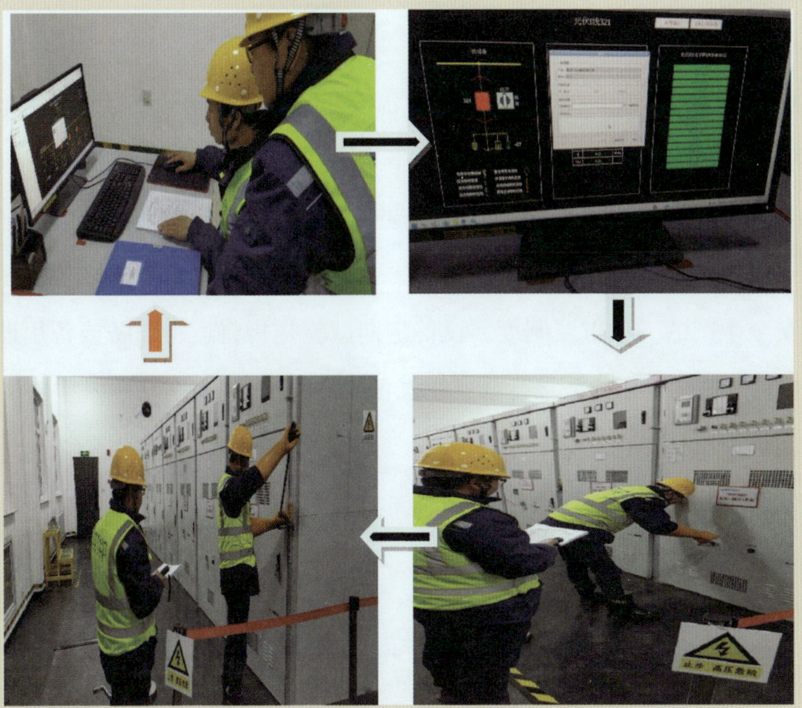

图 4-1　倒闸操作 - 运行转检修流程

（3）第三步：将光伏一线 321 开关小车拉至试验位置。

1）倒闸操作必须有两人进行，并严格执行操作监护制。

2）严格按照五防钥匙所示步骤进行开锁，操作前应确认操作间隔是否正确。

3）确认断路器为分闸位置；操作过程中，操作人要保持稳定姿势，匀速将小车由工作位置摇出。

4）操作完毕，检查机构到位情况，操显装置显示位置是否正确。

5）操作前检查安全工器具是否完好，并正确穿戴。

（4）第四步：现场操作 - 合上光伏 1 线 321-27 接地隔离开关。

1）倒闸操作必须有两人进行，并严格执行操作监护制。

2）严格按照五防钥匙所示步骤进行开锁，操作前应确认操作间隔是否正确。

3）压下接地开关操作孔挡片，确认合闸方向后操作。

4）操作后需检查接地隔离开关位置情况。

二、“三制”规范与执行

“三制”即交接班制、巡回检查制、设备定期试验切换制。交接班制是电力安全生产中基本管理制度之一，是指运行人员上下班之间，明确交接双方在运行岗位上的职责，保证安全生产的一项重要措施。巡回检查是指生产人员按照规定时间间隔要求定时、定点对生产的重要部位进行全面检查，掌握情况、记录资料、发现问题、排除隐患，确保安全生产的一项重要制度。设备定期试验是指将运行设备或备用设备进行动态或静态启动、传动、以检测运行或备用设备的健康水平。

（一）交接班制规范要求

1. 交接班制概述

交接班由值班负责人组织，接班在前，交班在后。交班必须做到“五清”“三交班”，同时还应做到“三交接”“五不接”。

“五清”：讲清、看清、问清、查清、点清。

“三交班”：站队交班、现场交班、实物交班。

“三交接”：口头交接、书面交接、现场交接。

“五不接”：未做好交班准备工作不接（如记录不清、交代不明等）；重要操作、设备试验、事故处理未告一段落不接；重要物品、工器具、资料丢失不接（如开关室、“五防”钥匙；巡检、操作、维护用工器具、仪器、仪表等；运行日志、“两票”、接地线登记、图纸、工作记录、技术资料等）；文明卫生工作未做好不接（环境卫生脏、乱、差）；上级通知、命令不明确，或存在其他妨碍电站安全运行的情况且未有防范措施的不接。

2. 交接班主要程序

（1）交班主要工作。

交班人员在交班前应根据各自的职责范围，做好各项交班准备工作。主要包括：各项检查，设备定期试验和切换工作和操作工作；对所管辖设备的运行状态进行一次检查；查阅运行日志、DCS 各参数无异常；检查安全工器具用品、对讲机、钥匙、规程资料备品、图纸、报表等完整齐全；认真录入交班记录，内容不遗漏。

（2）接班现场检查。

各岗位接班人员，应按照电站交接班规程规定的检查项目、内容和要求进行现场设备接班检查。接班值主要检查、查看非当班期间运行日志、工作票的情况，工器具和钥匙等公用物品。接班值人向本班值长说明所了解的现场工作、异常情况。接班值长向本班人员交代安全注意事项、工作要点等情况。

（3）班前会。

交班值长对接班人员简要说明现场运行方式、异常情况，主要工作进展情况。

（4）岗位对口交接。

接班人员到岗后，接班人员应主动向其口述本班情况，接班人员如有不清楚之处，应主动提出询问，接班人应耐心给予回答。

（5）班后会。

交班后由班组长组织班后会，主要内容包括清点本值人员，确认均已交班，并对本班工作完成情况进行总结、点评。

（二）设备巡回检查规范要求

1. 巡回检查制概述

巡回检查是为了掌握运行设备健康状况，收集运行第一手资料，及时发现设备异常，排除设备隐患，防止设备事故，保持发电设备安全经济运行必不可少的一项重要措施。

（1）日常巡检。

日常巡检是指电站运维人员按规定的时间、周期、检查路线、检查内容和工作标准所进行的常规性巡回检查。

（2）特殊巡检。

特殊巡检是指特殊情况下的设备检查，如针对设备特点，特殊运行方式，负荷变化大，自然条件变化（寒潮、高温、台风、暴雨、雷击），新设备投运，设备检修后试运行，发生设备异常或事故及上级部门特殊要求等情况下进行的设备检查。

2. 巡回检查工作基本要求

（1）安全要求。

1）巡检人员必须经《电力安全工作规程》培训、考试合格，具有值班巡检工作能力，由运维管理部门审核批准。巡检工作中，必须严格遵守《电力安全工作规程》及有关安全管理规定，对检查结果信息的准确性负责。

2）巡检人员必须按照《电力安全工作规程》要求，正确佩戴个人劳动防护用品，如工作服、安全帽、工作鞋等。

3）应根据《电力安全工作规程》规定，注意保持与带电设备的安全距离（见表4-1），不得随意移动或越过安全遮拦，不得随意移动标示牌。

4）雷雨天气巡视室外高压设备时，必须穿绝缘鞋，不得靠近避雷器和避雷针。

5）遇到六级以上大风、沙尘暴、雷雨、大雾、大雪等极端恶劣天气时，一般不进行室外设备巡视。因特殊情况确需设备巡视时，一定要进行风险预控，充分做好防高空坠落、防高空落物、防撞、防物体打击、防滑、防雷击及防电气伤害等安全防护措施。

表4-1 设备不停电时与人体的安全距离

电压等级（kV）	安全距离（m）
10及以下	0.7
20、35	1
66、110	1.5
220	3
330	4
500	5
750	7.2
1000	8.7
±50及以下	1.5
±500	6
±660	8.4
±800	9.3

注 1. 表中未列电压等级按高一档电压等级安全距离。
2. 13.8kV执行10kV的安全距离。
3. 750kV数据按海拔2000m校正，其他等级数据按海拔1000m校正。

（2）管理要求。

1）运维值班人员必须按照《电力安全工作规程》、运维规程及相关管理规定和要求，每天对所辖设备进行巡回检查，准确掌握设备的运行状态和存在的问题。

2）光伏设备巡检，一般由两人及以上共同进行，必须一人单独巡检时，应经当班值班负责人批准；巡检全过程应保持通信畅通，便于及时汇报联系。

3）巡回检查时应集中精力，不宜做与其无关的事。

4）特殊情况，根据巡检设备运维工作需要，可以携带必要的巡检工具，如照明灯、试电笔、测温枪、万用表、钳形电流表、保险钳、老虎钳、尖锥钳、压线钳、内六角板手、螺丝刀、电工刀、扳手等。

5）设备巡检应按照“四定原则”，即“定时间（包括周期和次数）、定路线、定内容、定标准”，确保巡检质量和效果。

6）设备巡检前，必须认真查阅运行日志、设备缺陷记录、接地线、接地隔离开关（或短路线）装设记录，准确掌握系统和设备运行方式、检修作业和运行操作等工作安排情况，做到心中有数。

7）巡检过程中，若发现严重危及人身和设备安全的紧急情况时，应当按照规程规定，立即采取必要的措施，避免发生事故，同时立即向值班负责人汇报，并在值班负责人的统一指挥下，进行异常、故障或事故处理。若发现一般设备缺陷，在征得值班负责人的同意和指导下，进行现场处理；现场无法处理的，根据缺陷管理规定走报修流程。

8）正常备用的设备要做正常检查，确保备用状态完好；处于检修状态的设备，要重点检查所做的安全措施是否保持完好，没有被擅自变动的现象。

9）巡检完毕后，必须及时将巡回检查的情况，向当班值班负责人认真进行汇报。对发现的设备缺陷按有关规定、要求，认真做好巡检记录和缺陷登记工作。

10）如遇下列情况时，应适当增加巡检次数并进行重点检查、监视：①设备存在较大缺陷或异常，暂时无法停运处理；②新投运、改造或检修后试运行的设备；③由于天气、气温等气候变化较大，可能危及设备安全运行时；④系统运行方式、设备运行的条件发生变化，可能危及设备安全运行时。

11）设备巡检要及时做好巡检记录，必要时可以采取记录参数、现场拍照、仪器测量等多种形式，详细记录运行设备的异常变化情况，便于准确分析、及时处理设备异常或缺陷（见表 4–2）。

表 4–2　设备巡检表

设备名称及编号							
执行开始时间						执行人	
内容							
序号	检查项目	检查内容	参数记录	是否异常	异常记录	异常处理	判定标准
1				□是　□否		□已处理　□已报修	
2				□是　□否		□已处理　□已报修	
3				□是　□否		□已处理　□已报修	
4				□是　□否		□已处理　□已报修	
5				□是　□否		□已处理　□已报修	
…				□是　□否		□已处理　□已报修	

3. 设备巡回检查内容

（1）日常巡检。

1）外送线路巡检。主要检查：①电缆线路保护区是否有挖掘痕迹，是否堆放重物和有害化学物品；②电缆线路标识是否完好，电缆沟及盖板是否完整，电缆穿管处封堵是否严密，电缆中间接头竖井是否积水；③电缆终端头是否存在过热、渗油、放电、闪络、爬弧、烧焦现象；④架空线路杆塔是否正常，大风地区重点检查铁塔螺栓紧固情况；⑤架空线路基础、导线、拉线、接地装置是否正常；⑥架空线路周围是否有危及安全运行的树木或天线。

2）出线间隔巡检。主要检查：①断路器、隔离开关、接地开关的位置指示正确，断路器控制回路、储能是否正常；②绝缘气体压力是否符合运行规定要求，有无漏气（SF_6 气体和压缩空气）、漏油（液压油和电缆油）现象等。

3）母线间隔巡检。主要检查：①基础、架构是否正常，导线有无断股、散股、悬挂杂物；②绝缘子有无闪络、电晕。

4）主变压器间隔巡检。主要检查：①主变压器的声音、温度、温升、油色、油位是否正常，运行监视参数在规定范围内，无渗漏油、放电现象；②高压电缆终端头、高压套管、绝缘支撑子、避雷器清洁完好，无发热、放电、破损等异常现象；③压力释放阀、安全气道及防爆膜应完好无损，气体继电器内无气体；④各控制箱和二次端子箱、机构箱应关严，无受潮。

5）SVG 间隔巡检。主要检查：① SVG 进线柜、功率柜柜体完好、温度正常，冷却风扇运行良好，进风口防尘网无堵塞，各信号指示灯正常；②隔离开关、断路器、避雷器、电抗器、功率柜运行无异常。

6）接地变间隔巡检。主要检查：①避雷器运行正常，无杂音，瓷质无裂纹、破损，泄漏电流正常；②电流、电压互感器外观完好，连接线牢固，无异常振动、过热放电、瓷质裂纹、破损等现象；③断路器外观无异常，分合闸指示正确，控制回路、储能正常；绝缘气体压力表指示正常；④隔离开关支持绝缘子清洁、完好；触头、触点接触良好，无发热、变形现象；引线无松动、无烧伤断股；隔离开关本体、连接和转轴机械部分无变形，各部件连接良好；防误闭锁装置良好、无损坏现象；⑤接地变压器的声音、温度、温升正常，高压电缆终端头、高压套管、绝缘支撑子、避雷器完好无异常，冷却风扇运行正常；⑥消弧线圈外绝缘表面清洁，无裂纹、受潮、放电现象；线圈正常运行无异声；各引线牢固无过热；油浸式消弧线圈无渗漏油，温度、温升符合运行规定。

7）电容器组间隔巡检。主要检查：①电容器无异常声响，无鼓壁漏油、渗油现象，温度正常，电容器室通风良好，电容器支柱绝缘子清洁无裂纹放电现象；接地线牢固；②隔离开关的支持绝缘子清洁、完好；触头、触点接触良好，无发热、变形现象；引线无松动、烧伤断股现象；防误闭锁装置完好；③避雷器无松动，瓷质部分无裂纹、破损，避雷器运行无杂声，动作计数器密封良好，避雷器泄漏电流正常；④电流互感器支撑架构无倾斜变形，基座无破损裂纹；外绝缘完好无破损，无放电现象；无明显杂声、局部过热、放电现象。

8）站用变间隔巡检。主要检查：①变压器运行声响均匀，引线接头、电缆、母线无发热迹象；②控制箱、二次端子、机构箱关闭无受潮，温控装置工作正常；③干式变压器的外部表面无积污；变压器室的门、窗、照明完好，房屋不漏水，温度在正常范围；④油浸式变压器油温、油色正常，无渗油、漏油现象，高压电缆终端头、高压套管、绝缘支撑子、避雷器清洁完好无放电现象。

9）高压开关柜巡检。主要检查：①开关状态指示与实际运行状态一致；开关操作机构储能无异常；高压柜无异声、异味；SF_6 断路器气体压力显示正常；②综保装置无异常告警、故障信息；开关电压、电流等各运行参数在额定允许范围之内；③开关柜基础未发生明显沉降，柜体无变形。

10）二次盘柜巡检。主要检查：①各保护、自动装置运行正常，无保护动作、异常告警，故障录波工作正常；各保护连接片投入正确；②各端子排接线牢固无松动，柜体、装置外壳接地可靠；各二次空开位置正确；各标识清晰、正确。

11）交流系统巡检。主要检查：①电气交流系统各盘、柜、双电源切换装置、抽屉式开关等设备运行正常，无异常放电、过热、异味；②各设备机械闭锁、电气闭锁动作正确，各开关一、二次插头接触良好；各信号指示正确，柜内照明完好，标志、标识清晰、完整；③双电源切换装置运行正常；市电、站用电源开关工作位置正确、运行状态正常。

12）箱式变压器巡检。主要检查：①变压器运行声音、温度、温升、电压、电流正常；变压器的油位和压力表是否处于正常范围，并记录当时下数据。②高压负荷开关、电缆终端头、高压套管、绝缘支撑子、避雷器无异常，各连接线无松动、发热、放电现象；压力释放阀无喷油、渗油。③测控装置无异常报警、故障信息，带电指示器、各仪表指示正常，冷却风扇运行正常，防火封堵完好无脱落等。

13）逆变器巡检。主要检查：①逆变器无异常告警、故障信号。②交直流功率、电压、电流、模块温度指在正常范围；操作面板显示正常无卡顿，交直流开关无发热、异常，各直流单元柜内元件无过热、异常情况。③模块温度正常，通风滤网无积灰，散热风扇运行正常。④逆变器房完好无漏水、箱体无开裂、外壳接地良好，各门锁完好。

14）光伏区通信柜巡检。主要检查：①通信柜内通信管理机、光电转换机运行正常，数据传输正常。②通信柜体、内部照明、进出电缆、光缆完好，交直流配电盒、各支路开关完好无异常。③ UPS 电源工作正常，蓄电池无漏液、爬酸、变形、连接松动、温度异常、正负极接线柱变色、腐蚀等异常情况。

15）汇流箱巡检。主要检查：①箱体、箱门、门锁、密封条完好，无破损、漏水、积灰、严重锈腐现象。②各断路器、熔断器及底座、接线接头牢固、接触良好，无破损、熔断、松动、过热等异常情况；防雷模块无破损、故障等异常情况。③各支路标识牌齐全、清晰、完整，各线缆绝缘无破损，孔洞防火封堵严密。④智能汇流箱数据采集装置运行正常，无显示黑屏、字迹模糊不清、乱码等异常情况，显示电流值与监控后台数值一致。

16）组串巡检。主要检查：①组件、支架无倾斜、脱落、锈蚀、变形、螺栓松动等情况，基础牢固，无开裂、坍塌、倾斜、风蚀裸露情况。②组件表面玻璃、薄膜无破损，边框无变形，组件表面无气泡、EVA 脱层、水汽、热斑、蜗牛纹、闪电纹等异常情况；组件表面无遮挡、无严重积灰。③组件背板无开胶、鼓包、气泡、变色、破损、击穿、烧焦、剥离等情况，组件接线盒无老化、发热、烧毁等异常情况。④直流电缆接线插头无虚接；组件间连接 MC4 插头无脱落、虚接、发热、烧损现象。⑤组串（跟踪式支架）推拉杆、轴承箱无弯曲变形，销钉无断裂、脱落；驱动装置基础无下陷、破损，驱动电机无漏油、无法正常工作的情况；回转减速机运转正常无异音、漏油、无法正常运行的情况；主摇臂无变形，连接销钉无断裂、脱落；驱动电源无故障；驱动线缆连接无虚接、断裂，保护套管无破损；齿轮机与驱动单元连接螺栓无松动、锈蚀等情况。

17）汇集站、升压站、开关站设备熄灯检查。主要检查：变压器、消弧线圈、断路器、隔离开关、母线、避雷器、电压、电流互感器、SVG、接地变压器、站用变压器、电容器、高压开关柜、高压电缆头、引线及照明等设备。①运行正常，无异常放电、振动声响；②各绝缘子部分无闪络、爬弧现象；③断路器、隔离开关动、静触头，高压电缆头及设备连接部位，无异常发热、焦煳异味、过热发红、放电闪络等异常现象。

18）箱式变压器高压室熄灯巡检。主要检查：箱变及电缆头无电晕、放电、接头过热等现象。

（2）特殊巡检。

1）大雪后特殊巡检。

重点检查光伏区组件、支架、架空线等室外设备受到覆冰、雪压损坏情况；融雪漏水破坏运行设备绝缘，可能造成放电、短路事故；根据积雪融化情况，准确判断运行设备接头发热部位，便于及时处理覆冰，消除安全隐患。

2）大雾时特殊巡检。

重点检查设备外绝缘、套管、绝缘子是否发生雾闪、爬电、放电打火等异常现象。

3）寒潮时特殊巡检。

重点检查寒潮引发冻雨、雨凇压断电线，造成短路事故等情况；气温骤降，检查注油设备油位过低变化及设备有无渗漏油现象。

4）雷雨后特殊巡检。

重点检查配电箱、柜漏水、设备接地和放电情况；设备外绝缘是否存在放电、闪络现象；避雷器是否动作；接地线、排是否存在烧断或放电痕迹；设备基础是否存在冲刷、受损；电缆沟、电缆井中是否存在大量积水。

5）大风后特殊巡检。

重点检查光伏区组件、支架、室外线路、引线、开关室门窗、室外控制箱、配电箱、柜门等受损情况，检查组件、支架及固定螺栓、部件是否牢固，有无脱落、倾斜、异位、松动、丢失现象；引线是否摆动幅度过大存在安全风险；设备及引线等是否悬挂杂物；设备基础、支柱、构架、是否发生裂痕、松动、歪斜、倒塌；各开关室门窗、室外控制箱、配电箱、端子箱门是否可靠关闭完好等。

6）冰雹后特殊巡检。

重点检查光伏区组件、支架、架空线路受冰雹击砸情况，设备外绝缘是否受损，是否存在放电闪络现象；组件是否存在损毁情况。

4. 设备巡检检查路线

不同光伏电站根据实际情况具体巡检路线不同，但基本路线大同小异（见表 4–3），具体如下：

（1）控制室 – 继保室 –35kV 开关室 – 配电室 – 站用变压器 –SVG 室 –SVG 变压器 –

接地变压器。

（2）光伏组件－汇流箱－逆变器－箱式变压器。

（3）升压站（主变压器－断路器、控制柜、隔离开关、互感器、避雷器、母线等设备）－外线路。

表 4-3 光伏电站设备巡检周期、时间表

<table>
<tr><th>序号</th><th>分类</th><th>设备名称</th><th>巡检周期</th><th>巡检时间</th></tr>
<tr><td>1</td><td rowspan="5">日常巡检（光伏区）</td><td>组串巡检</td><td>季巡</td><td rowspan="5">每日并网后巡检</td></tr>
<tr><td>2</td><td>汇流箱巡检</td><td>月巡</td></tr>
<tr><td>3</td><td>逆变器巡检</td><td>周巡</td></tr>
<tr><td>4</td><td>箱式变压器巡检</td><td>周巡</td></tr>
<tr><td>5</td><td>光伏区通信柜</td><td>周巡</td></tr>
<tr><td>6</td><td rowspan="9">日常巡检（汇集站、升压站、开关站）</td><td>断路器巡检</td><td rowspan="9">日巡</td><td rowspan="9">每日上午 8:00
每日中午 13:00
说明：地处我国西北、东北地区的电站可以根据时差适当调整巡检具体时间</td></tr>
<tr><td>7</td><td>隔离开关巡检</td></tr>
<tr><td>8</td><td>电流互感器巡检</td></tr>
<tr><td>9</td><td>电压互感器巡检</td></tr>
<tr><td>10</td><td>避雷器巡检</td></tr>
<tr><td>11</td><td>母线巡检</td></tr>
<tr><td>12</td><td>主变压器巡检</td></tr>
<tr><td>13</td><td>SVG 连接变压器巡检</td></tr>
<tr><td>14</td><td>高压开关柜巡检</td></tr>
<tr><td>15</td><td></td><td>电容器巡检</td><td></td><td></td></tr>
<tr><td>16</td><td></td><td>电抗器巡检</td><td></td><td></td></tr>
<tr><td>17</td><td></td><td>接地变巡检</td><td></td><td></td></tr>
<tr><td>18</td><td></td><td>消弧线圈巡检</td><td></td><td></td></tr>
<tr><td>19</td><td></td><td>站用式变压器巡检</td><td></td><td></td></tr>
<tr><td>20</td><td></td><td>交流系统巡检</td><td></td><td></td></tr>
<tr><td>21</td><td></td><td>二次盘柜巡检</td><td></td><td></td></tr>
<tr><td>22</td><td rowspan="2">日常巡检（外送线路）</td><td>汇集站、升压站、开关站、高压电缆头设备的熄灯检查</td><td>日巡</td><td>每日 22:00</td></tr>
<tr><td>23</td><td>箱式变压器、高压电缆头的熄灯检查</td><td>月巡</td><td>每月 10 日 22:00</td></tr>
</table>

续表

序号	分类	设备名称	巡检周期	巡检时间
24		大雪后特殊巡检，重点检查光伏区组件、支架、架空线路受到雪压情况	无	根据具体情况确定
25		大雾时特殊巡检，重点检查雾闪、爬电、放电现象	无	根据具体情况确定
26		寒潮时特殊巡检，重点检查寒潮引发冻雨、雨凇压断电线，造成短路事故等情况。	无	根据具体情况确定
27		雷雨后特殊巡检，重点检查配电室、箱柜漏水、设备接地和放电情况	无	根据具体情况确定
28		大风后特殊巡检，重点检查光伏区组件、支架受损情况	无	根据具体情况确定
29		冰雹后特殊巡检，重点检查光伏区组件、支架、架空线路受到冰雹击砸情况	无	根据具体情况确定

（三）设备定期试验轮换规范

设备定期与轮换是确保备用设备、电气和自动装置、保护装置、信号装置能正确发挥作用的一项重要措施。设备定期试验切换能检验运行设备是否长期处于完好工作状态，保证在出现异常运行或发生故障时，有关设备能及时投入或正确动作以实现安全连续供电。运行人员必须按定期切换试验与轮换制度规定的项目、内容周期进行设备的定期维护试验、切换，并做好记录。

1. 定期试验和轮换规定

定期轮换是指运行设备与备用设备之间轮换运行；定期试验是指运行设备或备用设备进行动态或静态启动、传动，以检测运行或备用设备的健康水平。定期轮换及定期试验统称为定期工作。

设备定期轮换内容包括运行设备定期试验及轮换工作，定期试验应包括消防系统等设施的定期试验。定期工作包括每日、每轮值、每月、每季、每年以及不同季节、不同负荷和运行方式的定期工作（见表 4–4）。

2. 定期试验和轮换内容与要求

（1）应严格执行运行规程、操作管理制度和设备定期试验、轮换周期表。建立《设备定期试验轮换台账》，对设备定期试验和设备轮换工作的执行情况完整、准确地记录。

表 4-4　定期试验、轮换项目表

序号	试验项目	周期	执行人	执行标准
1	中央信号音响、监控后台音响测试	每日 1 次（上午 9:00）	当班值班员	各信号、声响正常
2	备用变压器切换	每月 1 次（5 日）	当班值班员	变压器切换、运行正常
3	站用电源切换	每月 1 次（5 日）	当班值班员	带负荷切换自投正常
4	直流充电机（或模块）轮换	每月 1 次（10 日）	当班值班员	切换正常
5	事故照明切换	每月 1 次（10 日）	当班值班员	断开交流电源自投切换试验正常
6	UPS 电源切换试验	每月 1 次（15 日）	当班值班员	电源切换、电压正常
7	蓄电池电瓶电压检测	每月 1 次（15 日）	当班值班员	电压正常
8	主变压器冷却风扇启动试验	每月 1 次（20 日）	当班值班员	冷却风扇运行正常

（2）对在执行定期工作过程中发现的问题及缺陷要认真分析，登录在台账上，同时还要填写缺陷通知单。

（3）根据运行程规定，在规定时间内，由专人负责，进行设备定期试验、轮换工作。试验前应取得站长的同意，应做好各种事故预想。工作内容、时间、试验人员及设备情况应在专用定期试验记录本内做好记录。

（4）由于某些原因，不能进行或未执行的。应在定期试验记录本内记录其原因，并必须由站长批准。

（5）试验切换中出现异常情况应立即停止试验，恢复正常运行并及时与有关部门联系，寻找、分析原因并进行处理。

（6）定期试验工作结束后，如无特殊要求，应根据现场实际情况，将被试设备及系统恢复到原状态。

（7）各项定期试验结束后，必须按规定格式写出试验报告，并注明试验批准人、负责人、试验员、试验结论等。

（8）在进行定期试验、轮换过程中，出现事故时，应立即停止试验、轮换，按规程进行事故处理，待恢复正常后，视情况进行试验、轮换。

第二节　防止电气误操作安全管理规范

电气误操作指的是电气工作人员在执行操作时思想麻痹或违反规定，误碰触设备造成的违背操作指令意愿的错误结果。一旦发生误操作，将引发人身和设备事故，造成较大的经济损失。

光伏电站运行中发生的电气误操作主要有：

（1）防止误分、误合断路器。

（2）防止带负荷拉、合隔离开关或手车触头。

（3）防止带电挂（合）接地线（接地隔离开关）。

（4）防止带地线（接地隔离开关）合断路器（隔离开关）。

（5）防止误入带电间隔。

在光伏电站运维实务中，安全生产“五防”功能除现阶段“防止误分、误合断路器”因技术原因可采取提示性措施外，其余“四防”功能必须采取强制性防止电气误操作措施。所谓强制性防止电气误操作措施指：在设备的电动操作控制回路中串联以闭锁回路控制的接电或锁具，在设备的手动操控部件上加装受闭锁回路控制的锁具（五防锁），同时尽可能按技术条件的要求防止走空程操作。

电站安全生产防止电气误操作都在高压开关设备加装五防锁（见图 4–2），用来强制运行人员按照既定的安全操作程序，对电气设备进行正确的操作，从而避免了误操作事故的发生。光伏电站常规防误闭锁方式主要有 4 种：机械闭锁，程序锁，电气联锁和电磁锁。

电气“五防”功能的实现已成为电力安全生产的重要措施之一。随着电网的不断发展，技术的不断更新，防误装置得到不断改进和完善（“五防”控制系统见图 4–3，智能管理机见图 4–4）。防误装置的设计原则是：凡有可能引起误操作的高压电气设备，均应装设防误装置和相应的防误电气闭锁回路。

图 4-2　高压柜五防锁

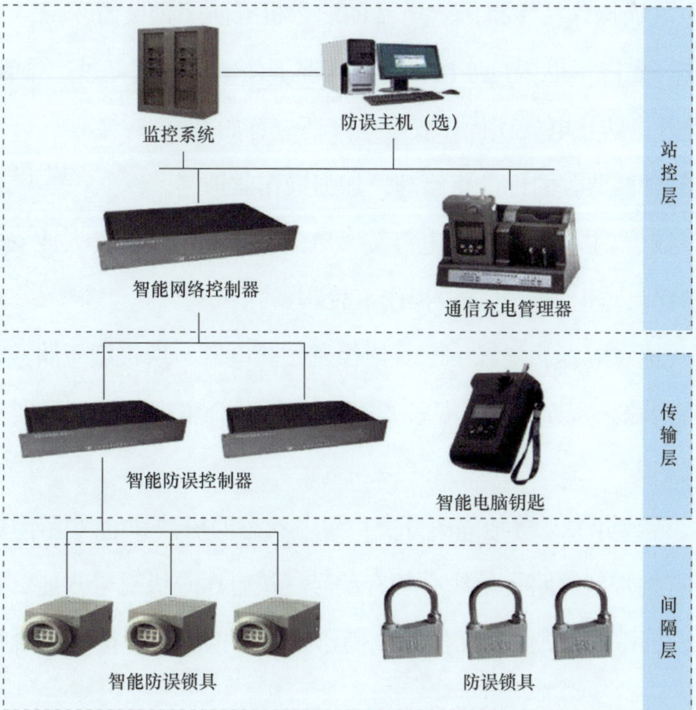

图 4-3　“五防”控制系统

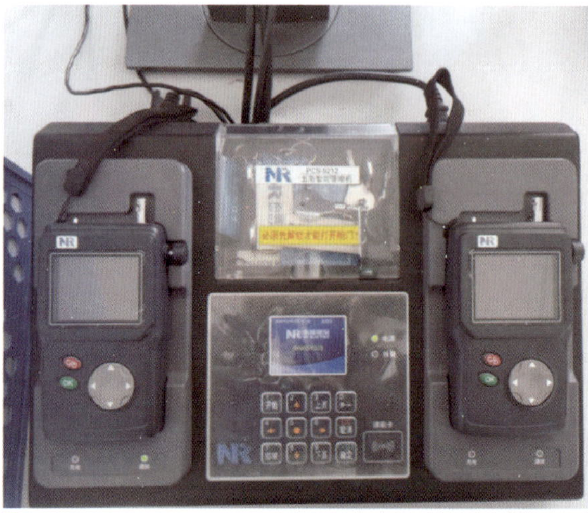

图 4-4 “五防”智能管理机

一、防止电气误操作一般要求

为防止电气误操作事件的发生，光伏电站应制定防止电气误操作管理制度，编制现场各项防止电气误操作技术措施。电站的“微机五防闭锁装置”必须安全可靠，正常投入运行，未经允许不得擅自停运，特殊情况下停运时必须经过运维管理部门批准，并做好记录。此外，防止电气误操作安全生产还应有如下要求：

1）严格实行“两票”的标准化管理，加强操作监护制。

2）全站停送电、主变压器停送电等重大电气操作，电站负责人或安全技术人员必须到现场监督指挥，防止发生电气误操作事故。

3）绝缘杆、绝缘隔板、绝缘手套、绝缘靴、验电器、携带型短路接地线等安全工具，要建立管理台账、定期试验。试验合格的要粘贴合格证，使用前要认真检查，确保工器具完好状态。

4）断路器、隔离开关、接地隔离开关位置、状态的机械和电气指示应准确、清晰。

5）现场所有携带型短路接地线必须有编号，按电压等级对号入座，存放在指定地点，按值移交。使用时必须做到工作票、操作票、模拟图版、接地装置揭示板及交接班日记完全对应。

6）装设携带型短路接地线必须保证各部分接触可靠，短路接地线导线横截面积符合标准，导线、线卡、导线护套、要符合标准，固定螺丝无松动现象，接地线标示牌、试验合格证清晰，无脱落。

7）规范紧急解锁钥匙的保管，严格使用审批流程，做好使用记录。各种钥匙要实行定置管理，建立使用、借用登记记录。

8）加强员工防误闭锁装置的培训，经常组织开展专项反事故活动。

二、防止电气误操作主要措施

在倒闸操作时，为防止误拉、误合断路器、隔离开关的发生，运行人员进行倒闸操作发令、接令或联系操作要正确、清楚，并坚持重复复诵，有条件要录音。操作前进行“三对照”，操作中坚持“三禁止”，操作后坚持复查，整个操作要贯彻“五不干”。

“三对照”，即对照操作任务、运行方式、由操作人填写操作票；对照五防模拟图，审查操作票术语；对照设备编号无误后再操作。

“三禁止”，即禁止操作人、监护人一齐动手操作而失去监护（在操作中遇某项一人无法完成的操作时，经确认无误监护人可协助操作）；禁止有疑问而盲目操作；禁止边操作边做其他无关操作事情或聊天分散精力。

“五不干”，即操作任务不清不干；应有操作票而无操作票时不干；操作票不合格不干；应有监护而无监护人不干；设备编号不清不干。

通过日常培训（现场考问、典型事例讲解、反事故演习等）使运维人员提高安全防范意识，熟练掌握正确的操作方法，提高电气操作的正确性。在进行重大操作、运行方式将发生特殊变化前，运行人员应提前进行危险点分析，针对性编制、落实安全技术防范措施，做好事故预想。运行人员在电气操作中有疑问时，应立即停止操作并向值班负责人、安全技术主管，弄清以后再操作，不准擅自更改操作票，不准随意解除闭锁装置。杜绝带负荷拉、合隔离开关，带电装设接地线或合接地隔离开关等危险性误操作作业的发生。

1. 防止带负荷拉、合隔离开关的措施

电站运行生产实行操作票标准化管理，严格执行操作监护制，按操作票中的顺序逐项依次正确操作，不得跳项、漏项。

当网络计算机监控系统后台机发生故障不能在远方操作时，应征得值班负责人、安全技术主管同意，改为就地操作时加强操作监护，认真核对设备的名称、编号，防止走错间隔，错拉、误合隔离开关，同时确保隔离开关和接地隔离开关加装的防误闭锁装置投入正确。当网络计算机监控系统正常运行时，必须先在五防机上模拟后方可在后台机上进行操作，禁止在后台机上强行解锁进行操作；在后台机操作也必须遵守操作监护制；合开关之前必须检查所属的隔离开关均已合好，在拉开隔离开关之前必须检查所属的开关确已断开。

2. 防止带电装设接地线或合接地隔离开关的措施

当断路器、隔离开关拉闸后，要现场检查实际位置、状态确认已拉开，以免回路电流未切断。装设接地线或合接地隔离开关前必须认真进行验电、确认无电压后操作。隔离开关拉开后，若一侧带电，另一侧不带电，防止将有电一侧的接地隔离开关合上造成短路，特别要注意的是两侧都装有接地隔离开关的隔离开关，一旦隔离开关拉开后，接地隔离开关的机械闭锁已失去作用，这时任一组接地隔离开关都可以自由合上。

3. 防止带地线或接地隔离开关合断路器、隔离开关的措施

在日常运行生产中，运维人员应加强地线的管理，使用带有编号接地线，并进行登记。装、拆接地线或拉合隔离开关、接地隔离开关时应在工作日志上做好记录，并与现场的实际位置相符，接班检查设备时，要检查、核对现场地线的位置和数量与记录是否一致。严禁不经值班负责人同意，在设备系统上擅自装拆接地线、移动接地线位置或增加接地线数量。特别要注意的是对一经操作可能送电到检修地点的隔离开关，其操作的机构要上锁，并挂“禁止合闸、有人工作”的安全标志牌。

在设备检修工作后应注意：检修后的隔离开关应保持在断开位置，以免接通检修回路的接地线，送电时引起短路；防止工具、仪器、梯子等物件遗留在设备上，送电后引起短路。送电前必须摇测设备的绝缘电阻合格，便于检查现场遗留的接地线。

4. 防止误入带电间隔的措施

在电站运行生产中，运行人员要保证生产现场设备、设施、配电场所的标志、标识、安全警示应正确、清晰、齐全。巡检、操作人员进入带电设备场所前应仔细核对设备、设施、场所的名称、编号、位置，不得擅自触及设备外壳，不得随意移动或跨

越安全遮拦。通过检查设备表计参数指示、设备运行声音等辨识带电设备具体位置，防止误入带电间隔。加强外部检修人员的安全管理，检修工作开工前，除做好现场安全措施外，还应针对现场实际进行详细安全交底，指明带电位置及安全注意事项。

5. 防止并列时发生误操作的措施

当设备变更时，要坚持变压器、电流互感器、线路新投入（或大修后投入）使用，或一次回路有改变、接线有变动，在并列前均应进行核相。在运行生产中，防止并列时人为误操作，工作厂用变压器、备用厂用变压器，分别接自不同频率的电源系统时，不准直接并列。倒换电源时要采取“先断后合”的方法进行。

6. 防止人身伤亡事故

为防止人身伤亡事故的发生，运行人员应在作业现场，应加强作业现场危险点分析和做好各项安全措施。同时加强人员的安全技能培训，在生产工作中加强工器具的管理，提高生产作业安全保障水平。

工作或作业现场的各项安全措施必须符合国家、电力行业以及所属公共电网管理部门电力安全工作规程有关要求。运维人员应根据工作内容认真做好作业现场危险点分析，并据此做好各项安全措施。要定期检查危险点分析工作，确保其针对性和有效性。在作业现场内可能发生人身伤害事故的地点，设立安全警示牌，并采取可靠的防护措施。对交叉作业现场应制订完备的交叉作业安全防护措施。

光伏运维企业应定期对有关作业人员进行安全规程、制度、技术等培训，使其熟练掌握有关安全措施和要求，明确各自安全职责，提高安全防护的能力和水平。对于临时和新参加工作人员，必须强化安全技术培训，必须在证明其具备必要的安全技能、并在有工作经验的人员带领下方可作业。禁止在没有监护的情况下指派临时或新参加工作人员单独从事危险性工作。应结合生产实际，经常性开展多种形式的安全思想教育，提高员工安全防护意识，掌握安全防护知识和伤害事故发生时的自救、互救方法。

加强安全工器具管理。认真落实安全生产各项组织措施和技术措施，配备充足的、经国家或省、部级质检机构检测合格的安全工器具和防护用品，并按照有关标准、规程要求定期检验，坚决淘汰不合格的工器具和防护用品，提高作业安全保障水平。

7. 防止火灾事故

在安全生产过程中，为了防止重大火灾事故的发生，应逐项落实《电力设备典型消防规程》（DL 5027—2015）等有关规定，并重点要求如下：

（1）加强防火组织和消防设施管理。

1）光伏运维企业应建立防止火灾事故组织机构，企业主要负责人为消防工作第一责任人，必须配备消防专责人员并建立有效的消防组织网络。健全消防工作制度，定期对消防工作进行检查。应确保内部各电站、各班组、各作业人员了解各自管辖范围内的重点防火要求和灭火方案。

2）必须具有完善的消防设施，建立训练有素的群众性消防队伍，力求在起火初期及时发现、及时扑灭，并使当地消防部门了解掌握电业部门火灾抢救的特点，以便及时扑救。消防设施应定期检查，按时更换过期设施，禁止使用过期设施。

3）企业在有关场所应配备必要的正压式空气呼吸器，并进行必要的使用培训，以防止救护人员在灭火中中毒或窒息。

4）在新、扩建工程设计中，消防水系统应同工业水系统分离，以确保消防水量、水压不受其他系统影响，消防泵的备用电源应由保安电源供给。消防水系统应定期检查、维护。

（2）电缆防火。

1）电缆防火工作必须贯彻设计、基建施工和生产运行的全过程管理，从各个方面采取综合措施，杜绝电缆着火、蔓延事故。

2）新、扩建工程中的电缆选择与敷设应按《火力发电厂与变电所设计防火规范》（GB 50229—2019）有关要求进行设计。必须严格按照设计要求完成各项电缆防火措施，并与主体工程同时投产。

3）严格按照正确的设计图册施工，做到布线整齐，各类电缆按规定分层布置，电缆的弯曲半径应符合要求，避免任意交叉并留出足够的人行通道。

4）控制室、开关室、计算机室、通信机房等通往电缆夹层、隧道、穿越楼板、墙壁、柜、盘等处的所有电缆孔洞和盘面之间的缝隙（含电缆穿墙套管与电缆之间缝隙）必须采用合格的不燃或阻燃材料封堵。

5）扩建工程敷设电缆时，应加强与运行单位密切配合。对贯穿在役电站设备产生的电缆孔洞和损伤的阻火墙，应及时恢复封堵。

6）电缆竖井和电缆沟应分段做防火隔离，对敷设在隧道的电缆要采取分段阻燃措施。

7）应尽量减少电缆中间接头的数量。如需要应按工艺要求制作安装电缆头，经质量验收合格后，再用耐火防爆槽盒将其封闭。

8）建立健全电缆维护、检查及防火、报警等各项规章制度。重要的电缆隧道、夹层应安装温度火焰、烟气监视报警器。坚持定期对电缆夹层、沟的巡视检查，对电缆特别是电缆中间接头应定期进行红外测温，按规定进行预防性试验。

9）电缆夹层、竖井、电缆隧道和电缆沟等部位应保持清洁，不积水，照明采用安全电压且照明充足，禁止堆放杂物。在上述部位进行动火作业应办理动火工作票，并有可靠的防火措施。

10）加强直流电缆防火工作。直流系统的电缆应采用阻燃电缆；两组电池的电缆应尽可能单独铺设。

检修现场应具有完善的防火措施，在禁火区（含电缆夹层）动火应按动火作业管理制度和动火工作票工作制度进行。变压器现场检修工作期间应有专人值班，不得出现现场无人情况。蓄电池室、油罐室、油处理室等防火、防爆重点场所的照明、通风设备应采用防爆型。无人值守变电站应安装火灾自动报警或自动灭火设施，其火灾报警信号应接入有人监视遥测系统，以及时发现火警。

第三节 安全工器具管理

安全工器具是防止触电、灼伤、坠落、摔跌等事故，保障工作人员人身安全的各种专用工具和器具，也是电力安全生产班组从事运行、维护、检修、抢修工作最基本和必不可少的工器具。

一、安全工器具分类

安全工器具主要分为电气绝缘工器具、安全防护工器具、安全警示标识、其他工具四类。

1. 电气绝缘工器具

电气绝缘工器具包括高压验电器、高压绝缘棒、绝缘鞋（靴）、绝缘手套、绝缘垫、绝缘夹钳、绝缘台、绝缘挡板等。

2. 安全防护工器具

防护工作人员发生事故的工器具，包括防护眼镜、安全帽、安全带、腰绳、绝缘布、耐酸工作服、耐酸手套、防毒面具、防护面罩、临时遮栏、遮栏绳（网），以及登高用梯子、脚扣（铁鞋）、站脚板等。

电气绝缘工器具和安全防护工器具按其功能和作用分为以下三个部分：

（1）基本绝缘安全工器具。

基本绝缘安全工器具是指其绝缘强度能承受工作电压的作用，可以直接操作高压电气设备、接触或可能接触带电体的工器具。例如电容型验电器、绝缘杆、绝缘隔板、绝缘罩、核相器、携带型短路接地线、个人保安接地线等。

（2）辅助绝缘安全工器具。

辅助绝缘安全工器具是指绝缘强度不能承受工作电压的作用，只用于加强基本绝缘安全工器具的保安作用，用以防止接触电压，跨步电压、泄漏电流电弧对操作人员的伤害。属于这一类的安全工器具有：绝缘手套、绝缘靴（鞋）、绝缘胶垫、绝缘台、绝缘用品等。

（3）一般防护安全工器具。

一般防护安全工器具（一般防护用具）是指防护工作人员发生事故的工器具。如安全帽、安全带、绝缘梯、安全绳、脚扣、防静电服（静电感应防护服）、防电弧服、导电鞋（防静电鞋）、安全自锁器、速差自控器、防护眼镜、过滤式防毒面具、正压式消防空气呼吸器、SF_6 气体检漏仪、氧量测试仪、耐酸手套、耐酸服及耐酸靴等。

3. 安全警示标识

安全警示标识包括安全网、安全围栏、设备标志牌、安全标志牌等。安全警示标识按其作用分为六个部分：

（1）禁止标志：其含义是禁止或制止人们预做不安全行为的图形标志，由红色组成。例如“禁止合闸，有人工作！”“未经许可 不得入内”“禁止攀登，高压危险！”等。

（2）警告标志：其含义是提醒人们对周围环境引起注意，以避免可能发生危险的图形标志，由其黄、黑两种颜色组成。例如“止步，高压危险！”“当心触电”“当心坠落”等。

（3）指令标志：其含义是强制人们必须做出某种动作或采取防范措施的图形标志，由蓝色组成。例如“必须戴安全帽”“必须系安全带”“必须通风”等。

（4）提示标志：其含义是向人们提供某种信息的图形标志，由绿色组成。例如“从此上下！”“从此进出！”“在此工作！”等。

（5）消防标志：其含义是向人们提供消防设施信息的图形标志，由其红色组成。例如灭火器、地上消火栓、地下消火栓等。

（6）其他标志：例如导向箭头标志、紧急出口标志、限高标志、限速标志等。

4. 其他工具

其他工具包括对讲机、望远镜、电线、螺丝刀（含一字和十字）、钢丝钳、剥线钳、斜嘴钳、尖嘴钳、绝缘端子钳、电缆剪、扳手、手电筒等。

二、安全工器具管理要求

电力安全工器具的管理水平直接关系到企业在生产过程中人身和设备安全。在光伏电站运行和维护实务中，少数企业由于对安全工器具管理意识上不重视，措施不到位或方法不正确，从而导致一系列安全工器具日常管理不规范现象。例如：没有专用的电气绝缘工具室，工器具随意分散存放，电气绝缘工具试验过期或根本无试验，不合格工器具与合格的工器具混放，验电笔不发报警声等，这些现象都会导致运维检修员工领用不合格的工器具到运行、检修和抢修工作现场，从而埋下了巨大的安全隐患，极易导致安全生产事故甚至人身伤亡事故的发生。

要管好安全工器具，应做好以下几方面工作：

（1）台账规范，信息清晰。

认真盘点所有的安全工器具，按常用电气绝缘工具、登高工具、起重工具等类别分类建立台账。台账应能清楚地反映安全工器具的规格型号、生产厂商、购买日期等重要信息，并根据工器具变动、报废、新增等情况及时更新；台账要有统计日期、制表人、核对人和保管人，由制表人、核对人和保管人对台账的准确性负责，运行维护单位要严格考核制表人、核对人和保管人，确保台账与实际相符。一旦发生与工器具质量有直接关系的人身事故，如果建立的台账能准确清晰地反映安全工器具的规格型号、生产厂商、购买日期这些重要信息，就能准确掌握本单位安全工器具情况，及时停止使用或报废某厂商的工器具，用合格的工器具补充或更换，可以有效防止员工领用不合格的工器具到检修、抢修现场，杜绝类似事故发生。

（2）分类存放，对号入座。

按工器具类别分类建立台账后，应设专用房间存放安全工器具，并设专人管理，逐个编号。编号要清晰、统一，不易脱落。合理设计存放柜，尽可能一个间隔存放一种安全工具，间隔对应工具编号，使工具与间隔对号入座。这种存放方式便于保管人员检查，不会出现混放、堆放的现象（见图 4–5）。可以把工器具相应的试验标签贴在存放位置，安全工器具对号入座，领用时可以非常方便地看到领取的工器具是否试验合格并确认在有效期内，有效防止员工领用过期的工器具。

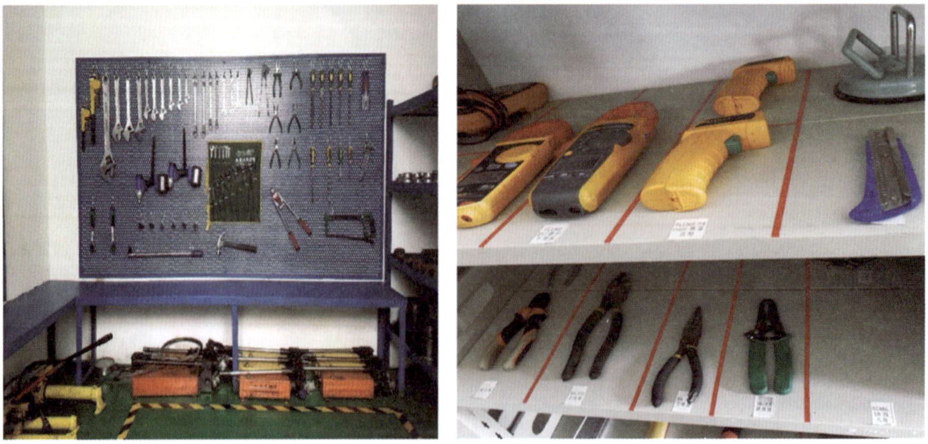

图 4-5　工器具摆放示意

（3）定期试验，确保合格。

安全工器具须经国家检测中心试验鉴定，并经试验合格方可使用。《电力安全工作规程》对安全工器具的定期试验周期和试验标准有着严格的规定，如验电笔、绝缘手套、绝缘靴、绝缘绳等要求每6个月就进行1次交流耐压试验；绝缘棒、绝缘挡板、绝缘夹钳等要求每年进行1次交流耐压试验；登高工具（如安全带、安全腰绳、脚扣、升降板等）要求每半年进行1次净拉力试验。经过试验的工器具应有试验合格标签和试验报告并记录在案。

运行单位必须按《电力安全工作规程》要求，严格执行安全工器具定期试验的各项规定，并且应建立严格的安全工器具定期试验考核制度，禁止和严肃处理使用过期或未经试验的安全工器具。

（4）认真保养，及时添置。

合格的安全工器具是确保安全工作的前提，安全工器具的保养工作格外重要。要做好工器具保养工作应做好以下四个方面工作：

1）加强安全工器具保管人员培训，使保管员熟悉掌握工器具的检查方法。

2）所有安全工器具必须严格按《电力安全工作规程》和有关的规章制度规定的周期进行外观检查，及时检查发现安全工器具存在的问题，及时作相应的处理。

3）安全工器具在领用前，保管员应对被领用的工器具进行认真检查，确保工器具合格才可以给员工领用，领用人员应签名确认。使用完后，保管员应认真检查交回的工器具，无问题方可对号归位。

4）在日常保养中若发现有不合格或存在缺陷不能有效使用的工器具，应该立即作报废处理，并在台账中做好记录，同时，应及时补充添置新的合格的工器具，确保有足够数量的合格工器具进行日常的检修、抢修工作。

第四节　设备及备品备件管理

一、设备管理

光伏电站占地面积大、设备类型和数量众多。由于这些设备来自不同厂商，导致不同技术发展水平的设备彼此无法兼容，出现了设备故障隐患率高、光伏发电系统运行不稳定、太阳能资源利用率较低等问题，严重影响了光伏电站的经济效益。为加强光伏电站设备管理，全面掌握设备技术状况，用好、修好、管好设备，光伏电站的设备管理，主要包括以下部分：

1. 监控室内设备管理

（1）监控室内必须每天打扫，并保持干净，物品摆放整齐有序。

（2）运维人员要确保监控电脑、办公电脑、工具柜的安全，正常使用。

（3）监控设备出现问题，必须及时解决。

2. 配电房内设备管理

（1）运维人员必须具备相关的光伏知识和电工学知识，熟悉安全操作规程，熟悉供电系统和配电室各种设备的性能和操作方法，并具备在异常情况下采取措施的能力。

（2）运维人员要有高度的责任心，严格执行巡视制度、交接班制度等各项制度规定。

（3）进出配电室，巡察配电装置，应随手将门关好。

（4）不论设备带电与否，运维人员不得单人进行工作。

（5）雷雨天气巡视配电房内设备时，应穿绝缘鞋，并不得靠近避雷器与避雷针。

（6）高压操作人员必须戴绝缘手套。

（7）开关因故跳闸，在没有查明原因的情况下，严禁送电。

二、备品备件管理

光伏电站备品备件是用于电站故障抢修及紧急缺陷处理、按照定额管理的备品和备件，包括电站光伏发电组件、汇流箱、逆变器、箱式变压器等发电设备、电气一次设备、电气二次设备、安全自动装置、耗材及安全技术劳动保护设施等。

1. 备品备件管理原则

（1）备品备件实行统一标准、专责管理。企业应制定统一的电站备品备件目录、管理规范、业务流程和配置原则。

（2）健全机制、集中采购。建立规范的电站备品备件采购供给保障机制，备品备件原则上由企业集中采购。

（3）统筹资源、信息共享。统筹各区域仓储及业主备品备件资源，分物资属性和特点储备，构建一体化信息共享平台，实现备品备件统一管理、高效调配。

2. 备品备件管理及使用一般要求

为了规范、有效的对光伏电站备品备件管理，不仅要做到有据可依，而且要规范整洁，有些备品备件要定期检验，具体保管及使用应遵循如下制度：

（1）仪表、工具、备品、备件（备盘）、技术资料应有专人（兼职）负责管理，妥善保存。

（2）定期编制元器件和材料需要计划，建立领用和消耗账，做到账物相符。

（3）常用工具和元器件应定量、定位、分类放置，做到一目了然，使用方便，消耗后，应及时补充。

（4）破损工具和元器件，应及时清点处理，防止新旧混杂。

（5）仪表应符合国家法定计量单位，并定期进行校验。

（6）长期不使用的仪表每月通电试验一次，通电时间不得少于30min。

（7）各种设备、仪表的图纸，说明书，技术资料必须齐全完整。

（8）油品等易燃易爆物品应单独妥善存放。

（9）各类资料应登记造册，分类存放，卷目清楚。

（10）各种报表、记录按月整理，装订与归档，按保存期妥善管理。

（11）仪表、工具、资料一般不得外借，如确需借用或借阅，应经主管领导同意，并办理借用登记手续。

3. 备品备件分类

为加强光伏电站成本控制，降低生产运营成本，光伏电站备品备件按照重要性及价值实行分类管理。备品备件的重要性通常可分为A、B、C、D四类。

（1）A类备品备件：指重要的整机设备，如箱式变压器、电缆T接箱、逆变器、汇流箱、光伏组件、开关柜、SVG等备品备件。

（2）B类备品备件：指专用性的备品备件，如功率模块、PCB板、驱动板、检测板、控制板、熔断器、电流传感器、电源板、高压限流熔断器、万能转换开关、直流熔断丝、SVG风扇、有载调压呼吸器、分接开关控制器、气体继电器、电容器等等备品备件。

（3）C类备品备件：逆变器防尘网、逆变房透气窗、箱式变压器绝缘油、箱式变压器浪涌保护器、汇流箱保险底座分合闸按钮、指示灯、空气开关、加热器、小型行程开关、灭火器等等一般性备品备件。

（4）D类备品备件：指废旧的备品备件，包括检修回收及购入的废旧整机及零部件，如，逆变器、汇流箱、美式箱变、高压柜开关模块、低压并网柜、断路器、检测板、控制板、IGBT等。

4. 备品备件配置原则

备品备件配置原则是指为满足电站紧急缺陷处理及故障抢修，由企业统一组织制定的备品备件配置标准（见图4–6）。配置原则应综合考虑仓库网络布局、供货周期、备品备件通用性等因素，在满足抢修需要的同时减少重复储备。

备品备件储备定额是指依据相关配置原则，结合备品备件对应的设备规模和设备年限设备故障情况确定的备品备件。

存储数量及有关信息，应有备品备件编码、名称、规格型号、技术参数、定额数量、参考价格、供货周期及存放地点等信息。

图4-6　备品备件管理

第五章

光伏电站故障预防及处理

CHAPTER 5

第一节 光伏电站故障隐患及排查方法

一、故障隐患

故障隐患一般指可能导致设备故障发生的告警、危险状态。发电设备故障来自隐患，放过一个事故隐患，好比埋下了一颗定时炸弹。在电站运维实务中，通过定期检查，主动排查电站设备各类隐患，并将隐患及时消灭在萌芽状态是保障设备安全稳定的重要途径。

二、故障隐患排查方法

在运行中的电气设备，运行时间到一定阶段都会产生一定的故障隐患。故障隐患排查的最基本的方法，通常都是从“看、闻、听、测”四个方面入手。所谓“看”就是从设备外观上观察有无明显故障；“闻”就是闻设备有无异味，如焦煳味、刺鼻味等；“听”就是听设备有无异响、有无放电；“测”就是要借助测量仪器、仪表来观察数据有无异样。

在上述方法基础上，故障隐患排查还可以根据设备的分类、性能、检查周期等方面按以下方法进行排查：

1. 按设备一般故障统计分析法排查

并网光伏电站通过对历史故障进行统计分析，结合设备维护手册，明确设备维护重点部位，查找出存在的设备隐患，并编制设备一般故障统计分析表，针对故障进行事故预想，编制隐患整改方，及时跟进闭环。

（1）对于仅发生过 1 次的故障，应分析其是否还存在事故隐患，从故障发生的现象及原因入手，对本次故障进行全面处理，对设备其他部件进行详细检查。

（2）同设备高频次故障。对发生过多次的故障，明确事故隐患关键部位，要分析临时采取的整改措施能否确保设备安全，是否需采取更加可靠的整改措施。例如：某电站投运后 1 年时间里逆变器风扇先后 3 次损坏更换，半年后新更换的绝缘栅双极型晶体管（IGBT）再次发生损坏，通过缺陷统计分析认为该风扇轴承选型较小，更换轴承类型后没有再发生相同故障，逆变器 IGBT 也没有再烧毁。

（3）历年同期故障。对往年某一时段发生的故障，今年的同一时段再次发生的处理，如光伏电站箱式变压器电缆头季节性放电击穿、雷击高频地区防雷接地缺陷导致组件受损等。例如：某电站光伏组件每到雷雨季节都存在接线盒击穿故障，电站制定防雷措施，对组件小接地进行排查，并在雷雨季节前进行接地电阻测试，对不合格的接地进行有效整改，消除设备隐患。

（4）对发生过的设备缺陷要举一反三，在同类型设备中采取整改措施。例如某电站滤网破损，导致灰尘较大，IGBT 频繁击穿，现场对所有逆变器滤网进行更换，并定期开展清灰除尘工作，彻底消除这一设备隐患。

2. 按设备寿命周期排查

设备寿命周期指设备从开始投入使用时起，一直到因设备功能完全丧失而最终退出使用总的时间长度。一般从设备制造完成，经投入使用、期间维修直至报废为止的时间。例如光伏电站跟踪式支架轴承、设备防尘滤网等均有设计使用寿命，达到设计使用寿命就应该更换。具体参考设备出厂合格证书和使用说明。

3. 设备基建安装隐患排查

由于光伏电站建设周期短，光伏电站建设没有统一的行业验收标准，新投运的电站在试运行阶段都要进行消缺，电站建设质量的好坏直接影响电站运行周期和发电能力。在建设期和消缺阶段常见缺陷如组件阵列遮挡、树木遮挡、设备基础塌陷、支架螺栓松动、汇流箱直流接地等。此类隐患如不能及时发现并消除，就会造成相应的运行故障，降低设备使用寿命和发电能力。

4. 运行巡视中排查

日常巡视检查是发现隐患的重要手段，可以及时发现设备运行中出现的异常情况，及时进行处理，避免故障扩大化（见表 5-1）。光伏电站在日常运行巡检中，主要针对光伏组件及固定支架、交直流配电柜、逆变器、箱式变压器及开关站设备进行巡视检查。

表 5-1　某光伏电站巡检记录表　　　　编号：

分项	巡检项目	巡检标准	巡检记录
光伏组件及固定支架检验	光伏组件	组件是否松动	
		无破损或明显变形	
		组件有无灰尘及遮挡	
	固定支架	支架是否牢固、可靠，螺丝是否松动	
		支架固定处屋面做防水处理是否存在老化	
	防腐检查	防腐漆是否脱落	
线路检验	直流侧电缆	电缆连接是否松动	
		电缆是否老化、破皮	
	交流侧电缆	电缆连接是否松动	
		电缆是否老化、破皮	
交直流配电箱检验	外观检查	外观无破损、箱体无明显变形	
	箱内检查	箱内无碎屑或遗留物等	
	内部元器件	元器件无松动、脱落	
	开关分合闸检查	开关分合闸灵活可靠	
逆变器检验	外观检查	外观无划痕，柜体无明显变形	
	安装检查	安装牢固、可靠	
	电气连接检查	连接牢固，无松动	
	开关分合闸检查	开关分合闸灵活可靠	
	接地检查	需有可靠接地	
	人机界面检查	主要参数显示清晰明确	
		按键操作正常	
并网检查	逆变器并网检查	直流输入路数	
		直流电压（V）	
		交流电压（V）	
		瞬时功率（W）	
		交流频率（Hz）	
		逆变器自动保护动作	
	汇流箱检查	防雷器	
		熔断器	

续表

分项	巡检项目	巡检标准	巡检记录
并网检查	孤岛保护检查	电网侧电源失电后能够快速可靠断开	
	调度通信检查	数据传输是否正常，PC 与逆变器是否连接	
	总发电量	记录并网至巡检日总发电量	
巡检结论：			
负责人：			

5. 设备点检中排查

设备点检是一种科学的设备隐患排查方法，点检排查相比于运行值班人员的检查更为专业。点检由设备负责人和专业技术人员负责，同样是利用人的五感和专用的工具仪器，但点检是按照预先设定的方法标准定点定周期进行，所以能掌握故障的初期信息，便于及时采取对策将故障消灭于萌芽状态。

三、故障隐患管理和整改

为加强故障隐患监督管理，阻止和减少故障发生，保障电站员工生命和设备安全，对发现的设备隐患及时从技术上、措施上进行整改，使其降级并做好事故预想，防止故障扩大。

隐患整改工作是隐患管理的重点，整改的最终目的就是要消除隐患，杜绝事故发生。隐患排查具体到各专业层次还应做好以下工作。

（1）依据设备安全隐患排查的途径制定具体的执行方案。

（2）按系统设备将责任落实到人，所发现的设备隐患及采取的安全措施都要有详细记录。

（3）对重大隐患，或一时难以解决的隐患，要及时采取必要的临时安全措施，并立即上报主管部门，所采取的临时安全措施一定要经过技术论证，确保在一定时间内安全可靠，在采取临时措施后应加强设备检查，以及时发现新出现的问题并采取新的临时措施，直至设备隐患彻底整改完毕。

第二节　光伏电站定检预试

定检预试是指为了发现运行中设备的隐患，预防发生事故或设备损坏，对光伏电站设备进行的周期性检查、试验或监测，也包括取油样或气样进行的试验。定检预试是光伏电站故障预防的重要手段。

光伏电站预防性试验周期长短，应根据设备的具体情况加以选择，重要、新投、有缺陷设备的周期应缩短；绝缘稳定设备的周期可适当延长。试验现场必须遵守《电力安全工作规程》，严格执行工作票制度、工作许可制度、工作监护制度、工作间断和转移及终结制度，在对被试品进行试验前，与母线、变压器、进出线电缆等可能带电的设备或装置连接的，必须严格按照《电力安全工作规程》进行被试品的验电、放电。

一、设备年检预试

设备年检预试是指为保证电气设备能够长期安全可靠运行，及时发现并处理电气设备工作过程影响安全运行的隐患或缺陷，运维人员对电气设备所进行的定期年检预试工作。

（1）试验结果应与该设备历次试验结果相比较，与同类设备试验结果相比较，参照相关的试验结果，根据变化规律和趋势，进行全面分析后做出判断。

（2）遇到特殊情况需要改变试验项目、周期或要求时，对主要设备需经上一级主管部门审查批准后执行：对其他设备可由本单位总工程师审查批准后执行。

（3）110kV 以下的电力设备，应进行耐压试验（有特殊规定者除外）。110kV 及以上的电力设备，在必要时应进行耐压试验。

（4）50Hz 交流耐压试验，加至试验电压后的持续时间，凡无特殊说明者，均为 1min；其他耐压试验的试验电压施加时间在有关设备的试验要求中规定。

（5）非标准电压等级的电力设备的交流耐压试验值，可根据本规程规定的相邻电压等级按插入法计算。

（6）充油电力设备在注油后应有足够的静置时间才可进行耐压试验。静置时间如无制造厂规定，则应依据设备的额定电压满足以下要求：

1）500kV＞72h；

2）220 及 330kV＞48h；

3）110kV 及以下＞24h。

（7）进行耐压试验时，应尽量将相连的各种设备分离开来单独试验（制造厂装配的成套设备不在此限），但同一试验电压的设备可以共同进行试验。已有单独试验记录的若干不同试验电压的电力设备，在单独试验有困难时，也可以共同进行试验，此时试验电压应采用所连接设备中的最低试验电压。

（8）当电力设备的额定电压与实际使用的额定工作电压不同时，应根据下列原则确定试验电压：

1）当采用额定电压较高的设备以加强绝缘时，应按照设备的额定电压确定其试验电压。

2）当采用额定电压较高的设备作为代用设备时，应按照实际使用的额定工作电压确定其试验电压。

3）为满足高海拔地区的要求而采用较高电压等级的设备时，应在安装地点按实际使用的额定工作电压确定其试验电压。

（9）在进行与温度和湿度有关的各种试验（如测量直流电阻、绝缘电阻、tanδ、泄漏电流等）时，应同时测量被试品的温度和周围空气的温度和湿度。

进行绝缘试验时，被试品温度不应低于 +5℃，户外试验应在良好的天气进行，且空气相对湿度一般不高于 80%。

（10）在进行直流高压试验时，应采用负极性接线。

（11）如产品的国家标准或行业标准有变动，执行时应做相应调整。

（12）如经实用考核证明利用带电测量和在线监测技术能达到停电试验的效果，经批准可以不做停电试验或适当延长周期。

因为设备定检预试周期及方法各不相同，表 5-2 是比较通用的与光伏电站运维有关的定检预试项目的周期表。

表 5-2 光伏电站定检预试周期表

检修设备	项目	周期	要求	说明
电力变压器	变压器绕组直流电阻	1. 1～3 年或自行规定； 2. 无励磁调压变压器变换分接位置后； 3. 有载调压变压器的分接开关检修后（在所有分接侧）； 4. 大修后， 5. 必要时	1. 1.6MVA 以上变压器，各相绕组电阻相互间的差别不应大于三相平均值的 2%，无中性点引出的绕组，线间差别不应大于三相平均值的 1%； 2. 1.6MVA 及以下的变压器，相间差别一般不大于三相平均值的 4%，线间差别一般不大于三相平均值的 2%； 3. 与以前相同部位测得值比较，其变化不应大于 2%	1. 如电阻相间差在出厂时超过规定，制造厂已说明了这种偏差的原因，按要求中 3）项执行； 2. 不同温度下的电阻值按式 $R_2=R_1\left(\frac{T+t_2}{T+t_1}\right)$ 换算，式中 R_1、R_2 分别为在温度 t_1、t_2 时的电阻值；T 为计算用常数，铜导线取 235，铝导线取 225； 3. 无励磁调压变压器应在使用的分接锁定后测量
	变压器绕组绝缘电阻、吸收比或（和）极化指数	1. 1～3 年或自行规定； 2. 大修后； 3. 必要时	1. 绝缘电阻换算至同一温度下，与前一次测试结果相比应无明显变化； 2. 吸收比（10～30℃范围）不低于 1.3 或极化指数不低于 1.5	1. 采用 2500V 或 5000V 兆欧表； 2. 测量前被试绕组应充分放电； 3. 测量温度以顶层油温为准，尽量使每次测量温度相近； 4. 尽量在油温低于 50℃时测量，不同温度下的绝缘电阻值一般可按 $R_2=R_1\times1.5^{(t_1-t_2)/10}$ 换算，式中 R_1、R_2 分别为温度 t_1、t_2 时的绝缘电阻值； 5. 吸收比和极化指数不进行温度换算
	绕组所有分接的电压比	1. 1～3 年或自行规定； 2. 大修后（66kV 及以下）； 3. 必要时	1. 各相应接头的电压比与铭牌值相比，不应有显著差别，且符合规律； 2. 电压 35kV 以下，电压比小于 3 的变压器电压比允许偏差为 ±1%；其所有变压器：额定分接电压比允许偏差为 ±0.5%，其他分接的电压比应在变压器阻抗电压值（%）的 1/10 以内，但不得超过 ±1%	1. 可采用倍频感应或操作波感应法； 2. 66kV 及以下全绝缘变压器，现场条件不具备时，可只进行外施工频耐压试验； 3. 电抗器进行外施工频耐压试验

续表

检修设备	项目	周期	要求	说明
电力变压器	测温装置及其二次回路试验	1. 1～3 年； 2. 大修后； 3. 必要时	密封良好，指示正确，测温电阻值应和出厂值相符；绝缘电阻一般不低于 1MΩ	测量绝缘电阻采用 2500V 兆欧表
高压断路器	绝缘电阻	1. 1～3 年； 2. 大修后； 3. 必要时	与前一次或同类型的测量数据进行比较，不应有显著变化	采用 1000V 兆欧表
	断路器 SF_6 气体的检测项目		符合电力设备预防性试验规程要求	—
	断路器特性试验		应符合制造厂规定	—
	回路电阻		应符合制造厂规定	—
	分、合闸线圈直流电阻		应符合制造厂规定	—
	闭锁、防跳跃及防止非全相合闸等辅助控制装置的动		按制造厂规定	—
互感器	绕组直流电阻测量		与初始值或出厂值比较，应无明显差别	—
	绝缘电阻		绕组绝缘电阻与初始值及历次数据比较，不应有显著变化	—
	极性、变比检查		与铭牌标志相符	—
避雷器	绝缘电阻		绕组绝缘电阻与初始值及历次数据比较，不应有显著变化	—
	直流 1mA 电压（U1mA）及 0.75U1mA 下的泄漏电流		U1mA 实测值与初始值或制造厂规定值比较，变化不应大于 ±5%	—

二、防雷检测

防雷检测是为保证电站光伏区各设备能够长期有效可靠运行，定期对电站的各接地系统进行检查测量是否符合相应接地要求，保证电站的安全运行。

1. 检测分类

检测分为首次检测和定期检测。首次检测分为新建、改建、扩建建筑物防雷装置施工过程中的检测和投入使用后建筑物防雷装置的第一次检测。定期检测是按规定周期进行的检测。

新建、改建、扩建建筑物防雷装置施工过程中的检测，应对其结构、布置、形状、材料规格、尺寸、连接方法和电气性能进行分阶段检测。投入使用后建筑物防雷装置的第一次检测应按设计文件要求进行检测。

2. 检测项目

（1）建筑物的防雷分类；

（2）接闪器；

（3）引下线；

（4）接地装置；

（5）防雷区的划分；

（6）雷击电磁脉冲屏蔽；

（7）等电位连接；

（8）电涌保护器（SPD）。

3. 探针

探针应使用导通性好的材料，长度不小于 20cm，直径不小于 0.8cm，两根探针之间的距离不小于 5m。探针打入的深度不小于探针长度的三分之一，两线之间不能互相交叉，应分开，避免互相影响。探针与设备之间的最近距离应大于 15m。

三、组件检测

组件检测是指为验证组件在运行过程中能否达到规定的性能参数，对组件所进行的定期检测工作。

1. 光伏阵列温升损失

检测方法：依据清洗后测试的组串 I–V 曲线和现场实测的背板温度。根据该类型组件的温度系数和实测结温推算出电池结温 25℃下的最大功率点功率。根据电压温度损失计算公式计算电压温度损失百分比，根据功率温度损失计算公式计算功率温度损失百分比。

（1）光伏组串功率温升损失率 =（25℃结温组串最大功率 – 未修正结温组串最大功率）/25℃结温组串最大功率 ×100%。

（2）光伏组串电压温升损失率 =（25℃结温组串开路电压 – 未修正结温组串开路电压）/25℃结温组串开路电压 ×100%。

（3）结果分析：以测试结果为准，分析温度损失并评估散热条件。

2. 光伏组件功率衰降

检测方法如下：

（1）如果投运时设置了功率基准组件，则待测试现场光强超过 700W/m^2 时，检测基准组件的 I – V 曲线，并与基准组件初始值比较，得到准确的光伏组件功率衰降率，现场对抽样组件的测试并与标称功率比较的结果可以作为参考数据。

（2）如果没有功率基准组件，则待测试现场光强超过 700W/m^2 时，检测选定且清洗干净的组串中每一块组件 I – V 曲线，同时记录光强和组件温度。修正到 STC 条件，同标称功率比较，得到粗略的光伏组件功率衰降率。

（3）对于功率衰降超出判定条件的组件应做记录，准备进行后续电致发光（EL）测试。

（4）无论采用基准组件功率还是标称功率作为参考，当衰降率超出判定条件时且对现场测试结果有质疑时，建议送实验室复检。

（5）判定条件：以供需双方的合同条款为准。在没有合同约定的情况下，工信部“光伏制造行业规范条件”（2013 年第 47 号文）中的指标作为参考：多晶硅组件 2 年内平均衰降率不超过 3.2%；单晶硅组件 2 年内平均衰降不应超过 4.2%，薄膜光伏组件 2 年内平均衰降不应超过 5.0%。

3. 光伏组件的电致发光（EL）检测

（1）抽样原则：通过前面的测试，仅对视觉观察、红外扫描和Ⅰ-Ⅴ测试发现的有严重问题或功率严重衰降的组件进行电致发光（EL）测试。

（2)检测方法：采用EL测试仪对问题组件进行测试。重点发现隐裂、黑片、断删、裂片、虚焊等问题。检测时保留影像，记录问题组件位置，以便分析问题。

（3）结果分析：分析隐裂产生的原因，探讨隐裂对功率衰降的相关性。

（4）多晶硅组件2年内平均衰降率不超过3.2%；单晶硅组件2年内平均衰降不应超过4.2%，薄膜光伏组件2年内平均衰降不应超过5.0%。

四、继电保护装置定值核对

继电保护装置定值核对是指为核对继电保护装置定值与定值单要求一致，及时发现并处理继电保护装置在使用过程中因操作等原因造成定值错误，运维人员定期对继电保护装置定值所进行的核对工作。

（1）设备定值应与定值通知单上数据一致，如果不一致需要向相关部门提出更改申请。

（2）修改定值首先要确认原定值所在区，查清具体要修改某一区定值，在修改完定值应标明所在区，防止在变更运行方式时，误切保护定值，造成保护误动。

（3）将修改后的定值与调度中心下发定值逐一核对，防止误整定，造成保护误动。

五、组件测温

组件测温是指为保障组件正常运行，及时发现异常组件，运维人员对组件进行的红外测温工作。

（1）测量记录环境温度和阳光辐照量，当阳光辐照量高于600W/m^{2}时，进行组件测温工作；

（2）同一组件外表面温度差超过20℃时，就会逐渐产生热斑。

六、逆变器滤波电容容量检测

逆变器滤波电容容量检测是为保证逆变器能够长期有效可靠运行，及时发现异常滤波电容，运维人员定期对逆变器滤波电容容量所进行的检测工作。

（1）停电安全措施完成后进行滤波电容放电工作，确保充分放电后拆除滤波电容端子接线；

（2）对于 100kvar 及以下的电容器单元和电容器组，电容实际测量容量应为额定容量的 –5% ~ +10% 范围以内视为合格；对于 100kvar 以上的电容器单元和电容器组，电容实际测量容量应为额定容量的 –5% ~ +5% 范围以内视为合格。

七、接头红外测温

接头红外测温是指为及时发现各设备接头、触头是否存在发热、温度异常等隐患、缺陷，运维人员定期对各设备接头、触头所进行的温度测量工作。

（1）测温开始前应记录环境温度、负荷电流。

（2）无法直接测量到温度的成套设备不得打开高压室门进行测量。

（3）10kV 安全距离 0.7m、35kV 安全距离 1m、110kV 安全距离 1.5m、220kV 安全距离 3m，在保证以上安全距离的情况下，进行接头测温工作。

八、主变压器冷却风扇启动试验

主变压器冷却风扇启动试验是为检查主变压器风冷系统是否具备正常运转功能，检查冷却风扇工作可靠性，运维人员对电站主变压器冷却风扇所进行的定期启动试验。

检查冷却风扇运行时声音是否正常，如果有则应找到异常声音来源并进行相应处理，必要时更换轴承；检查冷却风扇是否正常运转，端子箱密封是否良好，如果不正常，立即检修或更换。

（1）将主变压器冷却风扇运行模式调至手动，进行手动分组启动操作。

（2）冷却风扇均能正常启动运行风机转速匀称且无异常声音。

（3）试验结束后将主变压器冷却风扇运行模式调至自动。

九、直流充电模块切换试验

直流充电模块切换试验是指为保障蓄电池组正常充电，当发生单一模块故障或停运时，另一组模块可以满足对所有蓄电池组进行供电而不受到影响，所进行的测试工作。

交流电源中断，蓄电池组将不间断地供出直流负荷，若无自动调压装置，应进行手动调压，确保母线电压的稳定，交流电源恢复送电，应立即手动启动或自动启动充电装置，对蓄电池组进行恒流限压充电→恒压充电→浮充电（正常运行）。

充电装置内部故障跳闸，及时投运备用充电装置代替故障充电装置，并及时调整好运行参数。直流充电机（或模块）有备用时应每月进行一次轮换。

十、保护连接片投退位置核对

保护连接片投退位置核对是指为核对保护连接片投退位置与定制单要求一致，及时发现并处理保护连接片在使用过程中因操作等原因造成的定值错误，运维人员定期对保护连接片投退位置所进行的核对工作。

（1）连接片投退位置应与定值通知单上连接片投退位置一致，如果不一致需要向相关部门提出更改申请。

（2）当开关在合闸位置时，投入保护连接片前需用高内阻电压表测量两端无电压。

（3）软连接片与硬连接片组成“与”的关系来决定保护功能的投退，只有两种连接片都投入且控制值整定为投入时，保护功能才起作用，任一项退出保护功能将退出。

（4）当一套保护装置的主保护和后备保护共用跳闸出口时，退出这套保护装置中的某些保护时只能退其功能连接片，而不能退出连接片扣，否则该套保护装置中的其他保护将失去作用。

十一、不间断电源切换试验

不间断电源（UPS）切换试验指为保证 UPS 装置能够长期有效可靠运行，检查 UPS 装置的可靠性和稳定性，运维人员对 UPS 装置电源所进行的定期切换试验。

（1）试验前交流电源、蓄电池电源运行正常，各级负荷开关在正常位置，UPS 装置为交流段供电、蓄电池段备用方式运行。

（2）切断 UPS 装置交流供电电源，逆变电源应自动切至蓄电池电源供电，切换期间 UPS 装置应正常带负载运行。

（3）投入 UPS 装置交流供电电源，逆变电源应自动切至交流电源供电，切换期间 UPS 装置应正常带负载运行。

十二、站用电源切换试验

站用电源切换试验为保证电站的站用电源能够长期有效可靠运行，定期切换试验站用电源运行，检查电源工作可靠性，运维人员对电站主、备用站用电源所进行的定期切换试验。

（1）试验前常用电源、备用电源运行正常，各级负荷开关均在相应工作位置，站用电源为常用电源供电、备用电源段备用方式运行。

（2）站用电投入备用电源，切换期间备用电源应正常带负载运行。

（3）站用电投入常用电源供电，切换期间站用电应正常带负载运行。

十三、应急照明切换试验

应急照明切换试验是指为验证应急照明在需要时能够可靠的投入使用，运维人员定期对应急照明所进行的切换试验工作。

（1）检查事故照明投入情况正常，信号指示及电源应自动切换。

（2）切换事故照明灯亮 3 ~ 5min 后观察应无异常情况出现。

十四、阀控式蓄电池核对性放充电试验

阀控式蓄电池核对性放充电试验是指为保障蓄电池组长期稳定可靠运行，检查蓄电池容量，发现老化电池并进行维护更换，运维人员定期对蓄电池组进行核对性放充电的工作。

（1）严格控制充放电电流和电池端电压，防止电池爆瓶或释压阀开启，防止过充过放。

（2）若充电容量达不到额定容量，再次进行核对性放充电，核对性充放电最多三次，若三次均达不到额定容量的 80%，可认为该蓄电池组容量不合格。

（3）防止直流系统短路、开路、接地，防止误动、误碰。

十五、蓄电池单体电压测量

蓄电池单体电压测量是指为保证直流系统运行的稳定性和可靠性，及时发现蓄电池单体电压低和变形、凸出、漏液、破裂炸开等异常情况，运维人员定期对蓄电池单体所进行的外观检查和电压测量工作。

（1）测量电池组电压正常、直流母线电压正常、充电机电压正常，直流充电系统状态正常，运行指示灯无异常。

（2）观察外观无变形、凸出、漏液、破裂炸开、烧焦、螺丝连接处无氧化物渗出等。各个正负极接头牢固、无变形现象，连接电缆无破损，外观良好、标记清楚。

（3）测量时不得造成蓄电池间短路。

（4）蓄电池室的温度应保持在 5 ~ 35℃之间，如室温不在此区间内，使用空调进行辅助调温。

十六、安全工器具检查及要求

安全工器具定期检查、试验及补充在安全生产中有着重要的意义。

不同的安全工器具的具体试验项目、周期和要求见表 5-3 ~ 表 5-16。

表 5-3　安全帽的试验项目、周期和要求

序号	项目	周期	要求
1	冲击性能试验	植物枝条编织帽：1 年后； 塑料和纸胶帽：2.5 年后； 玻璃钢（维纶钢）橡胶帽：3.5 年后	传递到头模上的冲击力小于 4900N 帽壳不得有碎片脱落
2	耐穿刺性能试验		钢锥不接触头模表面，帽壳不得有碎片脱落

注　使用期从产品制造完成之日起计算，以后每年抽检一次，每批从最严酷使用场合中抽取，每项试验试样不少于 2 顶，有一顶不合格，则该批安全帽报废。

表 5-4 安全带的试验项目、周期和要求

<table>
<tr><th>项目</th><th>周期</th><th colspan="4">要求</th></tr>
<tr><td rowspan="4">静负荷试验</td><td rowspan="4">1 年</td><td colspan="2">种类</td><td>试验静拉力（N）</td><td>载荷时间（min）</td></tr>
<tr><td rowspan="3">整带</td><td>坠落悬挂安全带</td><td>3300</td><td>5</td></tr>
<tr><td>围栏作业安全带</td><td>2205</td><td>5</td></tr>
<tr><td>区域限制安全带</td><td>1200</td><td>5</td></tr>
</table>

注 牛皮带的试验周期为半年。

表 5-5 安全绳的试验项目、周期和要求

项目	周期	要求
静负荷试验	1 年	施加 2205N 静拉力，持续时间 5min，卸载后无变形或破断

表 5-6 个人保安线的试验项目、周期和要求

项目	周期	要求
成组直流电阻试验	5 年	在各接线夹之间测量电阻，对应 $10mm^2$、$16mm^2$、$25mm^2$ 的截面，平均每米的电阻值应小于 1.98mΩ、1.24mΩ、0.79mΩ

表 5-7 绝缘杆试验项目、周期和要求

<table>
<tr><th>序号</th><th>项目</th><th>周期</th><th colspan="4">要求</th></tr>
<tr><td rowspan="10">1</td><td rowspan="10">工频耐压试验</td><td rowspan="10">1 年</td><td rowspan="2">额定电压（kV）</td><td rowspan="2">试验长度（m）</td><td colspan="2">耐压（kV）</td></tr>
<tr><td>1min</td><td>3min</td></tr>
<tr><td>10</td><td>0.7</td><td>45</td><td>—</td></tr>
<tr><td>35（20）</td><td>0.9</td><td>95</td><td>—</td></tr>
<tr><td>66</td><td>1.0</td><td>175</td><td>—</td></tr>
<tr><td>110</td><td>1.3</td><td>220</td><td>—</td></tr>
<tr><td>220</td><td>2.1</td><td>440</td><td>—</td></tr>
<tr><td>330</td><td>3.2</td><td>—</td><td>380</td></tr>
<tr><td>500</td><td>4.1</td><td>—</td><td>580</td></tr>
<tr><td>750</td><td>4.7</td><td>—</td><td>780</td></tr>
</table>

续表

序号	项目	周期	要求			
1	工频耐压试验	1 年	1000	6.3	—	1150
2	直流耐压试验	1 年	±400	4.2	—	740
			±500	3.2	—	680
			±600	4.3	—	745
			±800	6.6	—	895

注 表中数据为 h<500m 的试验长度和电压；仅 ±400kV 为 2800m<h<4500m 的数据，h 为海拔。

表 5-8 携带型短路接地线的试验项目、周期和要求

序号	项目	周期	要求		
1	接地线的成组直流电阻试验	5 年	先在各接线鼻之间测量直流电阻，然后在各线夹之间测量直流电阻，对应 25 mm^2、35 mm^2、50 mm^2、70 mm^2、95 mm^2、120 mm^2 的各种截面，平均每米的电阻值应分别小于 0.79mΩ、0.56 mΩ、0.40 mΩ、0.28 mΩ、0.21 mΩ、0.16 mΩ		
2	接地绝缘棒的工频耐压试验（整杆）	5 年	额定电压（kV）	耐压（kV）	
				1min	3min
			10	45	—
			35（20）	95	—
			66	175	—
			110	220	—
			220	440	—
			330	—	380
			500	—	580
			750	—	780
			1000	—	1150
3	接地绝缘棒的直流耐压试验（整杆）	5 年	±400	—	740
			±500	—	680
			±600	—	745
			±800	—	895

注 表中数据为 h<500m 的试验长度和电压；仅 ±400kV 为 2800m<h<4500m 的数据，h 为海拔。

表 5-9 电容型验电器试验项目、周期和要求

序号	项目	周期	要求
1	起动电压试验	1 年	起动电压值在额定电压的 10%～45%
2	工频耐压试验	1 年	同表 5-7

表 5-10 核相器试验项目、周期和要求

<table>
<tr><th>序号</th><th>项目</th><th>周期</th><th colspan="4">要求</th></tr>
<tr><td>1</td><td>动作电压试验</td><td>1 年</td><td colspan="4">最低起动电压应达 0.25 倍额定电压</td></tr>
<tr><td rowspan="3">2</td><td rowspan="3">绝缘部分工频耐压试验</td><td rowspan="3">1 年</td><td>额定电压（kV）</td><td>试验长度（m）</td><td>工频耐压（kV）</td><td>持续时间（min）</td></tr>
<tr><td>10</td><td>0.7</td><td>45</td><td>1</td></tr>
<tr><td>35</td><td>0.9</td><td>95</td><td>1</td></tr>
<tr><td rowspan="3">3</td><td rowspan="3">连接导线绝缘强度试验</td><td rowspan="3">必要时</td><td>额定电压（kV）</td><td>工频耐压（kV）</td><td colspan="2">持续时间（min）</td></tr>
<tr><td>10</td><td>8</td><td colspan="2">5</td></tr>
<tr><td>35</td><td>28</td><td colspan="2">5</td></tr>
<tr><td rowspan="3">4</td><td rowspan="3">电阻管泄漏电流试验</td><td rowspan="3">半年</td><td>额定电压（kV）</td><td>工频耐压（kV）</td><td>持续时间（min）</td><td>泄漏电流（mA）</td></tr>
<tr><td>10</td><td>10</td><td>1</td><td>≤ 2</td></tr>
<tr><td>35</td><td>35</td><td>1</td><td>≤ 2</td></tr>
</table>

注 对于无线式的核相器仅做动作电压和绝缘部分工频耐压试验。

表 5-11 绝缘隔板的试验项目、周期和要求

<table>
<tr><th>序号</th><th>项目</th><th>周期</th><th colspan="3">要求</th></tr>
<tr><td rowspan="2">1</td><td rowspan="2">表面工频耐压试验</td><td rowspan="2">1 年</td><td>额定电压（kV）</td><td>工频耐压（kV）</td><td>持续时间（min）</td></tr>
<tr><td>6～35</td><td>60</td><td>1</td></tr>
<tr><td rowspan="4">2</td><td rowspan="4">工频耐压试验</td><td rowspan="4">1 年</td><td>额定电压（kV）</td><td>工频耐压（kV）</td><td>持续时间（min）</td></tr>
<tr><td>10</td><td>30</td><td>1</td></tr>
<tr><td>20</td><td>50</td><td>1</td></tr>
<tr><td>35</td><td>80</td><td>1</td></tr>
</table>

表 5-12 辅助型绝缘手套的试验项目、周期和要求

项目	周期	要求			
工频耐压试验	半年	电压等级	工频耐压（kV）	持续时间（min）	泄漏电流（mA）
		低压	2.5	1	≤ 2.5
		高压	8	1	≤ 9

表 5-13 辅助型绝缘靴（鞋）的试验项目、周期和要求

项目	周期	要求		
工频耐压试验	半年	工频耐压（kV）	持续时间（min）	泄漏电流（mA）
		15	1	≤ 6

表 5-14 辅助型绝缘胶垫的试验项目、周期和要求

项目	周期	要求		
工频耐压试验	1 年	电压等级	工频耐压（kV）	持续时间（min）
		低压	3.5	1
		高压	15	1

表 5-15 登杆脚扣的试验项目、周期和要求

序号	项目	周期	要求
1	整体静负荷试验	1 年	施加 1176N 静压力，持续时间 5min，卸载后活动钩应符合外观检查要求，其他受力部位无影响正常工作的变形和其他可见的缺陷
2	扣带强力试验	1 年	施加 90N 静拉力，持续时间 5min，卸载后不应出现织带撕裂、金属件明显变形、扣合处明显松脱等现象

表 5-16 硬梯的试验项目、周期和要求

项目	周期		要求
静负荷试验	竹梯、木梯	半年	施加 1765N 静压力，持续时间 5min，卸载后各部件不应发生永久变形和损伤

十七、消防器材年检

消防器材年检是为保证消防器材能够达到使用标准，在有火情时，能够可靠有效投入使用，运维人员定期对电站的各消防器材进行的检测、送检工作（见表 5-17）。

表 5-17　灭火器的维修期限

灭火器类型		维修期限
干粉灭火器	手提式（贮压式）干粉灭火器	出厂期满 5 年；首次维修以后每满 2 年
	手提式（储气瓶式）干粉灭火器	
	推车式（贮压式）干粉灭火器	
	推车式（储气瓶式）干粉灭火器	
二氧化碳灭火器	手提式二氧化碳灭火器	
	推车式二氧化碳灭火器	

有下列情况之一的灭火器应报废：

（1）筒体严重锈蚀，锈蚀面积大于、等于筒体总面积的 1/3，表面有凹坑。

（2）筒体明显变形，机械损伤严重。

（3）器头存在裂纹、无泄压机构。

（4）筒体为平底等结构不合理。

（5）没有间歇喷射机构的手提式。

（6）没有生产厂名称和出厂年月，包括铭牌脱落，或虽有铭牌，但已看不清生产厂名称，或出厂年月钢印无法识别。

（7）筒体有锡焊、铜焊或补缀等修补痕迹。

（8）被火烧过。

灭火器出厂时间达到或超过表 5-18 规定的报废期限时间应报废。

表 5-18　灭火器的报废期限

灭火器类型		报废期限（年）
干粉灭火器	手提式（贮压式）干粉灭火器	10
	手提式（储气瓶式）干粉灭火器	

续表

灭火器类型		报废期限（年）
干粉灭火器	推车式（贮压式）干粉灭火器	10
	推车式（储气瓶式）干粉灭火器	
二氧化碳灭火器	手提式二氧化碳灭火器	12

第三节　光伏电站故障处理

一、故障的定义和分类

在光伏电站运行维护中，通常把运行设备或备用设备不完善造成设备不正常状态，影响发电负荷（出力）和电站安全生产，从而影响经济运行和危及人身安全的异常现象，被称为“故障 / 缺陷”。

光伏电站故障按照影响停电范围、是否危及人身、电力生产设备，是否影响发电、故障处理的难易程度，以及因电站设计、设备选型、建设施工所遗留问题导致故障对电站后期运行造成影响程度共分为四类故障。

1. 一类故障

对光伏电站升压站或者光伏区发电设备安全稳定运行存在较小影响，随时可以消除的设备、设施类故障 / 缺陷，例如 PV 组件电缆松动，电缆沟封堵，标示、标识脱落损坏，照明灯不亮，逆变器室滤网积灰等一般性故障 / 缺陷。

2. 二类故障

（1）对光伏电站升压站或者光伏区发电设备安全运行存在影响，可能危及人身、设备安全，暂不影响发电量的设备、设施类故障 / 缺陷，例如逆变器室风扇停转，电缆附件局部轻微放电、发热，主变压器冷却风机部分失效，35kV 以上绝缘子破损、重要数据“遥测”“遥信”不准确、“遥控”失效、故障录波装置告警或异常、直流充电模块单机故障等故障 / 缺陷。

（2）对光伏电站升压站或者光伏区发电设备安全运行存在影响，危及人身、设备安全，但暂不影响发电量的设备设施类故障 / 缺陷，例如电压互感器一次熔断丝熔断，变压器异响，逆变器异响，电缆附件放电、拉弧严重，绝缘子闪络、拉弧严重等故障 / 缺陷。

（3）对光伏电站发电量不存在影响，但会造成光伏电站倍调度拉停、对光伏电站关于《电网“两个细则”考核》指标考核扣分的设备、设施类故障 / 缺陷，例如电站光纤通道故障，SVG 故障无法投运，光功率预测服务器故障，正、反向隔离装置故障等故障 / 缺陷。

3. 三类故障

（1）故障已发生，对光伏电站发电量存在影响，原因清晰，可以通过停运设备更换备件进行消除，常规技术方案即能解决的设备、设施类故障 / 缺陷，例如逆变器故障、高压电缆头故障、PV 组件更换、汇流箱中影响发电的器件维修等故障 / 缺陷。

（2）故障已发生，对光伏电站发电量存在影响，危及升压站、送出线路、光伏区发电设备安全及人身安全，原因复杂、技术难度大的设备、设施类故障 / 缺陷，例如箱式变压器内部故障、变压器重（轻）瓦斯动作、继电保护装置及安全保护装置不正确动作等故障 / 缺陷。

4. 四类故障

由于光伏电站设计、设备选型、建设施工所遗留的故障 / 缺陷，对电站后期运行带来安全隐患，甚至影响发电量。光伏电站技术设计不完善或者设计冗余度不够的设备、设施类故障 / 缺陷，例如光伏区 PV 组件固有遮挡，PV 组件安装容量不足等；设备选型不合理，设备性能和质量不能满足长期运行要求，经一段时间运行后发现故障频发，如同一批次逆变器短期内故障次数超过 5 次等。

二、故障技术分类及处理

（一）电气故障

1. 短路故障

电力系统中的短路故障，是指一相或多相载流导体接地或不通过负荷互相接触，由于此时故障点的阻抗很小，导致电流瞬时升高，短路故障点以前的电压下降，对电力系统的安全运行构成隐患。在三相系统中，短路故障又可分成三相短路、两相短路、单相短路、单相接地短路、两相接地短路等。在中性点直接接地系统中，最常见的是单相接地故障，约占接地故障的70%；此外，两相接地短路故障约占15%，其中两相短路约占10%，三相短路约占5%。

（1）短路故障的原因。

1）设备的绝缘失效：设备的绝缘失效既包括内因，也存在外因。

内因是由于设计或者安装不恰当。例如选择电缆截面太小或扩大生产增加负荷使电路超载、过载，造成绝缘老化。如果长期进行下去，就可能造成绝缘的完全失效，而导致短路。

外因主要是雷电冲击、操作过电压冲击、环境温度过高、机械损伤等。机械损伤最常见的建筑施工的挖掘机破坏造成短路等。

2）电气误操作，例如带负荷拉隔离开关，引起电话短路，带电误合接地隔离开关造成的短路等。

3）所选设备的额定电压太低，不能满足工作电压的要求，被击穿短路。

4）架空线路弧垂太大或弧垂不一致，大风天气引起短路。

5）车辆碰撞电杆、拉线或者覆冰造成倒杆断线引发短路。

6）在安装和检修工作中操作错误造成短路。例如低压带电检修开关设备，因带电体距离较近，没有采取防止短路的安全措施导致短路。

7）管理不严，小动物造成电气设备短路。例如高压配电室老鼠进入造成的短路等。

（2）短路故障的特点。

1）短路点离电源越近，线路阻抗越小，短路电流越大。

2）短路故障持续的时间越长，对电气设备的危害越大，造成的损失越严重。

（3）短路故障的预防和处理。

为保障电站安全稳定运行，防止发生短路故障，应从采取各种措施，预防和减少短路故障的发生。

1）在电站设计及建设过程中，正确选择电气设备，电气设备的额定电压要和线路的额定电压相等。

2）正确选择继电保护的整定值和熔体的额定电流，采用速断保护装置，以便发生短路故障时，能快速切断短路电流，减少短路电流持续时间。

3）加强送出线路及集电线路的巡检、维护，始终保持线路弧垂一致并符合安全规定。

4）运维人员加强《电力安全工作规程》、运行规程培训、学习，严格遵守规章制度，正确操作电气设备，防止带电设备误操作。

2. 过压、欠压故障

一般来讲，光伏电站的电气设备的电流、电压超过额定值就是过流、过压，此时一般由保护电路和元器件执行断电保护功能；欠压，指电压低于电气设备的额定值，此时设备不能正常工作，在损耗增大的同时也损坏设备。为保障电气设备及电力系统的安全稳定运行，所有的电气设备都标注了额定电压和额定电流，并配置了隔离开关、热保护等保护措施。

光伏电站正常发电运行时，当并网点公用电网电压高于/低于光伏发电系统运行额定电压过压/欠压或公用电网失压时，按公用电网接入系统相关技术规定，光伏发电系统接入装置必须具备失压跳闸和过、欠压闭锁功能，即在公用电网失压时，光伏发电系统接入装置必须与公用电网跳闸断开，避免发生人身、设备安全事故。

光伏电站发生过压、欠压故障多指在并网逆变器交流输出侧的过压、欠压故障告警。逆变器的过欠压保护值国家标准为252～378V，当检测到逆变器交流输出端电压超出（或低于）电网允许电压范围时，逆变器便自动断开交流接触器，停止向电网供电，并同时发出警示信号。除大功率逆变器外对异常电压的响应时间应满足表5-19的要求，组串型逆变器电压异常响应时间应满足表5-20的要求。在电网恢复到允许的电压范围时逆变器应能正常启动运行。

表5-19　异常电压的响应时间

电网电压（电网接口处）U	最大脱网时间 s^*
$20\%U_N \leq U < 50\%U_N$	0.1
$50\%U_N \leq U < 85\%U_N$	2

续表

电网电压（电网接口处）U	最大脱网时间 s^*
$85\%U_N \leq U < 110\%U_N$	继续运行
$110\%U_N \leq U < 135\%U_N$	2
$135\%U_N \leq U$	0.05

*　主控与监测电路应切实保持与电网的连接，从而持续监视电网的状态，确保“回复并网”功能有效。

注　最大脱网时间是指从异常状态发生到逆变器停止向电网供电的时间。

对于具有低电压穿越功能的逆变器，以低电压穿越功能优先。

表 5-20　电站型逆变器电压异常响应时间

电压范围	运行要求
$<0.9U_N$	应符合低电压穿越的要求
$0.9U_N \leq U_T \leq 1.1U_N$	应正常运行
$1.1U_N < U_T < 1.2U_N$	应至少持续运行 10s
$1.2U_N \leq U_T \leq 1.3U_N$	应至少持续运行 0.5s

注　1. 依据接入电网主管部门的相应技术规范要求设定。

2. U_T 为测试电压。

3. 过负荷故障

过载就是负荷过大，超过设备设计出力的负载。过载产生的现象通常是电流过大，用电设备发热，线路长期过载会降低线路绝缘水平，甚至烧毁设备或线路。由于光伏电站建设过程中设备选型、装机容量等偏差，可能出现设备和线路的过负荷故障，过负荷故障多出现在光伏电站汇流箱、箱式变压器、逆变器以及集电线路中。

例如，某一光伏电站在建设过程中，光伏区一个方阵按照 1MWp 设计，按照设计要求需要安装 2 台 500kW 并网光伏逆变器，每一台逆变器接入 7 支路，总容量不得高于逆变器额定容量的 1.2 倍，在实际施工中，2 台逆变器的接入容量分别为 370kW、630kW。在并网运行中，接入容量多的逆变器长期在 600kW 最大负荷状态下运行，同时造成 30kW 的输入受限，逆变器在超负荷状态下运行，导致故障频发，设备使用寿命和维修成本增加。

当发生过负荷时，应检查设备及线路所带负荷的额定量是否正确，如因所带设备额定量超过设备及线路额定容量，就要考虑断开部分负荷设备，并实施可行性改造，保障光伏电站发电效益最优。

4. 接地故障

接地故障，简单理解就是导体与大地的意外连接。由于光伏电站发电系统布线复杂，支路多、距离长，在施工和运行过程中线缆因外力或自然老化等因素导致线缆绝缘层的损坏，使电缆绝缘值降低，造成接地故障。光伏电站常见的接地故障有光伏组串接地故障、光伏汇流箱支路、逆变器支路以及高压汇集线接地故障

在处理接地故障时，一般根据接地故障特征，判明故障性质和缩小停电范围，在解网时应考虑各部分之间功率平衡，继电保护配合等因素。然后再检查所带电气设备有无故障：如设备瓷质部分有无损坏，有无放电闪络；设备上有无落物、小动物及外力破坏现象；有无断线接地。再检查互感器熔丝有无熔断，避雷器、电缆头有无击穿损坏等，在确定所带设备无问题的前提下，依次停用负荷侧进行查找。

针对地面光伏电站常见的光伏组串接地故障，采用对逆变器直流配电柜内各光伏控制器正、负极进线端的对地电压进行测量的方法，可以快速判定光伏组串接地故障的原因和故障点位置，进而迅速处理故障，消除故障点，恢复故障光伏组串的运行，减少对地面光伏电站发电量及设备安全性的影响。

（二）火灾及自然灾害

1. 光伏电站火灾

火灾是光伏电站经济效益损失最大的事故类型之一。光伏电站一旦发生火灾，不能直接用水来灭火，如果是安装在厂房或者民居屋顶上的分布式光伏电站着火，还很可能危及人身安全。光伏电站中的火灾事故原因很多，主要有以下几个方面：

（1）设备和电缆老化或者故障，造成短路。

（2）熔断器、断路器选型和安装不当，造成直流拉弧。

（3）系统设计缺陷，电缆或者开关载流量偏少，选成局部温度过高。

（4）施工不当，电气设备螺丝拧得过松，电缆接头压接不牢，选成接头处接触电阻过大；或者螺丝拧得过紧，电缆接头压接变形，也会选成接头处接触电阻过大。

当电站发生火灾时，应立即使用灭火器或沙子阻断火势，防止火势蔓延。带电设

备着火时，应将设备停电后再灭火，为防止事故扩大，影响其他带电设备正常运行。

2. 自然灾害引起的电站故障

针对泥石流、洪水、冰雹、大风、冻雨等自然灾害，光伏电站在设计之初，就要考虑当地的气候条件、自然灾害对光伏电站的影响，进行合理设计和选型。在各类常见自然灾害中，比较常见的属受大风或冰雹影响，导致光伏组件钢化玻璃碎裂、边框变形；泥石流、洪水致使光伏支架桩基、箱逆变基础、输送电线路杆塔被冲垮或冲倒；强雷雨天气，致使组件受雷击接线盒击穿；冻雨结冰致使线路压断，造成输电、通信中断等。

三、故障处理基本原则及流程

（一）故障处理基本原则

光伏电站的故障处理应坚持“保人身、保设备、保电网”的目标，按照“先抢通，后修复；先核心，后边缘；先本端，后对端；先网内，后网外”的处理原则分故障等级进行处理。故障处理具体要求如下：

（1）设备故障发生后应及时消除，不能及时消除的缺陷，运维管理人员应制定监视措施，做好故障预想，防止事态扩大。

（2）现场消缺人员，必须遵照《电力安全工作规程》及各项安全管理规定进行工作。

（3）设备故障消除后，应按电气设备试验规程，对必须进行电气高压试验的设备进行试验，试验合格后方可投入运行，对检修设备的验收，应在投入正常运行之后进行。

（4）设备故障消除后，电站应定期对消除的缺陷总结分析，针对故障中出现的共性问题进行汇总，举一反三进行现场技术培训，并制定切实可行的防范措施。

（5）影响安全文明生产，需要及时处理的缺陷，必须尽快赶到现场办理消缺手续。

（6）不需停机、停电可以处理的缺陷，应做好安全防护措施，必须保证人身及设备安全；需要停机、停电处理的缺陷，在不扩大缺陷范围的情况下，尽量以不影响发电量为前提标准下进行处理。

（二）故障处理一般流程

值班人员发现故障后，第一时间上报主控室值班人员进行记录（录入事件管理平台），并可要求值班人员配合故障处理及测试；故障恢复后请告知运维值班人员故障原因及处理方法，值班人员进行观察，确定故障确已恢复。

主控室值班人员在发现故障或者接到故障通知后，需要首先明确是什么故障、故障点在哪、可能影响的范围，确定故障级别。值班人员在有能力处理故障情况下应首先自行检查及处理。在故障上报时间内处理完毕的故障应记录到值班日志（运维管理平台）里，并填写《故障处理记录卡》。

当值班人员不能解决故障，且故障级别为一般故障，值班人员应记录到值班日志并把故障情况录入事件处理系统平台，填写《故障报修单》，并且做好交接班记录，告知下一个班组当班发生的故障。

当故障级别在重大故障和严重故障，且值班人员不能解决或不能在上报时间内解决故障，需在上报时间内电话通知有关技术人员，进行技术支持，如果技术人员不能立即到达现场，可远程指导现场人员先将故障点控制在最小，并记录在值班日志和事件处理系统平台里。

运维组人员如在上报时限内解决了故障，需在事件处理系统平台里关闭故障，并通知值班人员，值班人员把情况记录到值班日志（运维管理平台）。

如运维组支持人员不能在上报时限里解决问题，需在上报时限内通知工程运维中心负责人，并根据情况通知研发、检修部门或设备厂家相关人员，请求协助。

（三）故障处理的验收

缺陷处理后，申请相关部门验收，如果验收合格，现场运维人员及时填写验收单。如果验收不合格，根据不合格因素应重新进行整改、检修，待整改完毕再次申请验收，直至验收合格。缺陷验收条件：

（1）设备缺陷确认已消除。

（2）工作现场临时安全措施已拆除。

（3）运行现场因消缺临时移动的设备或装置已恢复。

（4）现场安全文明生产按公司《文明生产管理标准》要求已执行。

电站应按月将设备故障的发生、消除、结存情况进行汇总、分析并存档（见附录四）。

第六章

光伏电站常见故障

CHAPTER 6

第一节 光伏组件常见故障解析

在光伏电站日常运行和维护中，关于光伏组件的常见故障类型很多，总体可分为外在和内在两大类。

外在的故障问题大都由组件质量引起，运维人员通常用肉眼直观发现，其中包括电池片有色差、组件有气泡、EVA 有脱层现象、组件碎裂或渗水、背板发黄、组件密封失效、线缆老化、接线盒烧坏等。

内在的故障问题，则无法用肉眼在短时间内判别，这类故障包括电池片内在缺陷、玻璃内部杂质氧化、有热斑、隐裂和功率衰减等。其中热斑、隐裂和功率衰减这三项隐藏在电池板内部，且通常在电站运营一段时间后才发生。在电池板进场验收时通常难以识别，需借助专业设备进行检测。本节解析光伏电站运维过程中常见的因组件质量导致的故障分析、判断及处理方法。

一、组件热斑故障

在一定条件下，一串联支路中被遮蔽的光伏组件，将被当作负载消耗其他有光照的光伏组件所产生的能量。被遮蔽的光伏组件此时会发热升温，致使温度过高出现烧坏的暗斑，这就是热斑效应。热斑效应会严重的破坏组件太阳能电池。有光照的太阳能电池所产生的部分能量，都可能被遮蔽的电池所消耗。为了防止太阳能电池由于热斑效应而遭受破坏，最好在光伏组件的正负极间并联一个旁路二极管，以避免光照组件所产生的能量被受遮蔽的组件所消耗。

（一）故障成因

光伏组件在长期使用中难免落上鸟屎、尘土、落叶等遮挡物，这些遮挡物在光伏组件上就形成了阴影，在大型光伏组件方阵中行间距不适合也能互相形成阵列遮挡，山地光伏因地势问题及施工考虑不周，也容易造成山体遮挡，其他还包括树木遮挡等。

由于局部阴影的存在，光伏组件中某些电池单片的电流、电压发生了变化，其结果使光伏组件局部电流与电压之积增大，从而在这些电池组件上产生了局部温升。光伏组件中某些电池单片本身缺陷也可能使组件在工作时局部发热。若热斑效应产生的温度超过了一定极限将会使电池组件上的焊点熔化并毁坏栅线，从而导致整个光伏组件的报废。

（二）检测方法

故障组件无法将吸收的热能转换为电能，只能直接以“高热”的形式表现出来。由于发生故障的电池片的温度比其他电池片高出很多，故可以通过红外热成像仪检测光伏组件上各电池片的发热状况。在正常情况下，各电池片温度分布均匀，如果存在组件矩阵中有个别电池片温度出现异常过高，说明此电池片的负载消耗电能致使发热，从而影响整个光伏组件的转换功率（见图 6-1）。组件热斑的检测时间点一般应选择在早晨为佳。使用热成像仪注意事项：

（1）拍摄时应该将组件在正常的太阳光辅助光源下工作。

（2）应使热成像仪红外镜头面轴线与说要拍摄的目标垂直。

（3）拍摄焦距应尽量对准。

（4）避免太阳或辅助光源的反射。

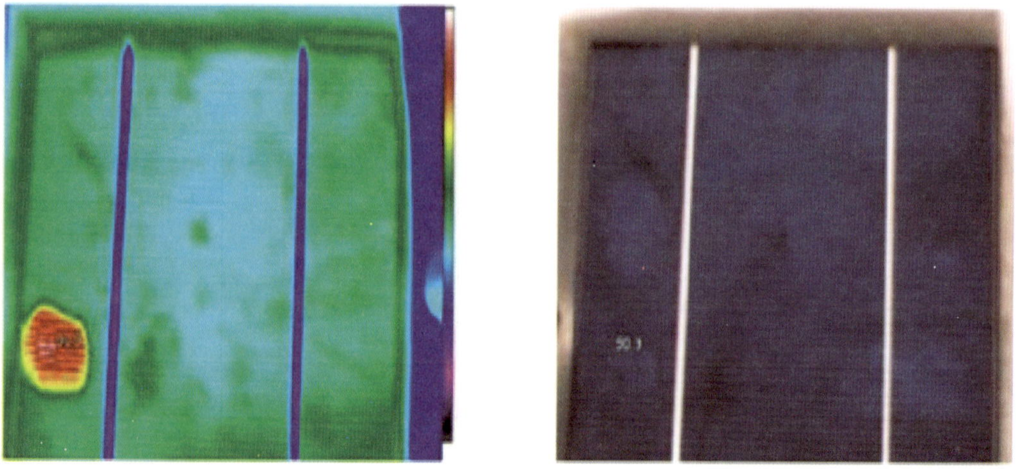

图 6-1　热成像仪检测（一）

（三）影响及处理

热斑会严重破坏光伏组件或系统，需要对光伏组件进行热斑检测，使相对发热均匀的电池片进行组合或维护，以避免组件所产生的能量被热斑的组件所消耗，同时避免由于热斑可能给太阳能组件或系统的寿命带来的威胁。运维人员对产生热斑效应的组件应及时做更换处理。

二、组件隐裂故障

晶体硅太阳能电池所采用的硅材料本身易碎，在电池片生产和组件封装过程中很容易产生裂片。裂片分显裂和隐裂两种。显裂是肉眼可以直接看到的，在组件生产过程中的分选工序就可以剔除；隐裂是肉眼无法直接看到的，并且在组件的制作过程中更容易产生破片等问题。

光伏组件通过副栅线收集光能产生的电流，然后将其汇聚到主栅线上。用互联条连接电池组件的正负极主栅线，进而形成组件的物理集成电路。当电池片（组件）受到较大的机械或热应力时，可能导致电池单元产生肉眼不易察觉的隐性裂纹（见图 6–2 和图 6–3）。

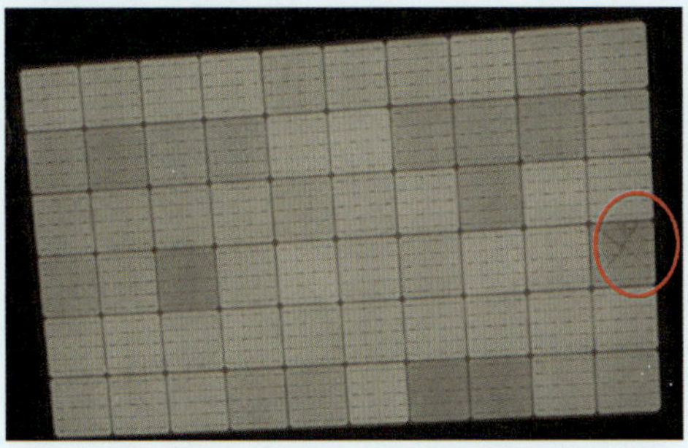

图 6-2　热成像仪检测（二）

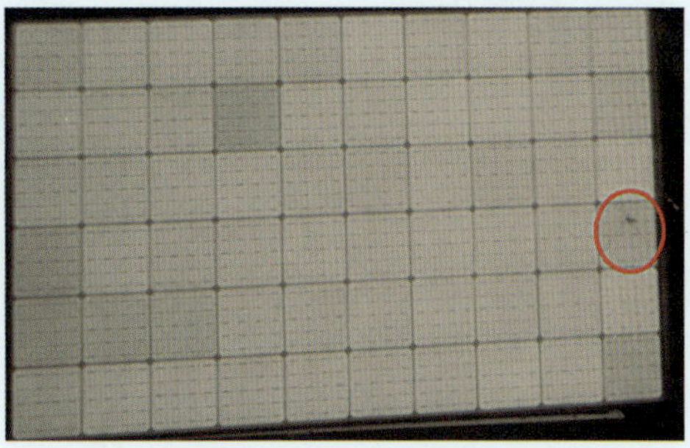

图 6-3　热成像仪检测（三）

（一）故障成因

1. 原料因素

原材料的缺陷是组件产生隐裂的主要因素，电池片原材料的好坏直接影响着成品质量。电池片是由硅棒经切割、印刷、烧结等工序生产而成。晶体硅纯度不够，电池片曲度过大，EVA 材料横、纵向收缩率过大等均会造成电池组件在生产过程中发生隐裂。

2. 工艺因素

电池组件生产中要经过分选、单焊、串焊、叠层、层压、装框、清洗固化、测试、包装等环节。在生产工序中使用不正确的工艺，同样会造成电池组件的隐裂。比如焊接温度过高、焊接速度过慢，以及设备出力设置不当或故障，相应的机械力或热应力均有可能造成隐裂。

3. 人为因素

电池组件人为因素造成的隐裂比较多。从最开始的生产、运输，到现场的安装、运维，各个环节中均有可能发生。虽然现场使用自动化设备较多，但在某些工序中，仍需人工搬运固定。这个过程中因手指按压、上下货路途颠簸等也极易造成隐裂。另外，在安装过程中，施工人员的不规范施工和踩踏组件也是常见因素。

4. 环境因素

由于受到环境的影响，也会造成光伏组件的隐裂。例如，强风天气时组件的剧烈抖动；大雪过后组件承受积雪的不均匀压力；冰雹天气时组件受到冰雹的剧烈冲击等。

（二）检测方法

对于组件的隐裂故障及与隐裂的存在密切关联的其他各种组件缺陷，比如黑心、断栅、虚焊、混档等问题，运维实务上通常使用电致发光测试仪（electroluminescent，EL）进行测试并予以发现。

1. EL 测试仪原理

通过多电池片通入 1～40mA 的正向电流，利用光生伏特效应的逆过程，给太阳能电池通电使其发光（即电致发光），再利用成像系统将信号发送到软件，经过处理后将太阳能电池的 EL 图像显示在屏幕上。通过 EL 图像的分析，可以有效地发现光伏组件是否存在隐裂、破片、断栅等各种故障现象。

2. EL 测试仪结构及使用方法

整套 EL 测试仪由四大部分组成，分别是成像系统、电源系统、支架系统和暗室系统。暗室系统主要针对白天测试，夜间测试可直接进行。

（1）成像系统各部位连接好放置在被测组件的前方，相机距离组件距离在 1.5 ~ 2.0m 范围。

（2）将电源系统与被测组件正确连接，并启动电源。

（3）利用 WiFi 模块将相机与电脑或手机正确连接。

（4）利用远程遥控给组件进行上电，上电过程中进行拍照，单块组件的测试时间约为 10s，测试的精度越高，所需时间越长。

（5）观察被测组件的 EL 图像，是否存在隐裂等现象。

3. 测试常见的缺陷及分析

（1）隐裂。

由于单晶硅的解离面具有一定的规则，通过 EL 测试图可以清晰地看到单晶硅电池片的隐裂纹一般是沿着电池片对角线方向的“X”状图形；多晶硅电池片由于受晶界影响，通常很难直接区分是多晶硅的晶界结构还是电池片中的隐裂纹，需要辅助参考开路电压和填充因子数等进行综合判断。

（2）破片。

组件中的破片大都出现在组件封装过程的焊接和层压工序，在 EL 测试图像中表现为电池片中有黑块。因为电池片破裂后在电池片破裂部分没有电流注入，从而导致该部分在 EL 测试中不会发光。

（3）断栅。

电池片断栅主要是由于电池片本身栅线印刷不良或电池片不规范焊接造成的。EL 测试图中表现为沿电池片主栅线的暗线，这是因为电池片的副栅线断掉后，EL 测试过程中从电池片主栅线上注入的电流在断栅附近处的电流密度很小甚至没有，从而导致电池片的断栅处在发光强度较弱或不发光。

（4）烧结缺陷。

在电池片生产过程中，烧结工序工艺参数不佳或烧结设备存在缺陷时，生产出来的电池片在 EL 测试过程中会显示为大面积的履带印。实际生产中通过有针对性的工装改造就可以有效的消除履带印的问题。例如，采用顶针式履带生产出来的电池片在 EL 测试图只能看到若干个黑点而没有大面积的履带印。

（5）黑芯片。

黑芯片在 EL 测试图中可以清晰地看到从电池片中心到边缘逐渐变亮的同心圆，它们产生于硅材料生产阶段，与硅棒制作过程中氧的溶解度和分凝系数大有关。此种材料缺陷势必导致晶体硅电池片的少数载流子浓度降低，从而导致电池片中有此类缺陷的部分在 EL 测试过程中表现为发光强度较弱或不发光。

（6）电池片混挡。

一块组件的 EL 测试图中有部分电池片发光强度与该组件中的大部分电池片相比较弱，这是由于这部分电池片的电流或电压分档与该组件中大部分电池片的电流或电压分档不一致造成的。

（7）电池片电阻不均匀。

EL 测试单个电池片表面发光强度不均匀，这是由于电池片电阻不均匀造成的，较暗区域一般串联电阻较大。这种缺陷也能反映电池片少子寿命的分布状况，缺陷部位少子跃迁概率降低。

（三）影响和处理

（1）若组件出现隐裂，导致组件其中一根副栅线断裂，该副栅线将无法采集裂纹附近电池片所产生的电流，从而导致电池组件发电效率的降低。

（2）若隐裂情况较为严重时，可能会产生开路性断裂，诱发热斑效应，继而使组件运行中局部区域过热，发电功率内部消耗，加速光伏组件老化及功率衰减，影响组件使用寿命，更有可能引发火灾并危及运维人员人身安全。

（3）隐裂会造成组件表面形成蜗牛纹，非常影响外观。

（4）隐裂具有一定的延伸性，发生隐裂的位置可能随状态变化。

经检测确认已经产生隐裂的组件，一般应及时做更换处理。

三、组件接线盒故障

组件接线盒故障主要是指因各种内外部原因，包括雷击、热斑等因素导致组件接线盒烧毁、脱落（见图 6-4）。

（一）故障成因

（1）接线盒密封胶没有密封好，导致内部受潮、受热引起闪络。

（2）接地盒内引线松动虚接（见图 6–5），导致接地或短路。

（3）组件接地系统不完善，遭受雷击过电压损坏。

（4）制作工艺不合格、安装工艺不严谨。

图 6-4　接线盒烧毁

图 6-5　接线盒内部引线虚接

（二）故障判断及检测方法

（1）可肉眼检查接线盒外观有无烧痕，接线盒有无脱落或受潮进水。接线盒盖子是否能牢靠、紧密地贴在接线盒上；电线锁头是否旋转自如，能否收紧。

（2）将组件置于阳光下，用万用表检测组件电压是否正常。一般情况下，正常组件电压值为 34V 左右。

（3）二极管故障检测：将万用表挡位转至二极管挡，红表笔插入“VΩ”孔，黑表笔插入“COM”孔，红表笔为正极，黑表笔为负极；如果是反接没有数值，正接有数值，则是正常的；若反接、正接都没有数值显示，则表示二极管损坏；若反接发光二极管没有显示数值也没有发光，正接时有数值且有微弱的光，则是正常。

（三）故障处理

（1）接线盒外观有明显灼烧痕迹且变形，若拆除接线盒不影响组件可选择更换接线盒处理（见图 6–6），若灼烧已致使背板与接线盒熔接，需更换整块光伏组件。

（2）接线盒脱落，使用导热灌封胶对接线盒进行固定密封。

（3）组件接线盒二极管故障，需更换组件接线盒。

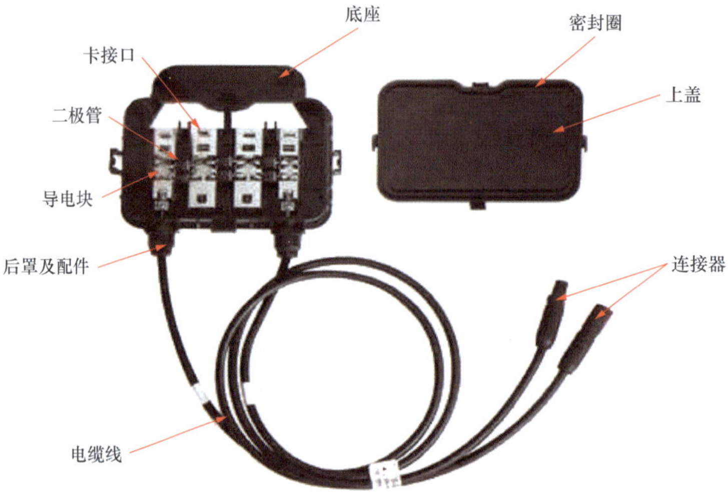

图 6-6　卡接式接线盒

四、组件 EVA 脱层故障

EVA 是光伏组件中使用的一种兼具柔韧性、粘接性、透光性和耐老化性能的透明胶体。它将太阳能电池硅片组“上盖下垫”包封，并和上层保护材料玻璃，下层保护材料 TPT 利用真空层压技术黏合为一体构成晶体硅组件。EVA 耐热老化性能极好，是光伏组件中最重要的辅材之一。

（一）故障成因

EVA 脱层是光伏组价的常见故障之一（见图 6-7），其成因主要有：

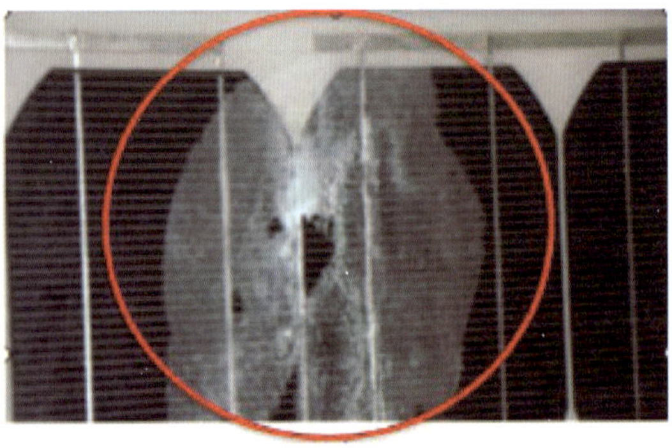

图 6-7　组件 EVA 脱层

（1）EVA、玻璃、背板等原材料表面有异物造成。

（2）助焊剂用量过多，在外界长时间遇到高温出现延主栅线脱层。

（3）EVA 原材料成分（例如乙烯和醋酸乙烯）不均导致不能在正常温度下溶解造成脱层。

（4）交联度不合格（如层压机温度低，层压时间短等）造成。

（二）故障处理

组件发生 EVA 脱层现象后，短时间内组串电流、电压无明显现象，在降雨、雪、大雾及空气湿度大的情况下有较大概率进水导致电池片内部短路、直流支路接地并引致逆变器跳闸，从而影响其他支路正常运行发电。为保障电站正常运行，运维人员需加强巡检，发现问题及时更换备件组件，并将此批次问题进行记录，检查同批次是否还存在此项问题，及时与组件厂家进行沟通（见图 6-8）。

图 6-8 组件 MC4 插头烧毁

五、组件连接头故障

光伏组件的连接头主要有 H4、MC4 等类型。连接头故障一般表现为直流支路电流变“0”、逆变器报绝缘阻抗低故障、现场检查有烧焦异味或明显发生烧毁现象等。

组件连接头故障发生原因主要有：电芯未压紧、公母头未合紧、直流电缆内有断股情况、安置钢槽内线路较多较密集热量堆积无法散热。此类故障处理完毕后应检查附近情况，保障线路的基本散热要求。

六、组件脱落

光伏电站组件脱落故障多为施工质量不合格，压块、螺丝未拧紧，秋冬季温度变化导致螺栓热胀冷缩、山地光伏异常大风天气等原因导致。组件脱落在电站自动化监控后台多表现为直流支路电流变“0”。运维人员发现此故障后应及时到现场检查掉落组件情况，是否可以继续使用，检查直流电缆以及MC4连接头情况，尽快更换修复（见图6-9）。

图6-9　组件脱落故障现场图

七、组件及组件线缆直流接地故障

光伏电站阵列区直流设备数量庞大，分布广泛。因受天气和自然因素、安装工艺等影响，大量组件和组件线缆极易发生接地，导致绝缘性能下降，并造成设备故障甚至引发火灾。

（一）故障现象

通过电站综合自动化监控平台可显示故障段线路所在直流汇流箱支路为电流0 A，故障现场用钳形电流表测量该支路电流为0 A；组串式逆变器出现绝缘阻抗异常告警。

（二）故障点查找及处理

1. 支路接地故障

（1）断开直流汇流箱断路器及直流熔断器。

（2）拔下故障支路光伏组件至直流汇流箱地埋线处MC4插头，检查MC4插头是否存在灼伤、熔断、破裂、虚接等如有损坏进行更换处理，若无故障继续下一步。

（3）用万用表测量该支路开路电压，若支路无电压，则说明线路断线，需检查光伏组件至直流汇流箱处连接线及公母插头是否有断点。假设光伏组件额定电压为 34V，由 22 块光伏组件串联一个支路，34V × 22 块 =748V（该值为额定电压，现场实际测量值略低于额定值，例如相间电压 735V）；若支路开路电压测量值正常，则测量光伏组件至直流汇流箱处接头连接线正负极对地电压，如正极对地电压 +380V 且有压降，则说明连接线正极对地绝缘良好，负极同上；若连接线相间电压与对地电压正常，则说明故障点不在光伏组件至直流汇流箱地埋线处，需要检查直流汇流至直流汇流箱连接线处是否接地。光伏组件侧连接线电压正常，且正负极对地电压没有压降前相加，因在略低于额定电压的范围内，若光伏组件对地电压正极为 +740V，负极为 0 且无压降或负极为 +740V，正极为 0，则说明对地电压为 0 的光伏组件接地，若光伏组件对地电压正极为 +380V，负极对地电压 –360V，且对地电压没有压降则说明光伏组件正负极均已接地，出现这种情况首先检查光伏组件线缆是否有明显的绝缘皮破损，且与光伏组件支架相连接的部位，如果存在，则先处理这些绝缘皮破损点，如果未发现明显破损点，则需要进一步检查光伏组件线缆接地原因。

2. 组件及组件线缆故障点的查找

（1）通过排除法找到光伏组件连接线。

（2）断开直流汇流箱电源。

（3）将故障支路光伏组件中间处的直流 MC4 插头断开，列如一个支路有 9 块光伏组件，则从中间的 MC4 插头处断开，这样一边有 4 块光伏组件，另一边有 5 块光伏组件，再将两侧都断开的光伏组件支路处在连接其中的一头，保证两组光伏组件支路始终都保持开路状态。

（4）测量光伏组件两侧连接线对地电压，发现光伏组件对地电压没有压降，且正极或负极对地电压为 5 块光伏组件支路额定电压略低的值，则表示故障点在该侧支路，然后继续重复（2）、（3）的步骤，找到故障光伏组件连接线或者光伏组件本身接地的问题光伏组件，并查找问题光伏组件，若光伏组件连接线破损则更换连接线，若光伏组件自身接地则更换问题光伏组件。

（5）光伏组件至直流汇流箱连接线原因查找，恢复光伏组件处连接线与地埋线相连接的 MC4 插头，拔下直流汇流箱连接线 MC4 插头，检查方法同光伏组件直流接地故障处理步骤（3），更换直流汇流箱与光伏组件地埋线处连接线。

在光伏电站的日常运维实务中，在进行与光伏组件有关的故障处理时，运维人员都应注意以下事项：

（1）处理故障前因详细检查故障发生现象、原因、地点后。

（2）准备相应备件、检修工器具、办理工作票。

（3）处理故障时要测量此支路电流、电压在安全范围内。

（4）工作人员必须佩戴劳保用品及检修必备的绝缘保护用品。

（5）隔离其他运行中的设备，拉隔离护栏、警戒线，防止误入带电间隔。

（6）故障处理完成后，需测量此支路对地、相间绝缘情况。

（7）所有工作完成后将废件、检修工器具、劳保用品带离现场并办理工作票结票手续后才能恢复此支路运行。

第二节　光伏支架的常见故障

光伏支架承载着光伏电站的发电主体——组件。光伏支架应当质量可靠，安装规范，在应对大气侵蚀、风荷载和其他外部效应方面具有符合标准的承受力。光伏支架的常见故障主要在于支架结构和基础故障、跟踪式支架系统故障和外部效应引起的光伏支架故障等三个方面。

一、支架结构和基础故障

在固定式光伏支架或跟踪式光伏支架的本体结构和支架基础部位，常见因产品本身质量缺陷、安装工艺缺陷、遭受较强外力破坏等因素导致支架结构变形歪曲、支架基础损坏，从而造成相关的组件面板未能保持既定位置，以预定角度接收辐射，造成发电量的损失（见图 6-10）。

在日常运维实务中，对质量缺陷和安装工艺缺陷等可能引起的支架故障或隐患，要高度重视消缺工作，随时加固支架基础，对存在问题隐患的支架要及时联系供应厂家进行更换和处理。

图 6-10 支架基础故障

二、跟踪式支架系统故障

跟踪器系统故障主要存在于跟踪式光伏支架（见图 6-11）。不同厂家的跟踪器系统基本结构类似，常见问题类型主要集中在以下几种情形：

（一）跟踪器停止跟踪

跟踪器停止跟踪的故障成因一般是跟踪控制器（TCU）系统时间设置有误、报警信息阻塞等造成。常规处理方法是：通过网络登录 TCU 管理界面，查看系统时间是否有误，如有则进行更改设置；若系统时间设置无误，则应查看报警信息，并进行信息清除。在完成以上操作后，可以插拔电源插头，对跟踪控制器进行系统重启。

图 6-11　跟踪器

（二）单个网络控制器阵列组件处于安全位置

单个网络控制器（NCU）对应的阵列组件始终处于系统预设安全位置，说明相关联的远程传感器（RSU）进行了防大风保护动作。实际上大风不可能仅影响一个 NCU 阵列，故可推知是 RSU 所对应的风速仪出现故障发生误判。该类故障的处理方式是检查故障区 RSU 是否存在报警信息，若有报警信息，则应更换对应的风速仪；若无报警信息，则应联系生产厂家寻求技术支持。

（三）跟踪器系统通信中断

通信中断也是跟踪器系统常见的故障类型。运维人员应首先判断是否所有阵列发生了通信中断。若是，则首先确认外部通信通道是否正常；若否，则是跟踪器系统内部通信问题，应通过逐一排查 NCU 能够访问 TCU、TCU 供电是否正常、重启 TCU 天线等方式进行处理。

三、外部效应引起的光伏支架故障

外力因素导致的支架故障主要由于多种自然载荷作用于支架基础而引起，包括支架及光伏组件的自重、风雪荷载、温度荷载及地震荷载等（见图 6-12 ~ 图 6-14）。其中，影响最大的是风荷载，因此光伏支架基础设计应首先确保风荷载作用下基础的稳定。

对于该类支架故障应参照基础故障处理方法进行处理，同时要通过加强日常巡视和维护，有效加强故障的预防。

图 6-12　强风暴雪天气影响的支架

图 6-13　风沙侵蚀导致支架地桩外露

图 6-14　暴雪天气影响支架跟踪推拉臂

第三节　光伏防雷汇流箱常见故障

汇流箱在光伏发电系统中起着承上启下的作用，可随时切断多个故障组串的电气连接。汇流箱内的各种元器件，受生产质量、安装施工和运行条件等因素的影响，一旦产生故障即导致多个组串无法正常发电，且极易产生火灾隐患。其中直流汇流箱和交流汇流箱由于结构、功能方面的差异，在故障表现方面也存在较大区别。

一、直流汇流箱常见的故障处理

直流汇流箱的常见故障主要表现为支路电流异常、内部短路及部分器件烧坏、防雷和通信等辅助模块故障等。其中支路电流一旦发生异常，运维人员通常可以通过电站监控自动化后台及时发现，也可以现场用钳形电流表进行测量。

1. 支路电流为零

对汇流箱支路电流为零的故障处理，通常应按以下顺序进行：

（1）检查汇流箱电流采集装置，若发现支路电流为零情况，则使用钳形电流表对该支路进行测量若测量数值为 0A，则表示采集装置正常，故障点在采集装置下端，即支路电缆或组件侧；若测量电流有数值，则判定电流采集装置故障，需检查采集装置，必要时更换采集装置进行更换。

（2）测量支路开路电压；支路开路电压为该支路所有单块组件开口电压之和，若测量支路开口电压为零，则表示支路电缆连接存在断线或 MC4 插头虚接情况；若测量支路开口电压为正常电压，有可能为熔断器熔断或支路电缆存在接地情况。

（3）测量熔断器：使用万用表测量熔断器通断问题，若熔断器正常，则继续往下排查，若熔断器熔断则进行更换，同时也需要向下继续排查是何原因导致熔断器熔断。

（4）测量相间或对地电阻：使用绝缘电阻测试仪（即兆欧表），光伏区直流电缆为 1kV 以下，故选用 1kV 兆欧表。测量前汇流箱至组件侧正负及电缆需断开悬空，不得接地或短接，用导线端接正负极，指针应指向零，证明兆欧表正常。

（5）手动兆欧表测量相间电阻：将 L、E 两表笔短接，缓慢摇动电机手柄，指针应指在 0 位置，把兆欧表 L、E 两表笔分别接正极和负极，由慢到快摇动手柄，指针指零位不动时，就不要再继续摇动手柄，说明支路有短路现象。如果指针上升，则摇动手柄到额定转速，稳定后读取测量值。

2. 支路电流偏小

支路电流偏小一般为电流采集装置的采集精度存在问题。

可使用钳形电流表测量支路电流，查看与采集装置差异情况。若存在较大差异，测量相邻支路进行验证；若其他支路正常，则表示该支路电流采集异常。若存在差异较小，则可暂时排除电气故障，应进一步对组件清洁程度及是否存在遮挡进行详细排查。

3. 汇流箱内部短路

汇流箱内部发生短路故障主要原因一般为正负极搭接或虚接某种导电介质后造成正负极接地短路。故障发生时，汇流箱内直流电流产生电弧并烧毁电缆及电气设备直至发生明火。

处理短路故障时，首先应立即远程断开逆变器并网接触器及逆变器直流侧断路器，同时将已经起火的汇流箱所属组件侧正负极公母头断开后再进行灭火。若正负极不断开，电弧将一直存在。灭火后应及时建立隔离带，对短路起火原因进行分析，在故障处理时加以完善，以避免再次引发同类事故。

4. 汇流箱防反二极管烧坏

汇流箱防反二极管的作用是防止光伏组串之间产生环流。当通过二极管的电流长时间超过其额定电流时会因过热而导致烧坏。防反二极管烧坏时，运维人员应及时进行更换处理。

5. MC4 插头虚接或松动导致烧灼

MC4 插头虚接或松动，大都因为施工工艺问题或电缆下沉导致，短期运行不会出现异常，但长期运行时会因发热而导致公母头连接处烧灼。

对该类故障的预防措施主要是定期对公母头进行紧固和测量排查，一旦发现存在发热等情况，应及时进行更换，以保障汇流箱安全运行。

6. 防雷模块故障

防雷模块主要故障一般为模块击穿和漏电。击穿是防雷器正常工作损坏，而漏电则是防雷器使用过程中工频电压过高或防雷器劣化引起的漏电流变大。漏电流过大会引起防雷器发热起火，以致引发火灾。

运维人员应定期对防雷模块本体及接线进行检查，若防雷模块指示为绿色，则表示正常，若切换至红色则表示已完成保护动作或损坏，需及时进行更换。

7. 通信中断故障

汇流箱通信中断故障主要分为三种情况：

（1）通信模块故障：表现为监控自动化后台显示该汇流箱所有支路的电压及电流显示异常，而现场检测各支路电压及电流正常。处理措施为更换通信模块，重新设置地址和波特率。

（2）通信地址或波特率存在异常：该现象也会导致通信中断，根据现场情况对地址和波特率进行校验核对，设置后检查是否恢复。

（3）通信线松动或脱落：应定期对通信线进行检查紧固。

8. 汇流箱直流接地故障

直流汇流箱接地故障的现象及成因与组件及其线缆接地故障基本类似。当汇流箱内部连接母排上下级的连接线出现破损，且与汇流箱外壳相连接即导致接地故障。

对直流汇流箱接地故障的处理，一般先是将汇流箱直流空气开关断开及保险盒熔断丝拉出，断掉光伏组件至直流汇流箱连接线，将汇流箱母排上的连接线解开，测量单根连接线的对地绝缘值，电工绝缘的最低要求是每伏特电压1000Ω，用1000Ω乘以该支路的额定电压，算出的值为该连接线的最低要求的电阻，摇出绝缘阻值这个值上下则说明绝缘良好，若阻值远远低于该值或值为0Ω，则说明该连接线绝缘损坏，需要更换连接线。

用上述方法测量汇流箱母排上下连接部位的连接线绝缘值从而找到故障连接线。

二、交流汇流箱常见的故障处理

交流汇流箱常见于组串式的光伏发电系统，安装在逆变器交流输出侧和并网点或负载之间，其结构相对简单。交流汇流箱常见故障大多有先有物理故障，并次生电气故障的特点。

1. 箱体固定不牢固

汇流箱外壳接地松动、虚接或脱落，长期运行情况下一方面存在因箱体掉落而导致内部短路跳闸的可能性。另一方面也将导致箱体失去把雷电冲击电荷引至大地的能力，进而使得防雷器无法正常工作而引起跳闸。

在日常巡检中，运维人员应对松动、虚接的接地进行紧固，一旦发现脱落的接地应重新接至箱体。

2. 箱体密封不严或门锁损坏

箱体密封不严或门锁损坏时，阴雨天气时雨水极易渗入箱体导致内部短路跳闸。处理方式是对密封不严的箱体重新安装密封条，对已经损坏的门锁及时进行维修或更换。

3. 线鼻子压接不可靠或端子虚接

电缆接头虚接时，长期运行将导致电缆接头发热放电，并加速电缆老化和绝缘下降，处理方式在日常巡检时对交流汇流箱进行测温检查，发现有异常时在无电的状态下，对其进行紧固。

4. 断路器损坏

熔断丝损坏会导致箱变低压侧无交流电流输入，处理方法是在日常巡检中，用万用表交流挡，测量三相熔断丝上下端口是否分别有电压，且测量值一致。

第四节　逆变器常见故障

光伏逆变器是光伏系统中的核心部件之一，它不仅需要将直流电转化成交流电，还要将整个发电系统运行情况反馈给运行和维护人员。逆变器的正常运行通常受设备质量、运行条件、环境因素等多方面影响。光伏发电系统在逆变环节及前后出现故障时，通常把故障信息反馈给逆变器并通过光伏逆变器用户交互界面对故障进行显示或告警。

在电站运维实务中，运维人员需熟悉掌握逆变器的设备参数，牢记各项保护的额定值，这将对更加准确迅速地进行故障判别和处理至关重要。

一、集中式逆变器常见故障处理

采用集中式逆变器的光伏电站，其逆变器容量一般均在 500kW 以上。集中式逆变器一旦发生故障，其对电站发电量的影响往往较大。同时，集中式逆变器因其结构特点所致，对故障元器件等可单独维修或更换，现场可维护性较强。

（一）集中式逆变器本体故障分析

1. PV 电压异常

PV 电压异常通常包含过电压和欠电压两种情形。过电压是指工频下交流电压均方根值升高，超过额定值的 10%，并且持续时间大于 1min 的长时间电压变动现象；欠电压是指工频下交流电压均方根值降低，小于额定值的 10%，并且持续时间大于 1min 的长时间电压变动现象。

（1）故障原因。

1）过压：①确认 PV 电压是否超限；② PV 电压检测是否正确；③是否存在逆变反灌。

2）欠压：① PV 电压的检测线是否正常，是否有采样线松动或者断裂现象；是否光照不足；②数据检测板上的 PV 电压检测端子有松动；③控制板上 PV 电压检测电路有问题。

（2）解决方法。

1）过压：①检查电池板是否存在多配，超过逆变器的过压限值。②用万用表量取 PV 电压采样接线是否正确，PV 电压采样电路是否正常，检测板上的检查端子是否插紧。③电网是否存在波动。

2）欠压：①检查采样线是否导通，错接和漏接；光照是否充足。②重新插紧检测板上的电压采样端子，检查采样电路上的分压电阻是否断裂和虚焊等现象，更换检测板。③更换控制板。

2. 直流电压异常

直流（DC）电压异常可分为直流欠压和直流过压及过压关机等情形。

（1）直流欠压。

此故障在逆变器运行时且没有 PV 欠压故障时才会出现，当母线电压低于 285V 时，逆变器会报直流欠压故障。

1）故障原因：①直流电压软件门限值是否设置超限。② DC 电压检测是否正确。③直流断路器时是否闭合。

2）解决方法：①软件 DC 欠压门限值是否设置偏高。②母线检测采样线是否正常；母线电压采样电路是否正常，检测板上的 J23 采样端子是否插紧。③直流断路器是否闭合；闭合后直流断路器是否导通等。

（2）直流过压。

当直流输入电压超过 860V 时，逆变器即处于过压运行状态；当输入电压超过 920V 时，逆变器即产生过压停机；当逆变器断路器电压达到 1032V 时，断路器脱扣。

1）故障原因：①确认 DC 电压是否超限；② DC 电压检测是否正确；③是否存在

逆变反灌。

2）解决方法：①检查电池板是否存在多配，超过逆变器的过压限值。②用万用表量取 PV 电压采样接线是否正确，DC 电压采样电路是否正常，检测板上的检查端子是否插紧。③电网是否存在较大波动。

3. PV 极性反接

当合直流断路器后，逆变器输入 PV 电压小于 -50V 时，则报 PV 极性反接故障，同时直流断路器脱扣。

（1）故障原因。

1）PV 功率线是否接反；

2）PV 采样线是否接反，PV 电压电路是否有问题。

（2）解决方法。

1）检查 PV 功率线是否接反；

2）用万用边测量 PV 电压采样线是否正常，检测板上检测端子是否松动；PV 电压采样电路是否有问题。

4. 逆变电流异常

逆变电流异常包括逆变器硬件过流、逐波限流和交流持续过流三种情形。

（1）硬件过流。

当逆变器单个模块检测电流瞬时值超过 1555A 时，可能造成过 IGBT 模块内部损伤。此时不宜再进行并网操作，需仔细检查 IGBT 模块未发生故障后才能并网操作。

1）故障原因：①交流或者直流侧是否存在短路，导致过流。②逆变侧电流检测是否正确。③ IGBT 模块和驱动板是否正常。

2）解决方法：①万用表测试机器交流侧和直流侧是否存在短路，并检查机器内部是否存在短路。②检查检测板上的逆变电流检测端子是否插紧，采样线是否异常，霍尔是否失效等。③检查 IGBT 模块上下管压降，IGBT 模块是否正常，驱动板是否异常。

（2）逐波限流。

当逆变器单个模块检测电流瞬时值超过 1250A 时（但未达到过流值），可能造成过 IGBT 模块内部损伤。此时不宜再进行并网操作，需仔细检查 IGBT 模块未发生故障后才能并网。

1）故障原因：①交流或者直流侧是否存在短路，导致过流。②逆变侧电流检测是否正确。③ IGBT 模块和驱动板是否正常。

2）解决方法：①万用表测试机器交流侧和直流侧是否存在短路，并检查机器内部是否存在短路。②检查检测板上的逆变电流检测端子是否插紧，采样线是否异常，霍尔是否失效等。③检查 IGBT 模块上下管压降，IGBT 模块是否正常，驱动板是否异常。

（3）交流持续过流。

当逆变器运行中检测得三相电路中最大一路电流值大于 646A 时，逆变器报交流持续过流故障。

1）故障原因：①逆变电流采样的互感器检测线是否有松动，端子是否未插紧。②霍尔本身采样是否有问题。③检测板与控制板的连接线是否未插紧；控制板上的电流采样是否异常。④ IGBT 驱动板上的驱动线是否未插紧；某一相模块是否有问题存在不导通状况。

2）解决方法：①检查采样线接线是否正确，重新插紧互感器采样线两边的端子。②更换霍尔，看是否是霍尔本身问题。③重新插紧检测板与控制板的连接线；更换控制板。④插紧 IGBT 驱动板上的驱动线，并测量 IGBT 模块是否正常。

5. EPO 急停

EPO（emergency power off），即紧急关机。当逆变器并网时出现异响、异味等情况时，应按下 EPO 急停按钮，使直流断路器直接脱扣，接触器脱网。

（1）故障原因：①急停按钮是否按下。②急停信号线是否接触不良；受干扰所致。

（2）解决方法：①检查急停按钮 是否按下。②检查急停信号线两端是否接触不良；是否是被干扰所致（可以加个磁环测试下）。

6. 逆变器相序错误

（1）三相电压相序是反序。

1）故障原因：①网侧电压相序是否接错；电压采样信号线是否正确。②逆变侧电压信号检测线是否接错。

2）解决方法：①检查网侧功率线的相序是否接错，以及检查网侧电压检测信号线是否正确；检测板上的网侧电压检测端子是否正常。②检查板上逆变电压检测信号线是否接线正确；信号检测端子是否正常。

（2）监控通信失败。

HMI 模块连续 5s 未能收到模块控制板同步应答，逆变器将报监控通信失败故障。

1）故障原因：①屏幕上的机型设置是否正确。②模块内部的辅助电源板是否正常工作。③并机板上并机线是否未插紧；通信线缆连接是否正确。④被其他通信信号干扰所致。

2）解决方法：①检查 HMI 机型设置是否正确。②检查给控制板供电的辅助电源板是否正常工作，辅助电源的输入和输出是否正常。③检查并机板上的端子是否接触不良；检查通信线缆是否接线正确或者接触不良。④在通信线上加装磁环防干扰。

7. 磁性器件过温

当电抗器温度达到 150℃时，即处于过温运行状态。正常时其温控信号为常闭信号，当过温时其信号则为常开信号。

（1）故障原因：

1）电抗器的温度采样线是否未接好，或者检测板上温度采样信号线接触不良。

2）后仓风扇未转或者方向装反；或者控制风扇的微型断路器跳开。

3）控制板温度信号检测有问题。

（2）解决方法：

1）检测温度采样信号是否断开或者接触不良等。

2）检查风扇是否正常工作，风扇转向是否相反，散热是否通畅；检查微型断路器是否跳开保护。

3）更换控制板。

8. 模块过温

模块过温大都是因为散热器过温故障或模块温度检测失败所致。

（1）散热器过温。

当逆变器中任意功能模块温度达到 90℃时，则为模块过温，属于可恢复故障。

1）故障原因：①模块的温度采样线是否未接好，温度传感器是否失效。②前舱风扇未转或者方向装反或者是结构件有问题；控制风扇的微型断路器是否跳开。③控制板温度信号检测有问题。

2）解决方法：①检测温度采样信号是否断开或者接触不良等。②检查风扇是否正常工作，风扇转向是否相反，或者散热是否通畅；检查微型断路器是否跳开保护。③更换控制板。

（2）模块温度检测失败。

1）故障原因：①温度传感器是否接线正常，插线端子是否未插在驱动板上。②温度传感器是否损坏。③驱动板上的温度检测信号电路是否正常，控制板的温度检测电路是否正常。

2）解决方法：①检测温度传感器的信号检测线，并查看端子是否插紧。②检查温度传感器，若是小更换温度传感器。③检查驱动板已经控制板，或更换电路板。

9. 逆变器超载

逆变器每个模块最多功率可以达到额定功率的55%。逆变器超载通常被定义为单个模块功率达到额定功率60%时，即报此故障。

（1）故障原因：①逆变电流检测出现问题，导致检测电路比实际电流大，从而算出来的功率达到或超过300kW。②控制板逆变电流检测有问题。

（2）解决方法：①检查逆变电流检测的采样线和接线端子是否正常；更换逆变电流检测的霍尔。②更换控制板。

10. 模块开关故障

模块开关故障通常分三种情形，分别为直流断路器故障、并网接触器故障和软起接触器故障（即软起接触器吸合失败）。

（1）直流断路器故障引起的模块开关故障告警。

当DSP（digital signal processing）芯片发指令让断路器脱扣，而断路器未脱口，则报此模块开关故障。

1）故障原因：①脱扣器线圈检测电路是否正常，接线是否正确。②触点检测信号是否正确，接线是否正确。③断路器内部的脱扣器是否正常触发内部联动装置。

2）解决方法：①检查脱扣器线圈接线是否正确，脱扣装置是否正确安装。②检查断路器的触点检测信号接线是否接线正确，且是否安装到位，或者是否有沙子进入。③检查断路器的脱扣装置是否变形，是否失效导致断路器无法脱扣，如若有问题，更换脱扣器。

（2）接触器故障引起的模块开关故障告警。

接触器故障主要分为接触器无法吸合和接触器吸合后断开两种情况。

1）故障原因：①接触器供电线圈线路接线是否正常，其TC1上的直流电压是否正常；线圈的A1和A2是否接触不良。②接触器的触点信号线检测接线是否正常，触点检测装置是否安装正常；触点装置是否有沙子等物体。③接触器本身无法吸合或者线圈内部二次电源线接触不亮或者线圈的磁吸合力不够。

常规500kW机型接触器采用直流电供其吸合，吸合电压在DC 206V左右。但在测试接触器本身是否有问题时，也可用交流电供其吸合，若接触器在交流电下无法吸合，即存在故障可能。

2）解决方法：①检查接触器的供电线路接法是否正确，接线端子是否接触不良，导线是否断开等；测量TC1上的电压时是否正常。②检查接触器的触点信号检测装置是否安装到位，检查触点内是否有沙子阻塞；并检查信号检测线路接线是否正确。③检查接触器本身问题，可单独给接触器供个AC 230V，上电接触器则立马吸合，判断接触器是否无法吸合；抽出接触器线圈查看是否线圈内部的2次电源线是否接触不良；是否是磁吸力不够导致接触器无法吸合。

（3）软起接触器吸合失败引起的模块开关故障告警。

1）故障原因：①软起供电线圈线路是否正常，接线是否正确。②触点信号检测电路是否正常，信号线是否正确。③检测板上的母线检测是否正常，检测端子是否接触不良。

2）解决方法：①检查软起接触器的供电电路接线是否正常。②检查触点信号接线是否正确。③检查检测板上母线电压检测端子是否接触不良。

11. 交流熔丝故障

当交流熔丝损害时，逆变器始终处于检测状态，即报交流熔丝故障。

（1）故障原因：①检测板信号检测问题。②电网电压是否波动；电流过大，超过熔丝量程。

（2）解决方法：①检查触点回检信号检测线路是否有问题，接线是否正确。②检查电网是否波动异常导致瞬间电流变大。

12. 逆变电压异常

（1）逆变电压短时异常。

逆变电压短时异常即实际电网电压或者检测到的电网电压有异常波动。

1）故障原因：①逆变电压采样线是否接线有误或者松动，检测板上的检测端子是否未插紧。②逆变电压的采样线接法是否正确。③电网是否波动。

2）解决方法：①检测逆变电压三相检测线是否接错。②下电重启。③若频繁报出，更换该控制板。

（2）逆变电压过压。

逆变电压过压即逆变器运行中自检时输出交流电压超过电网过压点。

1）故障原因：①逆变电压采样线是否接线有误或者松动，检测板上的检测端子是否未插紧。②逆变电压的采样线接法是否正确。③电网是否波动。

2）解决方法：①检查逆变电压采样线是否正常，检查端子是否插紧。②检测逆变电压三相检测线是否接错。③查看交流滤波电容 L1、L2 的接线，确认上面的 6 根线缆均连接牢固、可靠。

13. 逆变电流异常

逆变电流异常主要是指三相电流不平衡，逆变器运行中检测到电流不平衡度超过 30% 时，即报此故障。

（1）故障原因：①电流采样信号线是否正常，检测板上的三相电流检测端子是否未插紧。②互感器是否本身有问题，互感器上的采样线是否插紧。③检测板和控制板上的连接线是否为插紧，控制板的电流采样电路是否有问题。

（2）解决方法：①检查采样线是否导通或者接触不良，重新插紧检测板上的端子。②检查互感器上采样线是否异常，用钳流表实际测量电流值和显示值对比（功率在 150kW 上在可以校正，无法校正则有可能霍尔有问题）。③重新插紧连接线；更换控制。

14. 直流电流异常

（1）PV 过流。

当逆变器运行中检测到 PV 电流达到 660A 时，即报此故障，同时直流断路器直接脱扣。

1）故障原因：① PV 电流采样线接法是否正确，检测板上端子 J9 是否插紧以及与霍尔连接的端子是否松动；霍尔采样是否有问题。②检测板上和控制板的连接线是否插紧 J2 和 J4 端子。③控制板上电流采样电路是否正常。④直流侧是否存在短路。

2）解决方法：①检查采样线是否正常，重新插紧采样线 2 头的端子；更换霍尔。②重新插紧连接线 J2 和 J4。③更换控制板。④检查直流侧功率线是否短路，造成电流过大。

（2）能量反灌。

当逆变器并网时且接触器吸合后，PV 电流小于 -10A，即报此故障，直流断路器直接脱扣。

1）故障原因：① PV 电流采样线是否未插紧，霍尔采样是否有偏差。②霍尔方向是否装反。③信号干扰；是否存在能量反灌。④控制板 PV 电流采样电路是否正常。

2）解决方法：①检查采样线是否插紧，或者换一个霍尔试验下，是否是霍尔本身的问题。②检查霍尔安装方向。③在采样的信号线上加装磁环；确定是否由于 LVRT 或者电网波动时存在反灌。④更换控制板。

（3）直流持续过流。

当逆变器运行中检测到 PV 电流达到 620A 但未达到 660A 时，即报此故障。

1）故障原因：① PV 电流采样线接法是否正确，检测板上端子 J9 是否插紧以及与霍尔连接的端子是否松动；霍尔采样是否有问题。②检测板上和控制板的连接线是否插紧 J2 和 J4 端子。③控制板上电流采样电路是否正常。④直流侧是否存在短路。

2）解决方法：①检查采样线是否正常，重新插紧采样线 2 头的端子；更换霍尔。②重新插紧连接线 J2 和 J4。③更换控制板。④检查直流侧功率线是否短路，造成电流过大。

15. 环境过温

（1）环境过温。

当环境温度达到 65℃时，则为环境过温，逆变器停机。当温度恢复后逆变器正常运行。

1）故障原因：①检查温度检测线是否正常，数据检测板上的端子是否插紧。②温度采样的温度传感器是否正常。

2）解决方法：①万用表量取信号检测线接法是否正确，并且重新插紧检测端子。②检查温度传感器是否失效，若失效直接更换。

（2）环境温度检测失败。

环境温度检测发生突变或者温度超出检测范围。

1）故障原因：①温度检测的接线端子未插紧，不能实际检测环境温度。②温度传感器失效。

2）解决方法：①检查温度传感器接线端子是否插紧。②更换温度传感器。

16. 直流开关闭合超时

当逆变器在软起时断路器未闭合，逆变器则会报故障，提醒断路器未闭合；当把断路器闭合后，故障自动消失。

（1）故障原因：①直流断路器未闭合。②断路器状态检测不正确。

（2）解决方法：①检查断路器是否闭合。②检查断路器回检信号接线是否正确；触点装置是否安装到位。

17. 外部电源故障

外部电源故障通常有两种原因：当逆变器为内部取电时，表示 DI4 对 GND 直接短接；当逆变器为外部取电时，即表示外部电源失电。

（1）故障原因：①信号干扰；检测板上的连接线有问题（内部取电）。②外部电有掉电现象即 CB3 跳开。

（2）解决方法：①排除是否是信号干扰，当为内部取电时出现此故障，则 DI4 与 GND 应是常开信号。若反复出现很可能是检测板上短接连接线有问题。②当为外部取电时，检查外部电是否有（CB3 是否推上和有电）或者有掉电现象。

18. 逆变器锁相失败

逆变器在运行中，电网电压出现较大波动，逆变器通常会报此故障。

（1）故障原因：①检测板上逆变电压检测端子 J11 端子是否松动或者电线检测线是否接好。②数据检测板上的逆变电压采样电路是否有问题；控制板的电压采样电路是否有问题。

（2）解决方法：①检查逆变电压的采样线是否有乱开或者接触不好，把检测板上的端子重新插紧。②用万用表量取电阻，是否电阻失效或者更换检测板和控制板。

19. 模块风扇故障

逆变器风扇在运行时检测出风扇故障信号。当功率达到 40kW 或者低功率运行 5min 后风扇会自动运转。

（1）故障原因：①风扇本身结构件问题损坏或者固定风扇的螺丝未拧紧。②控制风扇的 CB13 和 CB14 微型断路器容量太小跳开所致。③逆变器后仓的风扇转接排 XT3 或者 XT4 出现接线错误和接触不良等。④控制风扇控制继电器的 KM3 和 KM7 是否正常工作。⑤风扇故障检测板 I2A 和 I2B 的输入端口 J1 端子是否变形和接触不良以及拨码开关是否正确。⑥检测板上的 CN8 的 R2B 和 R2C 在风扇达到运转条时是否闭合。⑦风扇故障检测信号接线是否正确。

（2）解决方法：①把风道挡板打开，检查风扇本身结构是否有损坏；检查用于固定风扇的螺丝是否打紧。②检查空开是否跳开导致风扇不转，若发现是 4A 的大小更成 10A 的开关。③检查后仓的风扇转街排，是否有接线错误和接触不良现象。④检查风扇控制继电器 7 接线是否正确，线路是否正常已经能够是否正常工作。⑤检查风扇故障检测板的输入和输出端口，端子是否变形导致接触不好；检查检测板上的拨码开关是否在正确的位置。⑥检测板上的 CN8 上 R2B 和 R2C 是否能够正常导通，若有问题直接更换检测板。⑦风扇故障检测信号线路接线是否正确，是否存在接触不良等现象。

20. 降负荷运行

当环境温度超过 50℃后，在 50～64℃这一区间时逆变器有降负荷功能；当环境温度超过 65℃时，逆变器将过温保护。

（1）故障原因：①集装箱内的温度的确过高，室内的风扇位正常运转起来。②温度传感器的温度检测偏大。

（2）解决方法：①检查室内的风扇是否正常开起运转。②用仪器实测室内温度，若温度传感器检测温度偏大建议更换温度传感器。

21. 邻机不在线

处于同一逆变柜内的相邻两个逆变器之间存在通信关联。当两个逆变器模块通信出现问题，通信信号无法及时传送，则报此故障。

（1）故障原因：① HMI 机型设置不对。②并机线是否接触不良。③是否有模块内部辅助电源板供电是否有问题。

（2）解决方法：①重新设置 HMI 机型等功能。②检查并机线是否接触不良，重新安装。③检查辅助电源板输入输出是否正常。

22. PV 功率限制

PV 功率限制即当 PV 电压超过额定电压时，导致逆变器降额运行。

（1）告警原因：①检查电池板配给情况，是否存在多配现象。② PV 电压检测是否正确。

（2）解决方法：①检查电池方阵配多少块，多配的话则减少几块，一般现场配置一串 20 块电池板串联。②检查 PV 电压信号检测线是否正确，电压检测电路是否正常，若 PV 电压检测电路异常更换检测板。

（二）集中式逆变器直流接地

当逆变器出现绝缘阻抗低告警，且现场逆变器支路电流为 0A，即有可能发生逆变器直流接地故障。

1. 故障原因

通常为集中式逆变器至汇流箱处的连接电缆经过土壤、雨水腐蚀导致电缆绝缘皮老化，绝缘性能下降直至失效。

2. 故障处理

（1）将集中式逆变器所有直流空开断开，测量集中式逆变器正负极对地电压，检查出故障支路。

（2）将故障支路直流汇流箱直流空开断开，并且解开故障支路直流汇流箱至集中式逆变器连接电缆的连触点（直流汇流箱及集中式逆变器的连触点都需要断开），然后用相应量程的摇表测量故障支路的绝缘值（测量方法同直流汇流箱故障处理），如果电缆绝缘值较低或为 0，说明该连接电缆绝缘损坏，需更换连接电缆。

（3）检测故障连接电缆绝缘值无问题，则说明故障点并不在直流汇流箱至集中式逆变器的连接电缆处，则需要检查是否因为直流汇流箱接地导致的集中式逆变器报绝缘阻抗低（检查方法同直流汇流箱故障处理）。

（4）若集中式逆变器连接电缆无接地，直流汇流箱无接地，则故障原因可能为集中式逆变器内部误告警，联系相关逆变器厂家到场做进一步的处理。

如图 6-15 所示，1 号标识左侧为光伏组件至直流汇流箱地埋线处；1 号标识左侧至 2 号标识区间为光伏组件至直流汇流箱 MC4 插头处；2 号标识至 3 号标识为汇流箱内部接线；3 号标识至 4 号标识为汇流箱至逆变器低压侧地埋线路。

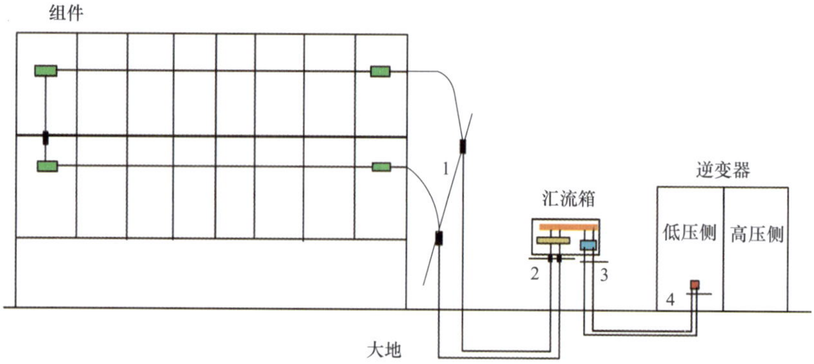

图 6-15　集中式逆变器、汇流箱、光伏组件线路图

绿色标识为光伏组件接线盒；黑色标识为 MC4 插头；黄色标识为汇流箱母排；粉色标识为汇流箱保险盒；蓝色标识为汇流箱直流空开；红色标识为逆变器直流空开，MC4 插头见图 6-16，汇流箱内部结构见图 6-17，集中逆变器内部结构见图 6-18。

图 6-16　光伏组件 MC4 插头

图 6-17　汇流箱内部结构

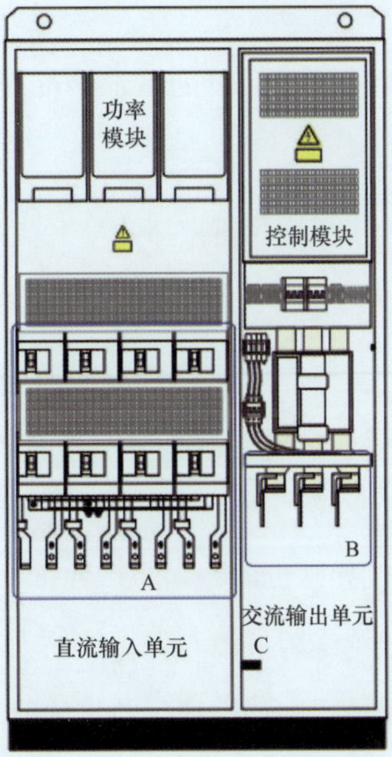

图 6-18　集中逆变器内部结构

二、组串式逆变器常见故障处理

光伏电站常见的组串式逆变器一般容量均在 100kW 以下。组串式逆变器功率元器件间隙小，集成度高，故组串式逆变器一旦发生故障，可维修性相对较弱。在运维中，对组串式逆变器主要侧重于故障分析和判断，并常以整体更换备机为主要处理方式。

（一）组串式逆变器本体故障

1. 防雷浪涌保护故障

逆变器防雷浪涌保护分为直流防雷和交流防雷两部分，但其工作和故障原理基本一致。

（1）故障解析：正常情况下，直 / 交流防雷触点接入逆变器转接板防雷模块，触点为常闭状态。当触点变为常开状态，电平信号翻转时，即表示逆变器直 / 交流防雷浪涌保护元器件出现故障。

（2）故障可能原因：①直 / 交流防雷损坏；②直 / 交流防雷端子松动；③直 / 交流防雷相关配线异常；④转接板与主控板连接排线松动。

2. PV 正负极反接

（1）故障解析：当逆变器 DCS（digital signal controller）板任意支路电流小于 -50A，即报 PV 正负极反接告警。

（2）故障可能原因：① PV 正负极接反；② PV 采样回路异常；③支路直流传感器接线松动、支路电流传感器故障；④ DCS 板采样异常。

3. PV 绝缘阻抗异常

根据绝缘阻抗异常影响程度的不同，分别有异常保护、异常告警和保护关机等三种情形。

（1）故障解析：PV 绝缘阻抗异常也即输入阻抗异常，表示 PV 与大地之间绝缘阻抗值低于设定值。逆变器通过比较绝缘阻抗值与保护值的大小，若低于保护值则阻抗检测不通过；若绝缘阻抗值低于告警值，则检测通过并报绝缘阻抗低告警；若绝缘阻抗值高于保护值与报警值，则检测通过；同时对正对地、负对地任意一路的短路情况进行判定。

（2）故障原因：①逆变器前侧汇流箱接地或对地阻抗偏低；②逆变器 PV 到母排回路接地或对地阻抗低；③ PV 采样回路接地或对地阻抗低；④绝缘阻抗检测板异常。

4. PV 电压异常

（1）PV 过压。

1）故障解析：PV 过压即母线电压高于规定值。采样电路通过检测直流输入侧母排电压，即正、负母排电压在未并网前超过 950V 时，采样电路通过软件录波且报出直流过压故障；若直流输出侧电压超过 1000V 时，则报 PV 过压故障。

2）故障可能原因：①母线电压过高；②电压采样板排线松动或电压采样板故障；③ 主控板采样电路异常。

（2）PV 欠压。

1）故障解析：PV 欠压即检测到直流侧电压小于额定电压，逆变器欠压运行。当采样电路检测到直流侧电压小于额定电压超过 10% 时，即报欠压关机故障。

2）故障原因：①直流侧真实电压过低；②采样回路接线异常；③转接板采样电阻异常；④主控板采样电路异常。

（3）PV 低功率关机。

1）故障解析：PV 低功率关机表示逆变器有功功率连续 20min 低于额定功率的 0.2%，或连续 40min 低于额定功率的 1%。

2）故障可能原因：①有功功率过低且符合故障触发条件；②交、直流电流传感器接线松动、故障；③主控板采样电路异常。

5. 电网相序异常

电网相序异常包括电网相序是反序和电网相序自检不通过两种情形。

（1）故障解析：逆变器通过检测电网侧相电压，当 100ms 之内检测到 10 次以上的网侧 d 轴电压为负值时，主控板再经过相关运算来判断电网相序。

（2）故障可能原因：①电网相序异常；②电压采样板采样线异常，相序接反；③电压采样板异常；④主控板采样异常。

6. 逆变器过流故障

表示逆变器过流、过载。

（1）故障解析：逆变器通过交流输出侧霍尔电流传感器检测电流，输入转接板 A、B、C 三相端子；采样电路通过主控板 CPLD 直接录波，当检测数值超过额定电流峰值的 1.5 倍时，即为过流。

（2）故障原因：①逆变器真实电流过流、过载，出现真实的相对地短路故障，逆变器出现谐振现象，谐振电流峰值超出门限；②电流传感器接线松动或电流传感器故障；③主控板采样电路故障。

7. 环境过温

环境过温通常会产生过温告警及关机故障两种情形。

（1）故障解析：逆变器内部放置 NTC 采样电阻连并接转接板，通过主控板上相关电路检测此处的环境温度来等效整机环境温度，通过此温度进行功率降额计算。当环境温度过高报警表示温度 NTC 电阻采样温度大于 50℃但尚未达到 60℃；当环境过温导致关机则表示温度 NTC 电阻采样温度大于 60℃。

（2）故障原因：①环境温度太高；② NTC 接线异常；③ NTC 电阻损坏；④交、直流风机故障，直流风机变压器故障；⑤防尘网堵塞；⑥转接板、主控板环境温度采样电路异常。

8. 逆变器短路

逆变器短路故障包括相对地短路关机、相对地短路告警运行等两种情形。

（1）故障解析：通过对采样的 PV+ 对地电压先做高通滤波，滤除直流分量；再对高通滤波结果取绝对值，做低通滤波；然后对低通滤波结果做判断，当其幅值低于 0.5 倍电网电压时逆变器短路关机；幅值大于 0.5 倍电网电压同时低于正常电网电压时，逆变器告警运行并报“短路”故障。

（2）故障原因：①相对地实际短路；②相对地采样回路异常，绝缘阻抗检测板异常。

9. 电抗器过温

电抗器过温包括过温保护告警和电抗器温度传感器故障两种情形。

（1）故障解析：电抗器内部安装 PT100 电阻来采样电抗器内部温度，接入转接板。当超过 152℃时报出电抗器温度过高，当低于 –37℃时报出电抗器温度传感器故障。

（2）故障可能原因：①电抗器 PT100 采样端子接线松动或错误；②电抗器 PT100 损坏；③交、直流柜风机故障，风机变压器故障；④防尘网堵塞；⑤转接板电抗器温度采样电路异常。

10. 电网电压异常故障

（1）电网电压过高。

1）故障解析：主控板检测电网侧相电压折算为线电压。当线电压有效值大于额定值，即为电网电压过高运行；当大于 1.1 倍额定值，且维持时间 10s 以上，即导致电网电压过高关机。

2）故障可能原因：①电网电压真实过高；②采样回路接线异常、电压采样板与主控板连接排线松动；③上位机参数设置错误；④电压采样板异常；⑤主控板、转接板采样电路异常。

（2）电网电压过低。

1）故障解析：主控板检测电网侧相电压折算为线电压。当线电压有效值低于额定值，即为电网电压过低运行；当小于 0.9 倍额定值，且维持时间 10s 以上，即导致电网电压过低关机。

2）故障可能原因：①电网电压真实过低；②采样回路接线异常、电压采样板与主控板连接排线松动；③上位机参数设置错误；④电压采样板异常；⑤主控板、转接板采样电路异常。

11. 电网频率异常故障

（1）电网频率过高。

1）故障解析：主控板检测电网侧相电压，当检测到电压频率 50.20 ~ 52.5Hz 时，主控板报电网频率过高运行；当检测到电网侧相电压大于 52.5Hz 时，即致电网频率过高关机故障。

2）故障可能原因：①电网频率真实过高；②采样回路接线异常、电压采样板与主控板连接排线松动；③上位机参数设置错误；④电压采样板异常；⑤主控板、转接板采样电路异常。

（2）电网频率过低 \ 电网频率过低关机。

1）故障解析：主控板检测电网侧相电压，当检测到电压频率 49.5 ~ 47.50Hz 时，主控板报电网频率过低运行；当检测频率低于 47.5Hz 时，即致电网频率过低关机故障。

2）故障可能原因：①电网频率真实过低；②采样回路接线异常、电压采样板与主控板连接排线松动；③上位机参数设置错误；④电压采样板异常；⑤主控板、转接板采样电路异常。

12. 直流过流 \PV 过流关机

直流过流时，会导致逆变器关机，严重时会引起电气火灾。

（1）故障解析：逆变器通过直流输入侧霍尔电流传感器检测电流，传感器连接转接板 J5 端子。当检测数值超过额定电流值，即为过流运行；当检测数值额超过定电流值 1.5 倍时，采样电路通过主控板 CPLD 录波即报过流关机故障，属于硬件保护。

（2）故障可能原因：①直流传感器采样回路接线异常；②直流传感器接线松动、直流传感器故障；③主控板采样电路异常。

13. 直流断路器跳闸

（1）故障解析：直流断路器跳闸即为 DCS 板任意支路断开反馈信号。

（2）故障可能原因：①直流断路器真实断开；② DCS 板采样回路异常；③直流断路器反馈触点异常、接线松动。

14. 急停 \CPLD 急停位 \ 急停关机

组串式逆变器设置 CPLD 急停按钮。在特殊情况下，可快速停止设备运行，切断故障电流。

（1）故障解析：急停按钮连接转接板端子 7、8 号口，急停按钮弹起时节点开关常开，光耦截止，DSP 接收高电平；当急停按钮按下时节点开关闭合，光耦导通，DSP 接收低电平。

（2）故障可能原因：①急停按钮按下；②急停按钮接线异常；③急停按钮损坏；④转接板、主控板异常。

15. 烟感报警 \ 烟感报警关机

（1）故障解析：烟感报警器常开触点连接转接板的 1、2 号口，正常时烟感为常开触点，经光耦隔离、电平转换输入 CPLD 高电平信号，当烟感故障时，常开触点变为常闭，信号翻转。

（2）故障可能原因：①烟感报警器故障或灰尘侵蚀；②烟感报警器接线回路短路；③烟感报警器触点接错；④转接板、主控板烟感信号处理电路故障。

16. IGBT 过温

（1）故障解析：① IGBT 模块内置 NTC 电阻并以此来采样 IGBT 内部温度，通过驱动板温度比较电路。IGBT 过温后输出低电平，输入转接板 A、B、C 三相，经转接板输入主控板后由软件判定。② IGBT 模块内置 NTC 持续超过 85 ℃ 且低于 110℃ 时，即为过温运行告警；当 NTC 持续超过 110℃ 时，即导致 IGBT 过温关机故障。

（2）故障可能原因：①风机停止工作，导致散热器散热不良，热量累积使温度超过故障门限；② IGBT 过温报警线与转接板接触异常；③驱动板 IGBT 温度采样电路异常；④ IGBT 模块安装螺钉未拧紧。

17. 接触器反馈故障

（1）故障解析：主接触器触点接转接板端子的 1、2 号口，经转接板光耦隔离输入主控板 CPLD。主接触器未并网时触点为常闭，并网后变为开触点。若并网后开触点变为闭触点，输入信号翻转，则判断为主接触器触点故障。

（2）故障可能原因：①并网接触器反馈端子脱落或接线松动；②并网接触器辅助触点损坏；③单板采样电路异常。

18. IGBT 散热器过温

（1）故障解析：① IGBT 散热器内置 NTC 电阻并以此采样散热器内部温度，连接转接板端子的 A、B、C 三相，通过转接板温度采样电路，输入主控板后由软件判断。②当散热器 NTC 持续大于 85℃时，即报过温运行告警；当散热器 NTC 持续 10s 大于 95℃时即为散热器过温关机故障。

（2）故障可能原因：①散热器真实过温；②散热器 NTC 电阻接线松动、NTC 电阻损坏；③转接板端子松动；④主控板温度采样电路异常。

19. 交流（AC）电流传感器故障

（1）故障解析：在独立逆变阶段，100ms 之内检测到 10 次以上实测的电容电流与计算电容电流之差大于电容支路电流的 25%，即为电流传感器故障。

（2）故障可能原因：①传感器接线端子异常；②主控板采样电路异常；③ AC 滤波电容损坏或容值异常；④电流传感器本身异常。

20. IGBT 故障

（1）IGBT 相电流过流。

1）故障解析：逆变器通过交流输出侧霍尔电流传感器检测电流，当检测数值超过额定电流时，为过流运行；当检测峰值达到额定电流的 1.5 倍时，采样电路通过 CPLD

直接录波，即导致 IGBT 相电流过流关机故障。

2）故障可能原因：①逆变器真实电流过流、过载，出现真实的相对地短路故障，逆变器出现谐振现象，谐振电流峰值超出门限；②电流传感器接线松动或电流传感器故障；③主控板采样电路故障。

（2）IGBT 散热器温度传感器故障。

1）故障解析：IGBT 散热器内置 NTC 电阻并以此来采样散热器内部温度，通过转接板温度采样电路，输入主控板后由软件判定。采样温度超过量程：大于 160℃或小于 -30℃，判定为 IGBT 散热器温度传感器故障。

2）故障可能原因：① IGBT 散热器 NTC 接线回来接线短路或虚接；② IGBT 散热器 NTC 采样电阻异常；③转接板温度采样电路异常。

21. 正、负母线过压

（1）故障解析：①直流侧正、负母排到中点电压大于 583.7 V。②正、负母排到中点电压经电压采样板分压后接入主控板，经调理、与阈值电压比较后输入 CPLD。当电压大于 1.2 倍额定电压时，输入电平翻转，即报正、负母线过压关机故障。

（2）故障可能原因：①母线电压过高；②电压采样板分压电阻损坏；③驱动发波异常；④正母线电压采样回路异常。

22. 环境温度传感器故障

（1）故障解析：环境温度传感器的 NTC 采样电阻连接转接板端子，NTC 采样温度超过量程：大于 150℃或小于 -40℃，判定为 IGBT 散热器温度传感器故障。

（2）故障可能原因：① NTC 接线异常；②主控板环境温度采样电路异常；③环境温度过高或过低。

23. 交直流功率不匹配

（1）故障解析：并网输出功率与直流输入功率相差 10% 额定功率。

（2）故障可能原因：①交、直流电流传感器接线松动、传感器故障；②电压采样板接线松动；③电压采样板分压电阻故障。

24. 功率柜散热风机故障

（1）故障解析：①表示功率柜散热风机故障。②功率柜散热风机故障反馈触点接于转接板端子，经光耦隔离后输入主控板 CPLD 中，风机正常时触点为动断触点；若触点变为动合触点，输入主控板信号翻转，即为功率柜散热风机故障。

（2）故障可能原因：①风机故障；②风机故障反馈线断路，转接板接插端子异常；③转接板、主控板风机故障处理电路损坏。

（二）组串式逆变器直流接地

组串式逆变器产生绝缘阻抗低告警，首先应用光伏组件及其线路直流接地故障检查方法进行检查，若未发现问题支路，则可能为逆变器自身直流接地故障。

1. 故障原因

组串式逆变器内部连接线破损，因为与逆变器外壳相连接导致接地。

2. 故障处理

（1）断开组串式逆变器的开关，拔下组串式逆变器底部 MC4 插头。

（2）解下组串逆变器底部至内部母排连接线，并用万用表测量每根连接线的对地绝缘阻值，若阻值远远低于该值或值为 0，则说明该连接线绝缘损坏，需要更换连接线，用上述方法依次测量组串式逆变器每根连接线的阻值并对问题连接线进行更换。

（3）若组串式逆变器内部连接线阻值均正常，说明逆变器内部其他设备接地或逆变器误告警，联系相应逆变器厂家到场处理。

如图 6-19 所示，1 号标识左侧为光伏组件至组串式地埋线处；1 号标识左侧至 2 号标识区间为光伏组件至组串式逆变器处；2 号标识以上为逆变器内部。黑色标识为 MC4 插头，绿色为接线盒。组串式逆变器内部结构见图 6-20。

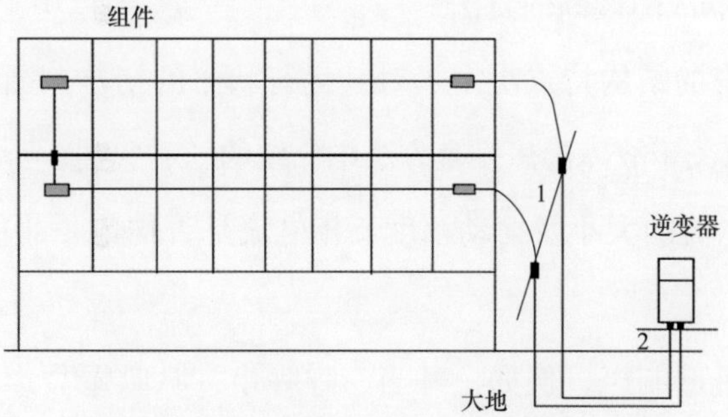

图 6-19　组串式逆变器、光伏组件线路图

图 6-20　组串式逆变器内部结构图

第五节　箱式（升压）变压器常见故障

箱式（升压）变压器是光伏并网发电的核心设备之一，其常见故障包括短路、过负荷、超温、元器件损坏，任何故障都会影响大面积发电的输出。本节详细解析光伏发电系统中箱式变压器运行时异常、故障的判断、处理方法。

一、箱式变压器故障诊断

（一）箱式变压器故障诊断的方法

箱式变压器自身的结构特点决定了对其运行状态的初步判断和故障情况的诊断，比较适合采用第四章关于故障隐患排查方法中介绍的“看、闻、听、测”方法。

（1）看：负荷电流的大小及摆动幅度，相电流是否均匀、油色的变化、外表有无异常情况。

（2）听：有无机械响声，例如，叮当、呼呼声，叭叭爆裂声，吱吱声，轰轰声、尖叫声，咕嘟声等。

（3）测：测量三相直流电阻值、测试绝缘电阻值、测试三相电流的平衡度及大小等。其中若测得三相电流平衡度偏离超过 2% 就要进行分析原因。

（二）箱式变压器异常声音

变压器发出的异常声音因素很多、故障部位也不尽相同，一般用听针的一端顶在变压器的油箱上，另一端贴近耳边仔细听取异常声音。运维人员只有不断地积累经验，才能做出准确判断并进行处理。

（1）变压器发出很高而且沉重的“嗡嗡”声。一般是由于过负荷引起，可结合电流表进行辅助判断。

（2）变压器发出“叮叮当当”的敲击声，或“呼、呼”的吹风声，以及“吱啦吱啦”的类似磁铁吸动小垫片的声音，同时电压、电流和温度正常，绝缘油的颜色、温度与油位也未有明显变化。该种情况可能是个别零件松动，如铁芯的穿芯螺丝夹得不紧或有遗漏零件在铁芯上，此时应停止变压器运行做进一步检查。

（3）变压器发出“咕噜、咕噜”的开水沸腾声。可能是绕组有较严重的故障，分接开关的接触不良，局部有严重过热或变压器匝间短路，使其附近的零件严重发热而致油气化，此时应立即停止变压器运行进行检修。

（4）变压器发出“噼啪”或“吱吱”既大又不均匀的声音。可能是变压器的内部接触不良，或绝缘有击穿现象。此时应将变压器停止运行，进行检修。

（5）变压器发出“嘶嘶”或“哧哧”的声音。可能是变压器高压套管脏污，在气候恶劣或夜间时，还可见到蓝色、紫色的小火花。此时应清理套管表面的脏污，再涂上硅油或硅脂等涂料。

（6）变压器发出像青蛙的“唧哇、唧哇”的叫声，可能是外部线路断线或短路；若发出“轰轰”的声音，可能是低压线路发生接地或出现短路事故；若变压器发出像老虎的吼叫声，则表明短路点较近。

（7）变压器发出连续的、有规律的撞击或摩擦声，可能是变压器某些部件因铁芯振动而造成机械接触，或是因为静电放电引起的异常响声，各种测量表计指示和温度均无反应。这类声音虽然异常，但对运行无大危害，可不必立即停止运行，待计划检修时予以排除。

（8）变压器发出的声音较平常尖锐，可能是电网发生单相接地或产生谐振过电压，此时应该随时加强监测。

（9）变压器瞬间发出“哇哇”声或“咯咯”间歇声，此时有大容量的动力设备起动，负荷变化较大，使变压器声音增大。

（10）变压器发出“噼啪”噪声，严重时将会有巨大轰鸣声，则表明系统可能有短路或接地。

二、箱式变压器的故障类别及处理方法

箱式变压器产生故障并导致无法正常并网运行，往往检修周期长，影响面积大。掌握常见箱变故障处理方法可有效节约故障排除周期，降低经济损失。

（一）箱式变压器断路器故障

1. 低压断路器拒合

（1）故障原因：控制回路故障，智能脱扣器动作后面板上的红色按钮没有复位，储能机构未储能。

（2）排除方法：

1）用万用表检查开路点。

2）查明脱扣原因，排除故障后按下复位按钮。

3）手动或电动储能。

2. 断路器速断

（1）故障原因：出线回路有短路现象。

（2）排除方法：切不可反复多次合闸，必须查明故障，排除后再合闸。

3. 低压断路器过负荷跳闸

（1）故障原因：最大电流保护上限设置较低。

（2）排除方法：在低压框架断路器面板电流保护面板重新设置最大电流保护值，设置完毕保存，故障排除。

（二）箱式变压器出现异常声音

变压器运行过程中，由于交变磁通的作用，使变压器铁芯硅钢片振动而发出声音。

正常运行时，这种声音是清晰而有规律的，但变压器负荷发生显著变动或运行状态出现异常，则声音就较平时增大，有断续杂音称异响。

1. 停电送电后出现异常声音

（1）故障原因：此故障多为箱式变压器内部导线连接螺栓松动缺相或拉弧所致。

（2）排除方法：发现此异常声音应立即断开高压侧隔离开关，联系厂家技术人员处理，处理时需要打开相变本体，抽出绝缘油液，重新紧固安装。

2. 箱式变压器高压侧出现放电声

（1）故障原因：相变高压侧有水汽，高压电出现放电拉弧。

（2）排除方法：打开高压侧柜门，确保安全前提下通风除湿，在 1m 外目测箱式变压器高压侧电缆头放电情况（见图 6–21），发现有烧黑迹象应尽快停电更换。

图 6-21　高压侧放电导致电缆绝缘损坏

（三）箱式变压器电缆故障

箱式变压器电缆故障的直接原因是绝缘降低而被击穿。在光伏电站运维中，造成电缆绝缘降低的因素很多，主要包括机械损伤、绝缘受潮、绝缘老化变质、过电压、材料缺陷、护层腐蚀和电缆的绝缘物流失等。

1. 箱式变压器本体高压连接电缆故障

（1）将该箱式变压器转至检修状态并断开低压侧断路器。

（2）进入箱式变压器高压负荷开关室时进行验电工作，验明设备确无电压并做好安全措施后方可进入。

（3）用万用表测量高压熔断器是否正常，如有故障则应更换故障高压熔断器（新高压熔断器使用前应进行通断测试）。

（4）进入变压器室内部进行检查时再次进行验电，验明设备确无电压并做好安全措施后方可进入，检查发现故障电缆后立即进行更换，并对故障点进行酒精清洗以及变压器室内垃圾清理。

（5）故障电缆更换完毕后，将箱式变压器由检修转至冷备状态，对箱式变压器及电缆进行绝缘检测。

（6）经绝缘测试合格后，将箱式变压器由冷备转至运行状态，待箱式变压器运行正常后投运箱式变压器低压侧断路器，后台对该箱式变压器参数进行监视。

2. 箱式变压器高压进线室外接电缆故障

（1）将该箱式变压器和所属环网柜间隔转至检修状态，断开低压侧断路器。

（2）进入变压器室以及高压负荷开关室检查前进行验电工作，验明设备确无电压并做好安全措施后方可进入检查。

（3）进入箱式变压器高压进线室前进行验电工作，验明设备确无电压并做好安全措施后方可进入，明确电缆走向后对故障外接电缆与上一级箱式变压器高压进线室电缆进行核相工作，明确故障电缆后从上级箱式变压器将该电缆解开，并保证与其他金属部件有足够安全距离。

（4）待厂家更换好故障电缆并对该电缆进行相关绝缘试验合格后进行投运，待箱式变压器运行正常后投运箱式变压器低压侧断路器，后台对该箱式变压器参数进行监视。

（四）箱式变压器内变压器本体故障

箱式变压器内变压器本体故障现象主要有变压器喷油、高压熔断器熔断、壳体漏油等。

当变压器发生涉及本体喷油、漏油等故障，一般应先紧急停运后再联系生产厂家进行检修处理。对于高压熔断器故障，则通常按以下步骤进行处理：

（1）将该箱式变压器转至检修状态，充分放尽变压器绕组中残余电荷，断开低压侧断路器。

（2）进入箱式变压器高压负荷开关室时先进行验电工作，验明设备确无电压并做好安全措施后方可进入。

（3）用万用表测量高压熔断器是否正常，如有故障则应更换故障高压熔断器（新高压熔断器使用前应进行通断测试）。

（4）进入变压器室内部进行检查时再次进行验电，验明设备确无电压并做好安全措施后方可进入，检查发现箱式变压器本体绕组故障点后隔离该台箱式变压器，待厂家技术人员到场分析并更换变压器，更换后对该变压器进行相关试验合格进行投运，待箱式变压器运行正常后投运箱式变压器低压侧断路器及逆变器，后台对该箱式变压器参数进行监视。

（五）箱式变压器油枕或防爆管故障

箱式变压器内的油枕或防爆管故障主要是指喷油爆炸。当变压器内部出现短路电流和高温电弧，而继电保护装置未能及时切断电源，故障较长时间持续存在使变压器油迅速老化，箱体内部压力持续加大，从而导致高压油气从油枕、防爆管或箱体其他强度薄弱处喷出。

造成喷油的具体原因有：

（1）匝间短路等局部过热使绝缘损坏，变压器进水使绝缘受潮损坏，雷击等。过电压使绝缘损坏等导致内部短路。

（2）线组导线焊接不良、引线连接松动等因素在大电流冲击下可能造成断线，断点处产生高温电弧使油气化促使内部压力增高。

当箱式变压器内设备着火、爆炸或发生其他情况，对箱式变压器的正常安全运行构成严重威胁时，运维人员应立即将变压器停运，做好记录，汇报相关负责人，并联系厂家进行检测。

（六）箱式变压器绝缘油故障

箱式变压器的绝缘油故障主要是指油色显著变化和严重漏油。

（1）绝缘油在箱式变压器运行时可能与空气接触并逐渐吸收空气中的水分，从而导致绝缘性能降低。若油内含有碳粒和水分，油色变暗，绝缘强度降低，则易引起绕组与外壳击穿。一旦发现绝缘油颜色显著变化，应及时停止运行，并对变压器油进行更换。

（2）变压器焊缝开裂或密封件失效，运行中受到振动，外力冲撞，油箱锈蚀严重而破损等都会导致绝缘油渗漏。变压器在运行中渗漏油不严重、油位在规定的范围内，仍可继续运行或安排计划检修。变压器油渗漏严重，或连续从破损处不断外溢，以致油位计已见不到油位，则应立即停止运行，应及时进行补漏并加油。

（七）箱式变压器绝缘瓷套管故障

箱式变压器绝缘瓷套出现故障主要是指出现闪络现象，甚至引发爆炸。

1. 故障原因

（1）套管密封不严，因进水或潮气浸入使绝缘受潮而损坏；

（2）电容式套管绝缘分层间隙存在内部形成的游离放电；

（3）套管表面积垢严重，以及套管上有较大的碎片和裂纹，在大雾或小雨时均会造成套管闪络和爆炸事故。

2. 处理方法

在日常运维过程中，对套管上的尘埃，应定期予以清除；发现套管有裂纹或碰伤应及时更换。

（八）箱式变压器分接开关故障

变压器油箱上有“吱吱”的放电声，电流表随声音发生摆动，瓦斯保护可能发出信号，绝缘油闪点降低，都可能是分接开关故障。

引起分接开关故障的主要原因有：

（1）分接开关触头弹簧压力不足，使有效接触面积减少，以及严重磨损等引起分接开关烧毁；

（2）分接开关接触不良，经受不起短路电流的冲击而发生故障；

（3）切换分接开关时，由于分头位置切换错误引起开关烧坏；

（4）相间距离不够，或绝缘材料性能降低，在过电压作用下短路。

箱式变压器分接开关故障发生后，应做好停电安全措施，找到故障原因，及时更换分接开关备件，更换后要保证分接开关触头弹簧压力足够，接触面积充足，接触良好。

（九）箱式变压器三相不平衡

三相不平衡是指在电力系统中三相电流（或电压）幅值不一致，且幅值差超过规定范围，从而导致产生零序电流、增加电能损耗、影响设备运行安全。如果三相电压不平衡时，应先检查三相负荷情况。对三角形/星形接线的三相变压器，如三相电压不平衡，电压超过 5V 以上则可能是变压器有匝间短路，须停电处理。对三角形/星形接线的变压器，在轻负荷时允许三相对地电压相差 10%，在重负荷的情况下要力求三相电压平衡。

1. 故障原因

（1）三相负载不平衡引起中性点位移。

（2）系统发生铁磁谐振时。

（3）绕组局部发生匝间和层间短路。

2. 处理方法

（1）将不对称负荷分散接在不同的供电点，以减少集中连接造成不平衡度严重超标的问题。

（2）使用交叉换相等办法使不对称负荷合理分配到各相，尽量使其平衡化。

（3）加大负荷接入点的短路容量，如改变网络或提高供电电压级别，提高系统承受不平衡负荷的能力。

（十）箱式变压器温度异常升高

箱式变压器的不正常运行主要表现在温度和噪声上，其中温度异常升高对于干式变压器更为常见。

1. 变压器温度异常或过高原因

（1）变压器绕组局部层间或匝间的短路，内部触点有故障接触电阻加大，二次线路上有大电阻短路等。

（2）变压器铁芯局部短路、夹紧铁芯用的穿芯螺丝绝缘损坏。

（3）因漏磁或涡流引起油箱、箱盖等发热。

（4）长期过负荷运行或事故过负荷。

（5）散热条件恶化等。

2. 变压器温度异常或过高的处理

（1）检查温控器、温度计是否失灵。

（2）检查吹风装置和室内通风情况是否正常。

（3）检查变压器的负载情况和温控器探头插入情况排除温控器、吹风装置故障，在正常负载条件下，温度不断上升，应确认是变压器内部发生故障，应停止运行，进行检修。

（十一）箱式变压器行程开关异常

行程开关是在变压器带电运行时，对操作人员进行保护的装置。若变压器带电，在打开任何一扇外壳门时，其行程开关的触头均应立即闭合，使报警回路接通并报警。

行程开关异常的表现是打开箱式变压器外壳门后不报警，但关门后仍报警。

1. 故障原因

行程开关连线不良、固定不良或行程开关其他故障。

2. 处理方法

（1）检查线路及接线端子，使其接触良好。

（2）更换行程开关。

（3）检查并紧固定位螺栓。

第六节　光伏汇集线路常见故障

光伏系统中汇集线路由箱式变压器通过环网柜（部分电站使用）、利用架空线路或直埋电缆汇集至高压开关柜，是光伏发电的输电并网大动脉，汇集线路出现故障，会直接影响发电输出，造成大量资源浪费和设备闲置，并导致严重的经济损失。

一、环网柜常见故障

（一）真空断路器真空泡真空度降低

真空断路器在真空泡内开断电流并进行灭弧，而真空断路器本身没有定性、定量监测真空度特性的装置，故真空度降低故障为隐性故障，其危险程度远远大于显性故障。

1. 原因分析

（1）真空泡的材质或制作工艺存在问题，真空泡本身存在微小漏点。

（2）真空泡内波形管的材质或制作工艺存在问题，多次操作后出现漏点。

（3）分体式真空断路器，如使用电磁式操动机构的真空断路器，在操作时，由于操作连杆的距离比较大，直接影响开关的同期、弹跳超行程等特性，使真空度降低的速度加快。

2. 故障危害

真空度降低将严重影响真空断路器开断过电流的能力，并导致断路器的使用寿命急剧下降，严重时会引起开关爆炸。

3. 处理方法

（1）在进行断路器定期停电检修时，必须使用真空测试仪对真空泡进行真空度的定性测试，确保真空泡具有一定的真空度。

（2）当真空度降低时，必须更换真空泡，并做好行程、同期、弹跳等特性试验。

4. 预防措施

（1）选用真空断路器时，必须选用信誉良好的厂家所生产的成熟产品。

（2）选用本体与操动机构一体的真空断路器。

（二）环网柜电缆故障的防范

环网柜电缆故障大都与安装制作工艺密切相关。三芯电缆安装过程中多数需要核对相序，在固定之前需要加以外力扭动，而在安装之后因扭动产生的内部应力会逐渐释放，产生恢复力矩并作用在套管上，容易产生套管裂纹，并导致高压短路。环网柜电缆小室的空间较小，对环网柜电缆头制作工艺要求高，导体、半导体、屏蔽层处理不到位，容易因电缆头爬电距离不够发生电缆击穿。

1. 电缆的穿入和固定

电缆穿入环网柜时要尽量使用电缆各相线芯垂直对称、不扭曲，分支手套应尽量靠下安装，电缆卡箍位置也要尽量靠下，离套管垂直距离应达到750mm。在施工过程中，把电缆从环网柜基础下穿入环网柜电缆小室内时，应锯掉因敷设电缆牵引时受损的电缆端部，然后进行核相并确定相位，然后扭正电缆进入环网柜的角度，使三条缆芯对正管套。如果电缆倾斜角度过大，应重新将电缆退回电缆井，调整好角度再穿入环网柜并用电缆卡箍固定。

2. 电缆的分相处理

在进行电缆的分相处理时，要先用电缆卡箍固定电缆分支手套下端。然后修整电缆线芯的长度，将L2相对正L2相套管，L1与L3相从根部先稍微向外弯曲，再向上垂直对正套管。拧上双头固定螺栓，将端子先挂在套管上、比照电缆长度，锯去多余电缆线芯，保证电缆三条线芯长短合适、平齐，避免套管受力及电缆端子与套管端面接触不良。如果电缆没有固定，就修整电缆线芯的长度；否则电缆线芯的长短就没有一个基准点，就会出现偏差。

3. 电缆的剥切

电缆剥切环节工艺要注意：①剥切尺寸必须按照电缆T型连接头厂家的工艺要求及配套工艺尺寸，必须注意到剥切外层时不能伤及内层；②要绝对避免缆芯绝缘上出现纵向划痕，以免出现内部爬电现象，必须使用厂家配套的专用清洁纸，尽量避免使用工业酒精等其他清洁剂；③安装润滑膏应使用聚氟醚奥制品，因其不会与硅橡胶发生任何反应，能长期保持密封和绝缘性能。应避免使用硅胶类润滑膏，因其与硅橡胶之间互溶干涸而易造成界面爬电的危险。

4. 电缆安装位置的选择

安装时首先应保证应力锥与电缆截面的配合，过盈量要适合。过盈量过大时会造成安装困难，容易撑裂；过小时会造成密封不良，严重时会发生沿面放电，对电缆T型接头，其应力锥与绝缘外套以及电缆本身都有相对的位置要求，灵活性更小，应严格按厂家标准安装要求操作，以满足应力控制和绝缘密封的要求。其次，安装时应力锥体应尽量处于电缆垂直段，以保证全密封效果，特别要注意不要让尖锐物体划伤应力锥硅橡胶部件的内部外表，在过盈配合的接触部件上要同时分别均匀涂抹专用的安装润滑膏。

5. 电缆终端的防护

电缆肘型连接头的导体连接都是在绝缘外套内完成，其接触情况不易观察，更不便检测，因此必须保证端子平面与环网柜套管的导电端面平行贴合，使端子作用于套管的应力最小，并且接触充分良好，避免通电发热。按安装工艺要求进行电缆接线端子与线芯导线的压接，一定要注意接线端子平面方向，应与母线套管的铜平面平行，才能保证贴合，使用压接钳压接时，压模合拢到位后应停留 10 ~ 15s，使压接部位金属塑料变形基本稳定，压接完后对端子表面的毛刺，或尖角要用锉刀锉平，先后清洁线芯绝缘和端子。把电缆杆子套在固定螺杆上并将电缆肘型接头推入套管，使端子平面与套管的铜平面紧密贴合进行安装。

（三）其他元器件故障

环网柜内其他元器件诸如电压（流）互感器、避雷器、各部分操作机构等也极易发生各类故障，并影响整个环网柜的安全稳定运行。在电站运行过程中，运维人员应加强日常巡检，及时发现和准确判别环网柜内各部分元器件可能发生的故障情况，并用备品备件对故障元器件做更换处理。以下是常见的元器件故障原因分析：

（1）温控器故障：一般是由于环网柜加热器故障或温控逻辑控制异常，导致环网柜内温度过高，影响其他元器件的安全运行。

（2）电压（流）互感器：通常在带有配网自动化接口的环网柜往往配有电压（流）互感器，以提供开关的操作电源和配网自动化所需的负荷电流等数据信息。电压（流）互感器发生故障的主要原因是生产厂家本身的供货质量不达标所致。

（3）避雷器故障：环网柜中配套的避雷器故障主要原因是电缆室内相间短路或者电缆头对环网柜外壳放电，从而造成避雷器被击穿或发生爆炸。

（4）操作机构故障：操作机构长期未进行生产性操作，机构弹簧、控制回路开关的辅助触点等容易锈蚀、卡涩，引起机构失灵。操作机构故障在潮湿地区的光伏电站更加易发、多发。运维人员应定时对环网柜进行擦灰和进行防锈措施。

（5）二次回路故障：一般是由于二次回路线缆接触不良或者相关原因造成线路烧毁并发生故障。

（6）电缆支持绝缘子处及母线桩头处故障：通常是电缆室支持绝缘子或母线桩头由于处在潮湿等恶劣环境下发生沿面放电甚至击穿。

（7）气室故障：由于 SF_6 气室泄漏，造成气室内断口隔离开关相间短路故障。

（8）熔断器和负荷开关故障：环网柜中主要采用熔断器和负荷开关的组合来对中小容量配电变压器进行保护。熔断器在熔断时顶针不能正常触发机构跳闸造成故障扩大。

二、架空线路常见故障

当前大型地面电站光伏区电能汇集的主要载体日益由地埋电缆向架空线路转变。架空线路的稳定运行是光伏电站发电及输电的重要保障，其常见的架空线路故障主要包括单项接地、短路和断路三大类。

（一）单相接地故障

单相接地是配电系统最常见的故障，多发生在潮湿、多雨天气。单相接地不仅影响了用户的正常供电，而且可能产生过电压，烧坏设备，甚至引起相间短路而扩大事故。当发生一相（如 A 相）不完全接地时，即通过高电阻或电弧接地，这时故障相的电压降低，非故障相的电压升高，大于相电压，但达不到线电压；如果发生 A 相完全接地，则故障相的电压降到零，非故障相的电压升高到线电压。寻找和处理单相接地故障时，应做好安全措施，保证人身安全。当设备发生接地时，室内人体不得接近距故障点 4m 以内，室外不得接近距故障点 8m 以内，进入上述范围的工作人员必须穿绝缘靴，戴绝缘手套，使用专用工具。

1. 故障成因

单相接地故障多发生在潮湿、多雨天气，通常是由于树障、配电线路上绝缘子单相击穿、导线接头处过负荷烧断或氧化腐蚀脱落、单相断线等诸多因素引起的。

2. 防范措施

在日常巡视中对树线矛盾突出的地方，应及时安排对树木进行修剪。

正确采用防雷措施，以减少因雷击而造成的单相接地故障。为减少绝缘子阴雨受潮后，由于表面和瓷裙内积污秽或质量缺陷产生闪络放电而造成接地故障发生，在线路建设中必须选用质量合格的绝缘子，并在安装前进行耐压试验，保证安装质量。

在负荷高峰期时，运用红外线测温仪，测量导线接头处的温度，一旦发现温度异常，立即进行处理，避免高温熔断导线。

（二）短路故障

架空线路中不同电位的两点被导体短接起来，或者其间的绝缘被击穿，造成线路不能正常工作的故障，即为短路故障。

1. 故障分类

按照不同的分类维度，短路故障又分为金属性短路、非金属性短路；单相短路、多相短路。

从相接材质角度来看，当不同电位的两个金属导体，直接相接或被金属导线短路，称为金属性短路。金属性短路时，短路点电阻为零，故短路电流较大；若不同电位的两点不是直接相接，而是经过一定的电阻相接，则称为非金属性短路。非金属性短路时，短路点电阻不为零，故短路电流不及金属性短路大，但持续时间可能很长。在某些情况下，其危害性可能更大。

从短路相线数来看，若两相相线相互短接，称为两相短路故障；若三根相线相互短接，称为三相短路故障。三相短路造成的故障带来的危害要比两相短路故障更大，危害范围更广。

2. 故障成因

（1）外力破坏：一般是阴雨天气时树线矛盾突出，搭在线路上的异物，例如大风时刮到线路上的带铝箔的塑料纸、录音带、彩条、风筝等，铁塔的塔材金具被盗引起倒杆（塔）等。

（2）雷击：由于光伏配电线路周围多为空旷地势或山中丘陵地势，架空线路遍布田间、丘陵、山坡，成为整个周围的最高点，一旦发生雷击极易成为雷击电流的通道。架空绝缘线遭受雷害事故明显比架空裸线多，雷害损害情况比较严重。主要原因：①从结构上说，绝缘导线采用半导体屏蔽和交联聚乙烯作为绝缘层，其中使用的半导体材料具有单向导电性能，在雷云对地放电的大气过电压中，很容易在绝缘导线的导体中，产生感应过电压，且很难沿绝缘导线表皮释放。②绝缘导线遭受雷击后的电磁机理特殊，造成雷击断线较多。架空裸线雷击时，引起闪络事故，是在工频续流的电磁力作用下，电弧会沿着导线（导体）移动，电弧移动中释放能量，且在工频续流烧断导线或损坏绝缘子之前，断路器动作跳闸切断电弧，而架空绝缘线的绝缘层阻碍电弧在其表面移动，电荷集中在击穿点放电，在断路器动作之前烧断导线。因为雷击电压非常高，且电流瞬间非常大，配电线路的相间距离和绝缘性能根本不能承受，所以引起线路相间弧光短路或对地绝缘击穿，导致接地相间短路。

（3）鸟害：鸟落到线路上、筑巢造成的相间短路，多发生在线路的T接杆、转角杆、隔离开关安装处。这些部位联络线密集，相间距离虽然能满足安全距离30cm的要求，但是安全距离裕量不够，鸟类在下落或起飞时翅膀展开，很容易发生相间短路，而且联络线密集也是鸟类筑巢的良好场所，筑巢的树枝、铁丝等，往往会引起相间短路。

（4）线路、设备本身原因：导线弧垂过大，遇刮大风导线摆动，易造成短路。另外线路、设备运行时间较长，绝缘性能下降，也会造成短路故障的发生。

3. 防范措施

（1）防止外力破坏措施。

采取设置醒目的禁止警示牌、印发传单等方式加强宣传教育，以防止风筝、彩条等造成短路故障的发生。

加强和林业部门的联系，及时修剪影响运行安全的树木。积极与当地公安、治保部门的配合，制定有效的措施和具体防范方案，加强打击破坏盗窃架空线路塔材及金具等电力设施的力度。

运维人员定期巡视检查线路的杆塔基础、拉线基础和违章建筑物，对掏空的杆塔基础、拉线基础进行及时维修，对存在缺陷的设备及时处理和检修，对违章建筑物进行清理整顿。

（2）防止雷击措施。

在空旷的架空线路上，采取安装金属氧化物避雷器等防雷措施。避雷器安装密度控制在 200 ~ 360m 左右，具体应根据环境因素和运行经验掌握。另外，还可以在每基杆上选择一相、二相、三相、顶相、边相、或每相错杆安装避雷器，由此来满足安全、经济运行的要求。

在线路建设（改造）中必须选用合格的、质量好的绝缘子，并在安装前进行耐压试验，保证安装质量。

检查、整改接地装置。定期检查测量线路上接地装置的接地电阻，不合格的给予整改，保证接地电阻值不大于 10Ω，与 1kV 以下设备共用的接地装置接地电阻不大于 4Ω。

（三）断路故障

断路故障的基本表现形式是回路不通。在某些情况下，断路还会引起过电压，断路点产生的电弧还可能导致电气火灾和爆炸事故。

1. 故障表现

架空线路的断路故障又可分为两大类，一是断路点电弧故障。即在断线，尤其是那些似断非断路点，在断开瞬间往往会产生电弧，或者在断路点产生高温，电力线路中的电弧和高温可能会酿成火灾。二是三相电路中的断路故障。即在三相电路中，如果发生一相断路故障，一则可能使电动机因缺相运行而被烧坏；二则使三相电路不对称，各相电压发生变化，使其中的相电压升高，造成事故。

2. 故障成因

（1）外力破坏：树木等异物砸断导线等造成断路。

（2）雷击：空旷地带的绝缘线易被雷击而造成断线故障。从事故现场看，断线故障点大多发生在绝缘支持点 500mm 以内，或者在耐张和支出搭接处。

（3）线路、设备本身原因：导线接头处接触不良或过负荷烧断跌落式熔断器，有时由于负荷电流大或接触不良，而烧毁触头；制造质量的问题和操作人员拉合不当用力过猛，也会造成跌落式熔断器瓷体折断。

三、直埋高压电缆常见故障

与架空线路相比，光伏区直埋电缆往往在提高可靠性方面具有一定的优势。但也因为埋设在地下，当电缆出现短路或是断路的情况，若想在短时间内查明原因比较困难。因此，掌握直埋电缆的初步故障判断方法对光伏电站的运行和维护工作极为重要。

（一）直埋高压电缆故障类别

1. 开路故障

若电力电缆出现故障，可以通过相关检测仪来发现电缆中存在的问题，一般应用地间的绝缘电阻来满足电缆正常运行的规定值，但是在运行中所包含的电压却不能高效的传入到供电终端。通俗来讲就是一种完全不存在电压，另一种是虽然检测到电压，但是因为终端负载能力较低，进而产生故障，这两种情况统称为开路故障。开路故障是地埋电缆应用时最常见的故障类型。

2. 低阻故障

当电力电缆在正常工作中发生相间或是相对地间的电阻遭到破坏时，利用检查仪器对其进行电阻测试，所测量的结果是要低于电缆在正常运行时的电阻值的。基于大量的电缆维护工作的经验得知，当电力电缆的某个部位的电阻值要是低于 10 倍电力电缆正常运行的阻值的话，就称其为低阻故障。低阻故障一般可以运用低压脉冲反射的方式来对故障进行定位检测。

3. 高阻电压

当电力电缆在实际运行中出现绝缘受损的情况，检测仪所测到的电阻要低于运行电阻，但是其电阻值是要高于运行时的特性抗阻的，称为高阻故障。因为高阻故障通常是属于闪络性或是泄漏性故障，所以在检测低阻故障时运用的脉冲反射法是不满足高阻故障。基于高阻故障需要应用预防性实验来进行检测，在对电缆进行预防性检测时，如果出现泄漏高阻问题时，其发生故障位置的电压值会随着泄漏电流的增大而增加。同时当电压上升到一定值时，在发生故障部位的电流就会超过电缆的允许值范围。

如果出现散络性高阻故障时，在对电压值进行测量时，会发现泄漏电流会因为故障点的瞬间穿击而猛然的增强，并且当泄漏的电流值出现散络性波动的话，它具有的特性是当试验电压变小时，泄漏电流闪络的特点就会消除掉。

目前，交联聚乙烯电缆运用的速度非常快，可能很大一部分因为中国市场经济的增长所致，闪络性高阻的问题在地埋电缆出现问题的概率在持续上涨，又因为此种故障含有闪络特性，对于故障排除的工作开展十分困难。

（二）直埋高压电缆故障原因

1. 机械损伤

机械损伤引起故障是电力电缆故障中最常见的原因。在对电力电缆进行安装时都会需要用到部分机械，而在机械运用的同时难免会存在一些损伤，但是在试用过程中，此类故障是不会被及时检测出。当电缆运行几个月或是若干年后，因带来的热量以及外力等因素，就会引发电力电缆含有的安全隐患逐渐变成故障。在电力电缆安装时，造成机械损伤的具体原因还可细分为以下 3 个方面：

（1）在对电力电缆进行安装时所造成的损伤。在电力电缆进行安装敷设时，施工机械会不注意地触碰到电缆，致使其出现安全隐患，除此之外因为施工机械的牵引力过于高造成电缆出现拉伤或是截面变大，导致施工中有过大的弯曲，进而引发损伤。

（2）在电缆敷设时施工外力受到破坏。在进行地理电缆铺设时或是对其周围进行施工时，因为未能对电缆铺设环境多加注意等原因，致使施工机械在作业时会影响电缆，导致电缆因为外力作用而造成挖断、拉伤的损坏情况。

（3）在施工中因为地基下沉等外力因素。因为地基遭到沉降或是地层表面遭受到巨大冲击力等原因，而致使的电缆的外绝缘发生断裂等。

2. 绝缘受潮

当地埋电缆的外绝缘遭到损害时，通常极易出现安全事故或是电缆故障，通常故障的原因是外绝缘体受到潮湿的影响而产生的。

（1）由于电缆的分支接头与终端的包装盒的密封的力度不够或是安装不合理等，而导致电缆在运行中出现外绝缘受潮的现象。

（2）在电缆生产制造中连带的金属外套上的裂缝或是小孔中含有一些水分，进而引发电缆出现外绝缘受潮。

（3）电缆在实际运行中，它的金属外套因为地基的塌陷等一些外在因素，导致的腐蚀或是外物刺入而出现的外绝缘受潮。

（三）防范地埋电力电缆故障的注意事项

1. 增加电力电缆规划水平

电力电缆出现故障的常见原因是因为施工时的拉力作用而造成的，因此在电站建设阶段需要重点加强电缆线路的科学规划和合理设计。电缆运行和施工部门按标准要求运行和施工，进行电缆普查，绘制电缆线路路线图和所辖电缆线路总布置图，填写电缆设备台账。运行单位对图纸资料进行存档。在电力电缆进行埋设时，需要重点注意电缆之间的干扰情况。为防止出现干扰，务必要加大调查力度，避免出现混路的情况，进而避免电缆故障的发生。

2. 加大电力电缆运行管理力度

无论是维修，还是养护，运行部门按规程要求向施工部门履行许可开工手续，并做好各项防护措施，加强巡视防护。期间电缆线路维护单位在运行和施工过程中出现的隐患和问题进行评价考核，并要求运行部门和施工部门对出现的隐患进行整改。施工完毕后、运行和施工部门对电缆线路路线图和总布置图等基础资料进行更新、存档。

3. 提高对电缆运行技术的监管力度

利用现场监督以及加大宣传等方法，来减小施工所带来的电缆事故。在光伏系统地埋电缆管理流程中，需要加强“人防”和“技防”相结合。“人防”管理即在巡视防护管理环节，落实好挖土制度、许可制度和电缆守护制度。“技防”管理即需要与先进的处理技术进行有效结合，同时还要深入自动化管理机制中。例如，定期做电缆的耐压和绝缘检测，可以适当的应用远红外成像技术，来加大各个电力电缆之间的连触点与重点监控位置的测量工作，周期性巡检电缆沟、井的环境情况，来保障电力电缆在实际应用中稳定运行。

第七节　高压开关柜常见故障

光伏发电系统中常用的通用型开关柜由不同的功能单元柜型（柜型）组成。根据电力系统对主接线及相关使用的要求，针对使用场合与控制对象，并结合主要电器元件的特点，确定功能单元的一次接线方案、参数、安全级别、结构类型以及在使用现场若干功能单元的组合方案。如何保证开关柜内断路器、隔离开关、接地开关、电流互感器、电压互感器、保护单元等负荷开关、接触器等元器件稳定运行，就需要掌握高压开关柜的常见故障判断分析方法。

一、运行中突然跳闸故障

1. 故障现象及判断

高压开关柜上装有过流、速断、瓦斯和温度等保护装置（见图 6–22），运行中突然跳闸实际上是保护动作。如图 6–23 所示，当线路或变压器出现故障时，保护继电器动作使开关跳闸。跳闸后开关柜绿灯（分闸指示灯）亮。高压柜内或中央信号系统有声光报警信号，继电器掉牌指示。微机保护装置有“保护动作”的告警信号。

图 6–22　高压开关柜

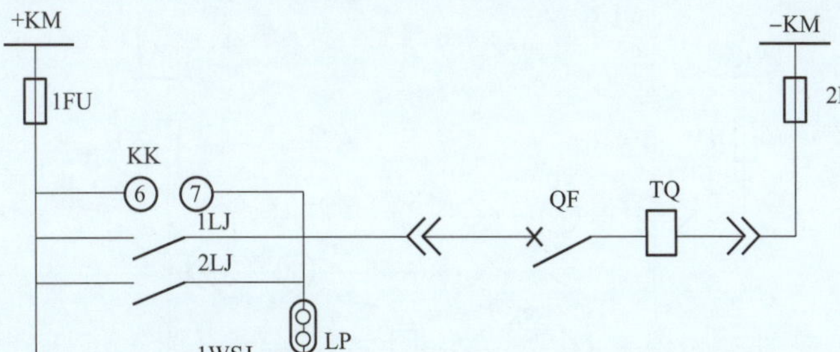

图 6–23　保护跳闸电路

KK—转换开关；1LJ—速断继电器；2LJ—过流继电器；1WSJ—气体继电器；WJ—温度继电器；QF—断路器；TQ—跳闸线圈

故障原因可以根据继电器掉牌、告警信息等情况进行判断。在高压柜中瓦斯、温度保护动作后都有相应的信号继电器掉牌指示。过流继电器（GL 型）动作时不能区分过流和速断。在定速限保护电路中过流和速断分别由两块（JL 型）电流继电器保护。继电器动作时红色的发光二极管亮，可以明确判断动作原因。

2. 处理方法

过流继电器动作导致开关跳闸，一般是因为线路过负荷。在送电前应当检查光伏区发电高峰情况，进行限负荷操作防止送电后再次跳闸。速断跳闸时，应当检查母线、变压器、线路。找到短路故障点，将故障排除并摇测相间绝缘合格后方可送电。过流和速断保护动作使开关跳闸后继电器可以复位，利用这个特点可以和温度、瓦斯保护区分。变压器内发生故障或过负荷时瓦斯和温度保护动作，必须检修变压器。如果是新移动、加油的变压器发生轻瓦斯动作，可以将内部气体放出后继续投入运行。温度保护动作是因为变压器温度超过定值，如果定值正确，必须设法降低变压器温度；如果定值偏小，可以将定值调大。通过以上几个方法使温度触点打开，开关才能送电。

二、高压开关柜储能故障

电动机构无法储能分别有电机故障控制开关损坏、行程开关调节不当和线路其他部分开路等，其故障现象表现为电机不转、电机不停、储能不到位等。具体如图 6–24 所示。

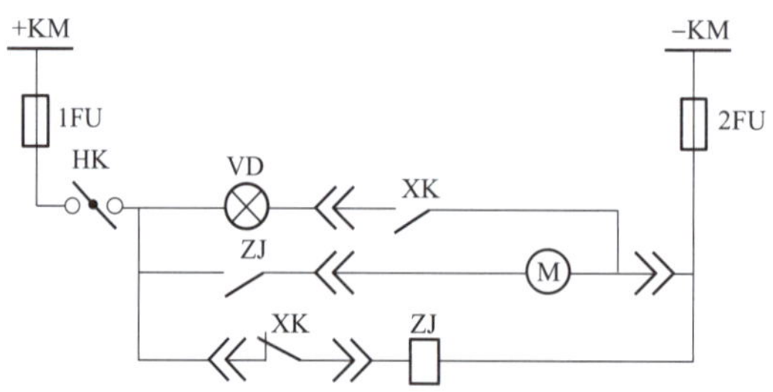

图 6–24　储能电路

HK—控制开关；VD—储能指示灯；M—电动机；XK—限位开关；ZJ—中间继电器

1. 行程开关调节不当

行程开关是控制电动机储能位置的限位开关，当电机储能到位时将电动机电源断开。如果限位过高，机构储能已满，表现为电动机空转不停机、储能指示灯不亮，只能打开控制开关（HK）才能使电动机停止。限位调节过低时，电动机储能未满提前停机，由于储能不到位开关不能合闸。调节限位方法是手动慢慢储能到正确位置，并且紧固。

2. 电动机故障

如果电动机绕组烧毁，将有异味、冒烟、熔断器熔断等现象发生。如果电机两端有电压，电动机不转，可能是碳刷脱落或磨损严重等故障。判断是否是电动机故障的方法有测量电动机两端电压、电阻或用其他好的电机替换检查。

3. 控制开关故障或电路开路

控制开关损坏使电路不能闭合及控制回路断线造成开路时，故障现象为电动机不转、电动机两端没有电压。查找方法是用万用表测量电压或电阻。测量电压是控制回路通电情况下，用万用表调到电压挡，如果有电压（降压元件除外）被测两点间有开路点。用测量电阻法应当注意旁路的通断，如果有旁路并联电路，应将被测线路一端断开（见表 6–1）。

表 6–1 电动机构无法储能故障判断处理表

故障	现象	判断	处理
行程限位高	电动机不停，储能灯不亮	手动储能，储满后凸轮顶不到限位开关	向下调整行程开关
行程限位低	储能不满，不能合闸	凸轮过早顶到限位开关	向上调整行程开关
电动机故障	冒烟、异味、熔断器熔断	万用表检查	更换电动机
控制回路断路	电动机不转	电动机无电压	更换开关或接线

三、高压开关柜合分闸故障

（一）合闸故障

合闸故障可分为电气故障和机械故障。合闸方式有手动和电动两种。手动不能合闸一般是机械故障；手动可以合闸，电动不能合闸是电气故障。如图 6–25 所示，高压开关柜电动不能合闸时有保护动作、防护故障、电气联锁和辅助开关故障等。

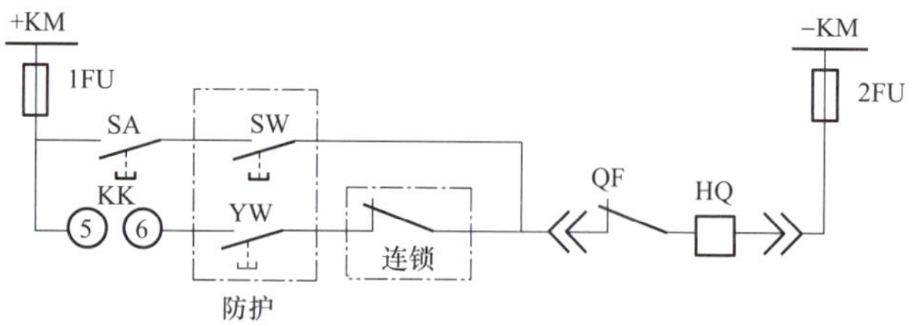

图 6-25　合闸电路

SA—试验按钮；SW、YW—试验、运行位置开关；QF—辅助开关；HQ—合闸线圈

1. 保护动作

保护动作使开关跳闸，开关送电前线路有故障保护回路使防跳继电器作用，合闸后开关立即跳闸。及时转换开关还在合闸位置，开关也不会再次合闸连续跳跃。另外对于负荷开关＋熔断器柜，如果一次熔断器烧坏，也可引起开关不能合闸。

2. 防护故障

高压柜内一般均设置五防功能，对于中置柜要求开关不在运行位置或试验位置不能合闸，即位置开关不闭合，电动不能合闸。此时运行位置灯或试验位置灯不亮，将开关手车稍微移动使限位开关闭合即可送电。如果限位开关偏移距离过大，应当进行调整。对于环网柜，应检查柜门是否关上，接地开关是否在分闸位置。

3. 电气连锁故障

高压系统中为确保系统可靠运行一般均设置电气联锁。如在两路电源进线的单母线分段系统中，要求两路进线柜和母联柜这三台断路器只能合两台。如果三台均合将会有反送电的危险，并且短路参数变化，并列运行短路电流增大。进线柜联锁电路串联母联柜的动断触点，要求母联柜分闸状态进线柜可以合闸。母联柜的联锁电路是分别用两路进线的一个动合和一个动断串联后再并联，这样就可以保证母联柜在两路进线柜有一个合闸另一个分闸时方可送电。

在高压柜不能电动合闸时，首先考虑是否有电气联锁，不能盲目的用手动合闸。电气联锁故障一般都是操作不当，不能满足合闸要求。例如。合母联虽然进线柜是一分一合，但是分闸柜内收车被拉出，插头未插。如果联锁电路发生故障，可以用万用表检查故障位置。

对上述三类合闸故障的判断，一是可利用红、绿指示灯判断辅助开关故障，该方法简单方便；二是可以用万用表检查确定，其判断结果更加可靠。检修辅助开关的方法是调整固定法兰的角度，调整辅助开关连杆的长度等。

4. 控制回路开路故障

在控制回路中控制开关损坏、线路断线等都使合闸线圈不能得电。这时合闸线圈没有动作声音。测量线圈两端没有电压，检查方法是用万用表检查开路点。

5. 合闸线圈故障

合闸线圈烧毁是短路故障，有异味、冒烟、熔断器熔短等现象发生。合闸线圈设计为短时工作制，通电时间不能太长。合闸失败后应当及时查找原因，不应该多次反复合闸特别是 CD 型电磁操作机构的合闸线圈，由于通过电流较大多次合闸容易烧坏（见表 6–2）。

表 6–2　电动不能合闸故障判断处理表

故障	现象	判断	处理
保护动作	合闸后立即跳闸，有告警信号	继电器掉牌	减少负荷，检查线路，降低温度
防护故障	不能合闸，位置灯不亮	检查位置开关通断	微移手车使开关闭合
联锁故障	不能合闸，试验位置能合	检查联锁电路通断	满足联锁要求
辅助开关故障	不能合闸，绿灯不亮	检查辅助开关通断	调整拉杆长度
控制回路开路	不能合闸	合闸线圈没有电压	接通开路点
合闸线圈故障	异味、冒烟、熔断器熔断	测量线圈电阻	更换线圈

（二）分闸故障

分闸故障也可分为机械故障和电气故障。电气故障主要有控制回路开路、线圈故障、辅助开关故障等。

（1）故障现象：当红灯不亮时电动不能分闸是辅助开关故障。分闸线圈烧坏时有冒烟、异味、熔断器熔断等现象发生。控制回路开路故障是指转换开关和其他部位断线，这时跳闸线圈不能得电。

（2）在检查线圈故障时可以用万用表测量线圈两端电阻。电阻过小或为零时内部匝间短路，电阻无穷大时内里开路。查找开路故障的方法是用万用表测量电压、电阻进行判断。开路点有电压，电阻无穷大。

四、高压开关柜机械故障

高压柜常见的机械故障主要有：机械联锁故障、操作机构故障等。故障部位多为紧固部位松动、传动部件磨损、限位调整不当等。

（一）机械连锁故障

为保证开关的正确操作，开关柜内设置了一些机械连锁。如手车进出柜体时开关必须是分闸。开关合闸时不能操作隔离开关等。这类故障形式多样，应当沿着机械传动途径进行查找。一般防护机构比较简单，与其他机构很少交叉，查找比较方便。如中置柜中断断路器不能达到工作位置，可能是以下几种情况引起：

（1）检查接地开关是否在分位，检查断路器室航空插头与航空插座是否连接可靠。

（2）检查接地开关在断路器室的连锁片是否复位。

（3）检查断路器室内侧的上下活门挡板是否到位，如未到位需调试活门挡板和连杆是否变形或卡涩。

（4）如断路器在试验位置（停用位置）活门挡板已经复位，接地开关的确处于分位。此时需检查断路器本体两次活门挡板滑槽是否处于同一高度，如没处于同一高度需调节到同一高度。

（5）检查断路器本体下端右侧的活舌是否灵活，如有卡滞则需调节灵活。

（二）操作机构故障

典型的操作机构故障部位一般是限位点偏移，调整方法是改变限位螺丝长度和分闸连杆的长度。

五、电流互感器常见故障

电流互感器常见故障包含互感器本体故障和二次回路开路故障。

（一）电流互感器本体故障

电流互感器本体故障主要表现为声音出现异常或是铁芯过热。

在电流互感器运行过程中，如果出现二次侧开路或过负荷等问题，则会产生异常声音或者铁芯严重过热现象。假如没有均匀涂刷半导体漆面，也容易产生较大的声音。

所以，如果有不正常声音或铁芯过热现象出现电流互感器的运行中，需要对侧仪表的实际情况进行详细观察，从而及时将故障产生的原因找出。如果是较大负荷造成的互感器出现异常，需要将负荷适当降低，并保证其能够满足额定负荷要求，另外还要继续观测电流互感器的具体运行情况；如果是绝缘损坏导致产生放电问题，需要对电流互感器及时更换。

（二）电流互感器二次回路开路故障

根据电流互感器的原理，电流由作为电源端的一次侧较少匝数线圈流经作为负载端的二次侧较多匝数线圈的，强电流转变为弱电流。此时若电流互感器二次侧出现开路，会导致二次侧产生较高的电动势；同时缺少了二次侧的去磁，铁芯内磁通量饱和，将会引起铁芯温度剧增，并可能烧毁互感器。故电流互感器二次回路开路故障需尽早判断和发现，并及时处理。

1. 故障现象

（1）电流互感器本体发出嗡嗡声，严重者冒烟起火。

（2）开路处发生火花放电。

（3）在运行中发生二次回路开路时，会使三相电流表指示不一致、功率表指示降低、计量表计转速缓慢或不转。若是连接螺丝松动还可能有打火现象。

（4）电流表指示降为零，有功、无功表的指示降低或有摆动，电能表转慢或停转。

（5）差动断线光字牌示警。

2. 故障原因

（1）交流电路回路中的实验接线端子，由于结构和质量上的缺陷，在运行中发生螺杆与铜板螺孔接触不良，造成开路。

（2）电流回路中的试验端子连接片，由于连接片胶木头过长，旋转端子金属片未压在连接片的金属片上，而误压在胶木套上，造成开路。

（3）检修工作中失误，如忘记将继电器内部触头接好，或误断开了电流互感器二次回路，或对电流互感器本体试验后未将二次接线接上零。

（4）二次线端子触头压接不紧，回路中电流很大时，发热烧断或氧化过热而造成开路。

（5）二次回路的过度端子氧化后松动。

3. 故障处理

在发现有二次回路开路时，应根据现象判断是属于测量回路还是保护回路。在处理时要尽量减小一次负荷电流以降低二次回路电压。操作时要站在绝缘垫上，戴好绝缘手套，使用绝缘工具。

处理前应解除可能引起误动的保护，并尽快在互感器就近的电流端子上用良好的短接线将其二次侧短路后检查处理开路点。在短接时发现有火花，短接应该是有效的，故障点就在短触点以下回路中；否则可能短接无效，故障点仍在短触点以前回路中。

（1）发现二次开路，要先分清是哪一组电流回路故障、开路的相别、对保护有无影响，汇报调度人员，解除有可能误动的保护。

（2）电流互感器二次回路开路引起着火时，应先切断电源后，可用干燥石棉布或干式灭火器进行灭火。

（3）在故障范围内，应检查容易发生故障的端子和元件。对检查出的故障，能自行处理的，如接线端子等外部元件松动、接触不良等，立即处理后投入所退出的保护。若开路点在电流互感器本体的接线端子上，则应停电处理。

（4）若外部检查无问题，本体仍有嗡嗡声，说明内部开路，应停电处理。

（三）电流互感器故障的预防

为提高电流互感器的运行稳定性，通常可采用以下集中方法以避免电流互感器故障的发生。

（1）确保一次端子引线接头具有良好的接触。日常定期检查一次端子引线接头部位的接触情况，确保接触面积充足，另外要避免过热性故障的产生。需要将膨胀器外罩与 L2 端子的等电位连接做好，避免出现电位悬浮。同时将防转动措施应用到二次线引出断，避免内部引线扭断因外部操作而产生。

（2）确保测试值正常。在电流互感器运行中测得介质损耗因数值出现异常，需要对与温度、电压的关系进行综合分析；当随着试验电压的增加而出现明显温度变化时，需要及时停止运行。如果色谱分析结果出现异常，则需要对其增长趋势进行考察，对具体数据进行跟踪分析，及时找出原因采取有效措施。

（3）对电流互感器退磁检查。互感器铁芯产生剩磁可能会导致电流突然下降。如在大电流情况下电流互感器会切断二次绕组和电源突然开路。当剩磁存在于互感器铁芯中时，造成铁芯磁导率出现下降，对互感器性能产生一定影响。经过长时间使用的互感器需要进行退磁。

六、SF_6 断路器常见故障

（一）SF_6 断路器故障解析及处理

SF_6 断路器在运行过程中相对稳定，SF_6 气体对人体有剧毒，因此一旦发生故障并造成泄漏，极易造成非电气原因的人身伤亡事故。对于 SF_6 断路器的故障处理，运维人员需保证人生安全的情况下做出初步判断和维修，必要时应寻求制造厂家技术人员的支持。

1. SF_6 断路器漏气故障

SF_6 断路器的充气状态通常由压力表和 SF_6 密度表进行监视，并且通过密度继电器进行控制和保护。

（1）当密度继电器发出故障信号时，应按以下两种情形分别进行确认：

1）密度继电器动作值出现误差，造成误发信号，应对其进行调整或更换；或者二次接线出现故障，找出故障点并改正接线。

2）断路器本体出现漏气，应找出漏气原因，再作针对性处理。

（2）当 SF_6 气体正常渗漏至密度继电器发信号时，可按 SF_6 气体压力—温度曲线进行补气，使其达到额定压力；补气时可在带电运行状态下进行。

（3）当 SF_6 气体压力迅速下降或出现零表压时，应立即退出运行。

电站现场运维人员应从下列因素分析查找漏气的原因：

（1）焊接件质量有问题，焊缝漏；

（2）铸件表面漏气，可能有针孔或砂眼；

（3）密封圈老化或密封部位的螺栓、螺纹松动；

（4）气体管路连接处漏气；

（5）压力表或密度继电器漏气，应予以更换。

确定具体漏气原因后，故障断路器应在制造厂家协助下进行检修。当运行中断路器发生严重泄漏故障时，运维人员需要接近设备时，要注意从上风方向接近，必须时应戴防毒面具，穿防护衣，并应注意与带电设备的安全距离。

2. SF_6 断路器拒合故障

SF_6 断路器在运行过程中经常无法正常合闸送电（即拒合）或合闸速度较慢的情况，需要按以下几点进行处理：

（1）合闸铁芯行程小，吸合到底时，定位件与滚轮不能解扣，调整铁芯行程。

（2）连续短时进行合闸操作，使线圈发热，合闸力降低。

（3）辅助开关未转换或接触不良要进行调整，并检查辅助开关的触点是否有烧伤，有烧伤要予以更换。

（4）合闸弹簧发生永久变形，合闸功不足。

（5）合闸线圈断或烧坏应更换。

（6）合闸铁芯卡住，应检查并进行调整，使其运动灵活。

（7）扇形板未复位或半轴的间隙过下（小于 1mm），原因是分闸不到位或调整不当，应重新调整。

（8）扇形板与半轴的扣接量过小，应调整在 2～4mm 范围内，或扇形板与半轴扣接处有破损应予更换。

（9）合闸定位件或凸轮上的滚轮热处理硬度偏低，有变形现象，应予以更换。

（10）机构或本体有卡阻现象，要进行慢动作检查或解体检查，找出不灵活部位重新装调。

（11）分闸回路串电，即在合闸过程中，分闸线圈有电流（其电压超过 30% 额定操作电压），分闸铁芯顶起，此时应检查二次回路接线是否有错，并改正错误。

（12）电源压降过大，合闸线圈端电压达不到规定值，此时应调整电源并加粗引线。

（13）控制回路没有接通，要检查何处断路，如线圈的接线端子处引线未压紧而接触不良等，查出问题后进行针对性处理。

3. SF_6 断路器拒跳故障

SF_6 断路器在运行过程中经常出现无法正常断开（即拒跳或拒分）或分闸速度较慢

的情况，需要按以下几点进行处理：

（1）半轴与扇形板调整不当，扣接量过大（扣接量一般应调整在 2 ~ 4mm 范围内）。

（2）辅助开关未转换或接触不良，要进行调整，并检查辅助开关的触点是否有烧伤，有烧伤要予以更换。

（3）分闸铁芯未完全复位或有卡滞，要检查分闸电磁铁装配是否有阻滞现象，如有应排除。

（4）分闸线圈断线或烧坏应予以更换。

（5）分闸回路参数配合不当，分闸线圈端电压达不到规定数值，应重新调整。

（6）控制回路没有接通，要检查何处断路，然后进行针对处理。

（7）机构或本体有卡阻现象，影响分闸速度，可慢分或解体检查，重新装配。

（8）分闸弹簧预拉伸长度达不到要求，适当调整预拉伸长度。

（9）分闸弹簧失效，分闸功不足，可更换分闸弹簧。

4. SF_6 断路器储能故障

SF_6 断路器进行储能主要是提供合闸或分闸所需要的势能，以辅助合闸或分闸弹簧进行拉伸。在断路器运行过程中出现合闸弹簧未储能或储能不到位的情况，需要按以下几点处理：

（1）控制电机的自动空气开关在“分”位置，应予以关合。

（2）对控制回路进行检查，有接错、断路、接触不良等，应进行针对性处理。

（3）接触器触点接触不良，应予调整。

（4）行程开关切断过早，应予调整，并检查行程开关触点是否烧坏，有烧伤要予以更换。

（5）检查机构储能部分，有无卡阻、配合不良、零部件破损等现象，如有应予以排除。

5. SF_6 断路器水分超标

在日常 SF_6 断路器巡检时，发现断路器的仪表指示水分超标，即断路器渗进水分，需要尽快按以下方法处理：

（1）更换吸附剂。

（2）抽真空，干燥或更换 SF_6 气体。

（二）SF_6 断路器的检修

1. SF_6 断路器返回制造厂家进行解体大修

（1）断路器运行时间已达到 10 年；经检查后存在有严重影响设备安全运行的异常现象。

（2）操作次数已达到断路器所规定的机械寿命次数。

（3）累计开断电流达到断路器所规定的累计开断数值。

2. 解体检修工艺及要求

（1）检修人员戴防毒面具将断路器内的 SF_6 气体放掉，然后抽真空，绝对压力应达到 133Pa，再用 N_2 冲洗 3 次，充气冲洗压力 0.2MPa。应特别注意的是，检修环节排放 SF_6 气体均需通过 NaOH 水溶液排出。

（2）检修人员穿戴防护服及防毒面具将 SF_6 断路器封盖打开后，暂时撤离现场 30min。

（3）检修人员戴防毒面具（或氧气呼吸器）和防护手套将吸附剂取出，用吸尘器和毛刷清除粉尘，用丙酮清洗金属和绝缘件。

（4）拆卸废弃物处理至中性后，即放入 20% NaOH 水溶液中浸泡 12h 后再行深埋。

（5）解体后主要检查更换磨损、烧损及腐蚀比较严重的零件，更换紧固件、弹簧、绝缘件、已老化的密封圈、绝缘件以及更换吸附剂等；应特别注意的是，更换下的吸附剂及废弃物应按有关规定妥善处理。

（6）用工业酒精重新清洗各零部件，绝缘件送入烘炉在 80～100℃烘 4h 后进行装配，吸附剂在 500～550℃烘干 2h 后按返修标准及客户特殊要求进行装配。装配应迅速完成并及时对本体封闭。

（7）整体装配结束后，随即抽真空至 133Pa，维持真空泵运转 30min 以上，然后停止真空泵观察 30min 后读取真空度值，再静观 5h 以上，第二次读取真空度值，两读数之差不大于 65Pa 为合格，否则要查找漏气点。抽真空时要绝对防止误操作，以免引起真空泵倒灌事故。

（8）对充气管道进行干燥处理，充入合格的 SF_6 气体至额定压力（20℃）。

（9）充气 24h 后，用 SF_6 气体检漏仪检测漏气率，要求年漏气率≤1%，微水含量

≤0.15‰（20℃），特别要注意管道、接头、阀门等。

（10）断路器装配完毕后，主要技术参数应达到出厂标准，并按出厂标准进行机械特性及电气性能试验。

（11）工作结束后将使用过的防护用具清洗干净，而且检修人员要洗澡。

七、电压互感器的常见故障

电压互感器异常运行时有告警音响信号、“电压回路断线”光字牌亮、表计指示异常、互感器过热冒烟等现象。导致电压互感器异常运行的主要原因包括两个方面：一是本体故障，如熔断器熔断或接触不良、一次隔离开关辅助触点接触不良等；二是控制回路问题，如电压切换回路断线或接触不良，回路中发生短路等。

（一）电压互感器本体故障

电压互感器本体故障，一般是由于电路导线受潮、腐蚀及损伤使二次绕组接线短路，发生一相接地短路及相间短路等。由于短路点在二次熔断丝前面，故障点在高压熔断器熔断之前不会自动隔离。

1. 故障表现及原因

（1）三相电压指示不平衡：一相电压降低，甚至降为零，而其他两相正常；线电压不正常，或伴有声、光信号，可能是互感器高压或低压熔断器熔断。

（2）中性点非有效接地系统，三相电压指示不平衡：一相电压降低，甚至为零，而其他两相升高，甚至可达线电压；或指针摆动，可能是单相接地故障或基频谐振，如三相电压同时升高，并超过线电压，即指针可摆到头，则可能是分频或高频谐振。

（3）高压熔断器多次熔断，可能是内部绝缘严重损坏，如绕组层间或匝间短路故障。

（4）中性点有效接地系统，母线倒闸操作时，出现相电压升高并以低频摆动，一般为串联谐振现象；若无任何操作，突然出现相电压异常升高或降低，则可能是互感器内部绝缘损坏，如绝缘支架绕、绕组层间或匝间短路故障。

（5）中性点有效接地系统，电压互感器投运时出现电压表指示不稳定，可能是高压绕组 N（X）端接地接触不良。

2. 故障处理

（1）首先退出可能误动作的继电保护和安全自动装置，断开二次侧断路器，或拔下二次侧熔断器。

（2）高压侧熔断器三相或故障相已经熔断时，可拉开隔离开关隔离故障。

（3）高压熔断器未熔断，故障不严重，绝缘未损坏，若漏油至看不见油位、内部发热等，可拉开隔离开关隔离故障。

（4）高压熔断器未熔断，内部故障严重，且高压侧绝缘已损坏时，只能使用高压断路器切除故障，尽量用改变运行方式的方法停电；不能改变运行方式时，只能在不带负荷的情况下拉开隔离开关，然后恢复供电。

（5）故障电压互感器隔离后，将一次母线并列，合上电压互感器二次侧联络开关，重新投入所退出的继电保护和安全自动装置运行。

（6）检查出故障后，若是电站现场运维人员能自行处理的故障，立即进行处理并及时投入运行；若是不能自行处理的故障，应交由专业检修人员检查处理。

（二）电压互感器控制回路断线故障

电压互感器运行中，当某一线路报出“电压回路断线”等故障信号，警铃声响，该线路的表计指示降低为零，保护失去交流电压，断线闭锁装置启动。若交流电压小母线及以上回路和设备无问题，则很可能是与线路有关的二次回路部分发生断线故障。

1. 故障现象

（1）三相电压不平衡，故障相相电压指示为零，电能表指示失常。

（2）相应的有功表、无功表指示降低或到零。

（3）“电压回路断线”信号发出，故障录波器可能动作。

2. 故障原因

主要是保护及仪表用电压切换回路断线、接触不良。

3. 故障处理

处理这种故障时应特别注意距离保护在交流电压断线情况下，直流操作电源断开，重新合上时可能会误动跳闸。这种情况下距离保护未退出时，不能装拔直流操作保险。

电压互感器控制回路的故障通常需要结合故障信息及关联设备状态综合判断并分

别处理。

（1）同时出现交流“电压回路断线”、保护“直流电压回路断线”的故障信号的处理。

检查电压切换继电器（交流电压回路中的1ZJ、2ZJ）触点未闭合的原因：

1）可以在一次主电路运行母线（在合闸位置的母线侧隔离开关）相对应的切换继电器上，测量线圈两端电压。若电压正常，可能为继电器触点未接通（多次发生操作后），也可能是继电器线圈断线。

2）电压很低，而操作电源正常，则可能是隔离开关的辅助触点（1QS、2QS）接触不良，或回路中的连接端子出问题。

（2）交流电压回路短路故障的处理。

1）如发现端子线头、辅助触点接触有问题可自行处理，打开保护继电器，防止保护误动作。

2）不能自行处理的需汇报调度管理部门和有关上级，退出可能误动的保护。

3）若属隔离开关辅助触点接触不良，不可采用隔离开关操作机构的方法以及防止带电拉隔离开关，造成事故。

八、真空断路器常见故障及其处理

高压柜内真空断路器（见图6-26）常见故障根据结构特点有灭弧仓故障、操作机构故障、断路器本地拒动故障三类，具体分析方法如下：

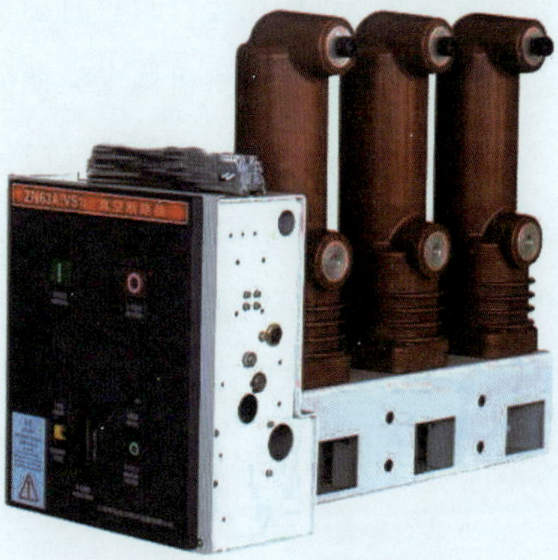

图6-26　真空断路器

（一）真空断路器灭弧舱故障

1. 故障原因

真空灭弧室的触头接触面在经过多次开断电流后会逐渐被电磨损，导致接触电阻增大，这对开断性能和导电性能都会产生不利的影响，因此要测量导电回路电阻，并建议测量值不大于 1.2 倍出厂值。

2. 处理方法

对接触电阻明显增大的，除要进行触头调节外，还应检测真空灭弧室的真空度，必要时更换相应的灭弧室。调节触头时要注意触头的弹跳，测量真空断路器触头弹跳时间的方法如下：

（1）采用记录型示波器，将合闸过程中触头接触信号记录下来，接触信号上的锯齿状脉冲线条长度就是触头弹跳时间。

（2）采用开关特性测试仪测量触头合闸弹跳时间。如果测得的触头合闸弹跳时间大于规定值。可从下列几方面采取措施：

1）适当增大弹簧的初压力。

2）调整传动机构，利用机构在合闸位置超过主动臂死点时传动比很小的特点，将机构向靠近死点方向调整；可减小触头合闸弹跳。

（二）真空断路器操作机构故障

1. 真空断路器跳跃现象

采用直流操动机构的真空断路器，机构在运行时有时会发现机构合闸线圈通电后，合闸铁芯没有达到合闸终点位置，传动轴未能将机构支架托住而返回，使断路器分闸。此时，合闸信号又未切除，合闸线圈再次得电，铁芯又马上合闸，如此急速的连续分合几次，称为“跳跃”现象。“跳跃”现象的原因及处理方法是：

（1）掣子是否有卡滞现象，或掣子于环间隙未达到（2 ± 0.5）mm 要求，若超出此要求时，应卸下底座，取出铁芯，调整铁芯顶杆高度，使其达到间隙要求。

（2）合闸线圈被辅助开关过早切断合闸电源，此时应调整辅助开关拉杆长度，使断路器可靠合闸。

2. 弹簧操作机构常见故障

在调整扇形板与半轴扣接量的过程中，常见故障及处理方法如下：

（1）半轴自动复位困难，原因是半轴复位钮簧软，处理方法是换复位钮簧，保证其质量。

（2）合、分闸信号给出后，半轴不联动。原因是推板角度不适，有松动，半轴转动不灵活。处理方法是旋紧推板螺钉，调整推板角度，在半轴的转动部位加润滑油。

（3）机构与断路器连接后，扇形板不能复位到正常位置，其原因是机械输出轴分闸位置不正确。处理方法是调整机构与断路器之间的拉杆长度来调整输出轴的分闸位置。

在调整微动开关的过程中，常见的故障及处理方法如下：

（1）机构合闸弹簧储能不到位。

（2）机构电机不断电。

以上故障通常原因是微动开关安装位置不合适。前者为微动开关偏下致使合闸弹簧未储能完毕，微动开关触点已经转换，切断了电机电源；后者为微动行程开关偏上，致使合闸弹簧储能完毕后，微动开关触点还没有得到转换，电机仍在工作状态。处理方法是可通过调整微动开关上下位置来实现电机准确断电。

（三）真空断路器拒动现象

在真空断路器检修和运行过程中，有时会出现不能正确合闸或分闸的现象，被称为拒动现象。当发生拒动现象时，首先要分析拒动的原因，然后针对拒动的原因进行处理。分析的基本思路是先查找控制回路，若确认控制回路无异常，再在断路器方面查找。若断定故障确实出在断路器方面，再将断路器从线路上解列下来进行检修（见表 6-3）。

表 6-3　真空断路器拒动现象、原因和处理方法

动作异常现场	处理方法	原因
不能合闸	合闸线圈损坏	更换线圈
	触点接触故障	打磨接触表面
有合闸动作，但合不上	合闸时的冲击力使杠杆跳起	跳闸杠杆的位置
	摩擦、跳闸拉杆、各连杆无法回位	检查销子是否卡住，加润滑油

续表

动作异常现场	处理方法	原因
分闸故障	分闸线圈损坏	更换线圈
	辅助触点接触问题	调整或更换触点
	摩擦使杠杆变紧	检查销子是否卡住，调整并加润换油
计数器指示不准	操作拉杆位移	重新调整

第八节　光伏电站二次回路常见故障

光伏电站二次回路是电气系统中的一个重要组成部分。二次回路发生故障将直接影响电气设备和电力系统的安全运行，甚至造成极其严重的后果。需要特别指出的是，二次回路涉及相关自动化设备及系统较多，细分领域的专业性较强。在光伏电站日常运行维护中，经常需要同时借助各自动化设备专业领域的厂家进行后期维护和技术支持。

与一次设备故障类似，二次回路的故障类型也可分为断路和短路故障两大类，运行中以二次回路断路故障居多。

一、二次回路断路故障

一、二次回路断路故障通常是因为电站内二次回路断线造成。二次回路断线总体上分为：电流互感器二次回路断线、电压互感器二次回路断线及直流系统二次回路断线等。电流互感器和电压互感器的作用以计量为主，而高压开关柜内的电流互感器和电压互感器以保护作用为主，后者的故障处理可参见本章第七节。

（一）二次回路断路的检查方法

二次回路断路的故障表现并不明显，运维中通常需要用以下一种或多种检查方法进行排查：

1. 导通法

此方法是用万用表的欧姆挡测量电阻，而且不能使用兆欧表。因为兆欧表对回路中各原件接触不良或电阻元件变值的故障测不出来。用导通法检查时，必须先断开被测回路的电源，否则会烧坏表计。一般不带电压、电流回路可用此方法测量检查。用导通法查找回路不通的原理，是通过测某两点之间电阻值的变化来判别故障。对于接触良好的接触点，电阻应为零，严重接触不良时有一定的阻值，未接通的触电其两端电阻非常大；对于电流线圈，其电阻应很小（近于零）；对于电压线圈和电阻元件，其限值应于标称值相近。

2. 测电压降法

测电压降法是用万用表的直流电压挡，测回路中各元件上的电压降。回路不通故障无须断开电源，因此无导通法的缺点。测量时所选用表计量程应稍大于电源电压。该方法原理是：在回路接通的情况下，接触良好的触点两端电压应等于零，若不等于零（有一定值）或为全电压（电源电压），则说明回路其他元件良好而该触电接触不良或未接触。电流线圈两端电压应近于零，过大则有问题，电阻元件及电压线圈两端则应有一定的电压，回路中仅有一个电压线圈且无串联电阻时，线圈两端电压不应比电源电压低得很多。线圈两端电压正常而其触点不动，说明线圈断线。

3. 对地电位法

用对地电位法查二次回路不通故障，也无须断开电源。测前应首先分析回路各点的对地电位，然后再进行测量，将分析结果和所测值及极性相比较。将电位分析和测量结果比较，所测值和极性与分析相同，误差不大，表明各元件良好。若相反或相差很大，表明部分有问题。测量各点对地电位，应使用万用表直流电压挡（量程应大于电源电压），将一支表笔接地（金属外壳），另一表笔接被测点。若被测点应带正电，则应将正表笔接被测点，负表笔接地；反之，将负表笔接被测点而正表笔接地。若表计指示为直流电源电压的一半左右（电源电压 220V 时约为 110V），则表明该点到电源正极或电源负极之间是通的。测对地电位时，读数为电源的 1/2 左右，是因为电站直流系统中的绝缘检查装置的影响。用测对地法检查回路不通的故障具有方便、准确的特点，且不受个元件和端子安装地点的影响，回路中有两个不通点也能准确查出（两断开点之间对地电位是零)。

(二)二次回路断路故障分析及处理

1. 电流互感器二次侧断线

(1)电流互感器一次绕组直接接在一次电流回路中，当二次侧开路时，二次电流为零，而一次电流不变，使铁芯中的磁通急剧增加达到饱和程度。这个剧增的磁通在开路的二次绕组中产生高电压，直接危及人身和设备的安全。

(2)电流互感器二次侧开路的征象包括：零序、负序电流启动的保护装置频繁动作，或启动后不能复归；差动保护启动或误动作；电流表指示不正常，相电流指示减小到零；有功、无功功率表指示减小，电能表走得慢；开路点有时可能有火花或冒烟等现象；电流互感器有较大嗡嗡声等。以上现象有些不一定同时都发生，决定于开路的二次绕组供给哪些负荷以及开路的具体情况。

(3)电流互感器二次侧开路的处理。根据故障现象判断是哪一组二次绕组开路。如果是保护用的二次绕组开路，应立即申请将可能误动的保护装置停用。检查开路绕组供电的二次回路设备(继电器、仪表、端子排等)有无放电、冒烟等明显的开路现象。如果没有发现明显的故障，可用绝缘工具(如验电器等)轻轻碰触、按压接线端子等部位，观察有无松动、冒火或信号动作等异常现象。在进行这一检查时，必须使用电压等级相符且试验合格的绝缘安全用具(如戴绝缘手套等)。

2. 电压互感器二次侧断线

(1)电压互感器二次回路断线的原因，可能是接线端子松动、接触不良、回路断线、断路器或隔离开关辅助触点接触不良、熔断器熔断、二次回路开关断开或接触不良等。

(2)电压互感器二次回路断线时，所有接入电压量的保护装置都受到影响。没有断线闭锁装置的保护将会误动作。

(3)电压互感器二次回路断线可能产生下列信号或征象：距离(或低阻抗)保护断线闭锁装置动作，发断线、装置闭锁或故障信号；发二次回路开关跳闸告警信号；电压表指示为零，功率表指示不正常，电能表走慢或停转等。

(4)电压互感器二次侧断线的处理。根据信号和故障征象判断电压互感器二次绕组回路断线。若为保护二次电压断线时，立即申请停用受到影响的继电保护装置，断开其出口回路连接片，防止断路器误跳闸。例如仪表回路断线，应注意对电能计量的影响。检查故障点可用万用表交流电压挡沿断线的二次回路测量电压，根据电压有无来找出故障点并予以处理。

电压互感器二次回路开关跳闸或二次熔断器熔断，可能二次回路有短路故障，应设法查出短路点，予以消除。检查短路点，可在二次电源及正常触点断开后，分区分段用万用表电阻挡测量相间及相对地间的电阻，相互比较来判断。如未查出故障点，采用分段试送电时，应在查明有关可能误动的保护（距离或低阻抗等）确已停用后才能进行。

3. 直流回路断线

直流二次回路断线可能影响保护电源正常供电、操作电源失压或信号及监视装置失灵，导致设备失去保护，断路器不能跳闸，操作不能正常进行或运行失去监视，严重威胁安全运行。发生直流断线时，可测量电压（电位）来检查直流回路断线点。用直流电压表沿有关回路检查有无电压。如果有电压，应检查该点对地电位的正负来判断具体断线点。检查电压要用内阻较高的直流电压表，这是为了防止检测中直流回路短路或接地，可能使某些保护误动。

二、二次回路短路故障

二次回路短路故障最常见的是直流系统接地和外部控制电缆因为施工等原因发生接地。其中电缆短路故障比较容易里查找，只要将电缆和端子排断开，检测绝缘即可。直流系统的故障则相对复杂，下面着重进行分析。

（一）二次回路直流系统接地原因

二次回路直流系统接地故障发生时，可通过以下方法依次判断，查找接地点，处理接地故障。

（1）户外端子箱、触电盒、电磁锁或温度计等密封不良，漏入雨雪水分或有昆虫或其他小动物进入。

（2）上述设备内部结露潮湿，绝缘受潮。

（3）控制电缆或接线端子绝缘损坏。

（4）继电保护元件或二次线绝缘损坏。

（5）二次回路工作人员不慎，引起接地或短路。

（二）直流系统接地故障类型及特点分析

二次回路的直流系统接地根据接地介质主要分为电阻单点接地、多点经高阻接地、多分支接地，具体判断分析方法如下：

1. 电阻单点接地

电阻性单点接地无论是金属性接地还是经过高电阻接地均会引起接地电阻的降低，当低于 25 kΩ 时直流系统绝缘监察装置即会发出接地报警，并进行选择查找接地点，防止造成由于直流系统接地引起的误动、拒动。

2. 多点经高阻接地

当发生直流系统多点经高阻接地后，直流系统的总接地电阻逐步下降，当低于整定值时，才发生接地告警，从而出现多点接地现象。如第一点 80kΩ 接地，一般不会有告警，电压偏移也不多；第二点 80kΩ 接地，并联后为 40kΩ，高于绝缘监察设定的 25kΩ 报警限值，一般也不会报警，但电压偏移会较大，在巡视、运行过程中要引起足够的重视；当第三点高阻接地发生后，如为 40kΩ，则第三点并联后直流接地电阻为 20kΩ，这时必然会引起接地告警。多点经高阻接地引起的接地告警，由于每条接地支路电阻均较高，直流拉路选择变化不明显，可能漏掉真正的接地支路，此时最好能检测出支路的接地电阻值，而不是接地电流的相对值或百分比，可判断接地状况。

3. 多分支接地

有关设备经过多次改造或施工不小心及图纸设计不合理等，都将导致经多个电源点引来正电源或负电源去某个设备，当该设备发生接地时，即为多分支接地，比多点更麻烦，通过拉闸几乎不可能找出接地支路，因为断开任何一条支路，接地点还存在，对地电压也不会发生变化或变化较小，此时应在保证安全的基础上断开所有支路再逐条支路送出，来查找接地电阻，但风险较大。

（三）直流系统接地故障的查找方法

查找直流接地故障原则：根据运行方式、操作情况、气候影响进行判断可能接地的处所，采取拉路查找处理的方法，先信号和照明部分后操作部分，先室外部分后室内部分。查找时按以下步骤进行查找：

（1）根据接地的极性，分析故障可能发生的原因、大概位置。

（2）若站内二次回路上有工作，或有设备检修试验，应立即停止，看信号是否消除。

（3）缩小查找范围，将直流系统分成几个不相联系的部分。

（4）对于不太重要的直流负荷及不能转移的分路，利用“瞬时停电”的方法，查该分路中所带回路有无接地故障。

（5）对于重要的直流负荷，用转移负荷法（即将发生接地的系统各个回路逐回短时切换到另一电压相同的正常直流回路中，观察接地现象是否随着转移，以判断该回路是否接地），检查该分路内各回路有无接地故障。在进行上述各项检查选择后仍未查出故障点，则应考虑同极性两点接地。当发现接地在某一回路后，有环路的应先解环，再进一步采用取保险及拆端子的办法，直至找到故障点并消除。

第七章

光伏电站典型故障案例分析

CHAPTER 7

第一节　光伏组件故障及案例分析

一、案例 1　组件热斑故障造成组串支路电流偏低

1. 事件经过

2019 年 8 月 25 日 11 时 20 分，河北某 20MWp 光伏电站值班人员陈某在集控后台进行组串故障巡查过程中，发现 #11-10HL 第 5 支路虽有电流输出，但数值偏低，与正常支路电流差值为 5A，初步判断该支路有组件可能存在热斑、玻璃碎裂或遮挡异常现象。

值班人员即刻联系正在光伏区巡检的张某和李某。经现场检查，发现该支路其中 1 块组件背板灼伤发黄，钢化玻璃碎裂，电池片上有直径约 2cm 的灼伤痕迹，组件表面温度高达 45℃，且其表面存在鸟屎（见图 7-1）。

图 7-1　现场故障组件

2. 故障处理

经检查该组件表面钢化玻璃碎裂、局部灼伤，已无法继续使用，需进行更换新组件。

现场运维员工断开汇流箱直流断路器，断开故障支路正负极熔断器和故障组件支路 MC4 插头，并做安全措施。

完成组件更换后，将更换组件按原方式接入组串。使用万用表测量电压是否正常，有无接地情况；选择直流电压挡，测量组件支路直流开路电压约为 780V，测量正、负极对地电压有明显压降，确认无接地情况。

合上该支路正负极熔断器，合上汇流箱直流断路器，现场电流检测模块显示该支路与相邻支路电流无差异，支路运行正常。

3. 原因分析

直接原因：故障组件表面有鸟屎长期附着，产生热斑效应造成组件局部发热致使灼伤及玻璃碎裂。

光伏组件表面长时间难免落上鸟屎、尘土、落叶等遮挡物，这些遮挡物在运维过程中需要及时清理。否则，遮挡物长时间覆在组件上形成阴影并导致某些电池单片的电流、电压发生变化，其结果使电池组件局部电流与电压之积增大，从而在这些电池组件上产生了局部温升。当热斑效应产生的温度超过了一定极限将会使电池组件上的焊点熔化并毁坏栅线，从而导致整个太阳电池组件的报废。

4. 预防措施

为预防热斑效应的产生，通常组件接线盒内都会加装旁路二极管，当光伏组件出现热斑效应时接线盒内部二极管开始工作，直接将遮挡部分整串电池屏蔽，但此时会间接损失被遮挡组串电池功率输出。电站预防组件热斑效应的措施：

（1）电站在运行维护过程中，现场运维人员应及时清除组件附近的杂草等异物；及时清理组件表面的灰尘、鸟粪等异物；尽可能确保组件表面清洁。

（2）合理设定组件清洗时间，防止气温过低而结冰等现象出现。

（3）搬运组件时尽量减少组件碰撞等现象，禁止在组件上站、坐、躺等，以防组件内部损伤。

5. 案例点评

由本案例可见，光伏组件清洁度直接影响组件效率和导致热斑的产生，电站运维过程中需加强巡检和组件清洁。

光伏组件热斑效应造成的危害很大，被遮挡的光伏组件将会消耗有光照的光伏组件所产生的部分能量或所有能量，降低输出功率，严重的将会永久性破坏太阳能电池组件，甚至烧毁组件。

此外，组件中电池片的电流失配、电池片破损、组件虚焊和无损遮挡等原因都会引起电池发热，为了防止热斑效应对光伏电站造成发电量损失及对太阳电池片造成损害，应该在组件生产、现场施工和运行维护过程中采取相应的措施来减少热斑效应发生的风险，降低其危害。

二、案例 2　组件 EL 检测发现组件内部缺陷问题

1. 事件经过

2019 年 10 月 15 日 20 时，宁夏某 200MWp 光伏电站在进行新装组件 EL 测试，现场根据光伏阵列的分布情况，以及全方位覆盖的抽样准则，选取了 3 种型号的光伏组件进行 EL 测试，每种型号光伏组件抽取 100 块组件共 300 块，发现异常组件数量 3 块，占抽样比例 1%（部分数据如表 7-1 所示）。根据测试结果发现 EL 缺陷主要有电池片黑边及明暗片、断栅以及线状或枝杈型隐裂（缺陷如图 7-2 所示）。

表 7-1　部分光伏组件 EL 测试结果

序号	测试区域	组件型号	组件序列号或位置	EL 缺陷	判定
1	20118H08 汇流箱	TP660P-265	PH66071026532717	/	正常
2			PH66071025432717	/	正常
3			PH66071021022717	隐裂；划痕	异常
4			PH66071019522717	/	正常
5			PH66071105192717	/	正常
6	20112H11 汇流箱	GCL-P6/60260	131511209950033	黑边	正常
7			131511209950089	/	正常
8			131512080050868	/	正常
9			131512099930043	黑芯片	异常
10			131512099930175	/	正常

续表

序号	测试区域	组件型号	组件序列号或位置	EL 缺陷	判定
11	30410H14 汇流箱	SF156X156-P	30410H10 汇流箱 -E1-005	断栅	正常
12			30410H10 汇流箱 -E1-007	/	正常
13			30410H10 汇流箱 -E1-012	/	正常
14			30410H10 汇流箱 -E1-013	碎片；断栅	异常
15			30410H10 汇流箱 -E1-015	/	正常

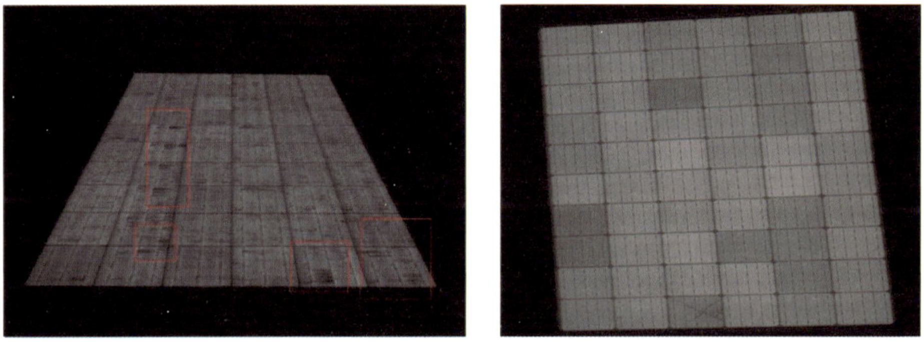

图 7-2　EL 测试下组件隐裂

2. 故障处理

由于异常组件存在隐裂现象，且范围较大，长期运行会产生热斑效应、降低发电效率、加速组件衰减等问题，现场对被检查组件进行分析，选择将影响较大的异常组件进行更换。

更换过程：断开该支路汇流箱直流断路器，断开故障支路正负极熔断器和故障组件 MC4 插头，并做安全措施。完成组件更换后，将更换组件按原方式接入组串。使用万用表测量电压是否正常，有无接地情况：选择直流电压挡，测量组件支路直流开路电压约为 760V，测量正、负极对地电压有明显压降，确认无接地情况。

合上该支路正负极熔断器，合上汇流箱直流断路器，现场电流检测模块显示该支路与相邻支路电流无差异，支路运行正常。

3.原因分析

对产生的 EL 缺陷可能的原因分析如下：

（1）电池片黑边及明暗片、断栅等，与电池片质量相关，建议联系厂家提供出厂

EL 照片。

（2）线状或枝杈型隐裂、电池片破碎等，可能发生在组件运输、安装等环节，由暴力搬运或安装造成。EL 缺陷将降低组件使用寿命或直接影响组件的发电性能。

对于黑边及明暗片，应联系组件厂商提供出厂时对应的 EL 图片，以便进一步分析缺陷造成的原因。同时，在电站后期扩建时，应考虑对到货光伏组件进行 EL 测试，以确认运输对光伏组件的影响程度。

电池片产生的电流主要靠表面相互垂直的主栅线和细栅线收集和导出。如果隐裂导致细栅线断裂时，电流将无法被有效输送至主栅线，从而导致电池片部分乃至整片失效，还可能造成碎片、热斑等，同时引起组件的功率衰减。

4. 预防措施

从长远来看，组件隐裂纹会造成极大的功率损失，主要是组件中的裂片会极大地影响组件性能。

在运行维护过程中，现场运维人员应该定期对全站 3%～5% 的组件进行隐裂 EL 抽样检测，根据检测结果，判断分析隐裂占比及影响，对已存在隐裂的组件及时进行更换。同时完善现场组件安装等操作规程，强化各工序步骤，避免因搬运、操作不当而导致隐裂的产生。

5. 案例点评

由本案例可见，光伏组件产品的质量及可靠性应受到极大重视。组件产生隐裂会降低组件的效率、可靠性和使用寿命，乃至光伏系统的稳定性。通过定期对组件进行 EL 测试，来降低组件发生隐裂的概率，从而保证组件的可靠性和使用寿命。

三、案例 3　组件接线盒故障分析

1. 事件经过

2018 年 7 月 8 日 16 时 00 分，宁夏某 20MWp 光伏电站值班人员侯某在交接班检查设备运行情况时，发现综合自动化监控后台 12#–7HL 第 10 支路电流为零，初步判断为组串支路接地故障。由于夏季高温，组件输出功率较大，为保障现场生产安全，随即组织人员前往现场检查。

现场发现该支路 1 块光伏组件接线盒引线端子已烧毁，接线盒烧毁、盒盖脱落，组件背板出现烧焦，组件碎裂（故障现场如图 7-3 所示）。

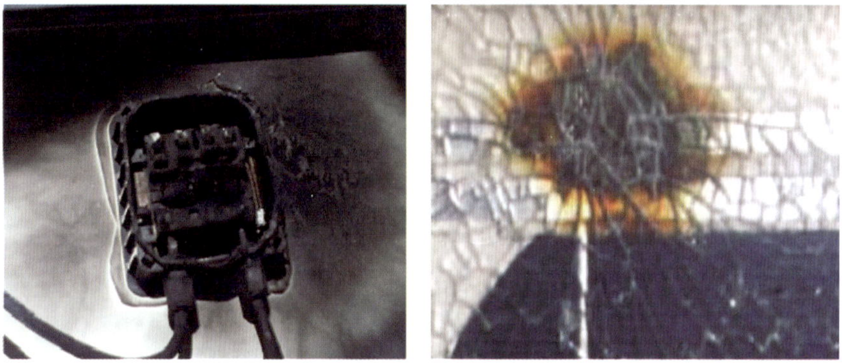

图 7-3　光伏组件接线盒故障现场

2. 故障处理

由于该组件接线盒烧毁，已对背板及接线盒附近电池片造成影响，且组件也受热碎裂，无法正常投运，需更换整块组件。

断开该支路汇流箱断路器，断开故障支路正负极熔断器和故障组件 MC4 插头，并做安全措施。完成组件更换后，将更换组件按原方式接入组串。使用万用表测量电压是否正常，有无接地情况：选择直流电压挡，测量组件支路直流开路电压约为 780V，测量正、负极对地电压有明显压降，确认无接地情况。

合上该支路正负极熔断器，合上汇流箱直流断路器，现场电流检测模块显示该支直路与相邻支路电流无差异，支路运行正常。

3. 原因分析

直接原因：当日晴天少云，发电功率波动较大，该支路在云遮挡过后，瞬时电流增大，过载导致该支路 1 块组件接线盒烧毁，引起接线盒内部出现明火，组件受热碎裂。

光伏接线盒主要具有两种功能：基本功能为连接光伏组件和负载，将组件产生的电流引出并产生功率。保护组件引出线，加装的二极管可以防止热斑效应。光伏组件接线盒作为组件的重要部件，它的机械设计、电气设计以及材料直接影响到接线盒的质量。现场通过分析接线盒和组件烧毁程度，初步判断原因可能如下：

（1）接线盒机械强度较低。由于市面的组件价格越来越低，接线盒价格也压得越来越低，个别企业采用回料来打接线盒外壳，大大降低了接线盒的机械强度，当遇到高温、极寒等极端天气，接线盒容易脱落。

（2）接线盒内部电性能较差。接线盒内容易受高温影响的部件为密封圈和二极管。高温会加快密封圈的老化速度，影响接线盒的密封性；如果接线盒内旁路二极管配置低，电流达不到指定要求，由于二极管和接线端子存在接触电阻，会产生热量，另外环境温度升高，接线盒温度也会持续升高，导致接线盒烧毁。

（3）接线盒无扇热设计。夏季持续高温，二极管内部反向电流随着环境温度升高而增大，温度每升高 10℃，反向电流会增大一倍，方向电流会减小组件产生的电流，影响组件的功率。

4. 预防措施

在运行维护过程中，定期检查组件接线盒有无渗胶现象，组件背板有无变色痕迹。做到及时发现，及时检查，及时分析处理。

在更换新的接线盒之前主要检查接线盒外观、密封性、防火等级、二极管等方面，确保使用质量较好的接线盒。

5. 案例点评

由本案例可见，接线盒的质量把控对组件生命周期和企业发电效益影响很大。接线盒作为太阳能电池组件的重要附件，起到连接太阳能组件与逆变器等控制装置的桥梁作用，高额定电流、高防水性、优良的散热性、低电阻等的接线盒可以保障组件高效、稳定、持久地运行。

四、案例 4　光伏区方阵雷击案例分析

1. 事件经过

2019 年 7 月 18 日，江西余江某 20MWp 光伏电站在日常巡检过程中，发现 2 方阵 7 号组串有多块组件接线盒有鼓包现象，现场进行测量开路电压为 12.25V（见图 7–4），远远低于组件额定值 37.7V。检查汇流箱内的浪涌保护器大部分损坏。

经现场排查，2 方阵 7 号、8 号、10 号组串接线盒有鼓包击穿现象，汇流箱支路熔断器击穿（故障现场如图 7–5 所示）。

（a）雷击组件　　　　（b）正常组件

图 7-4　组件电压检测

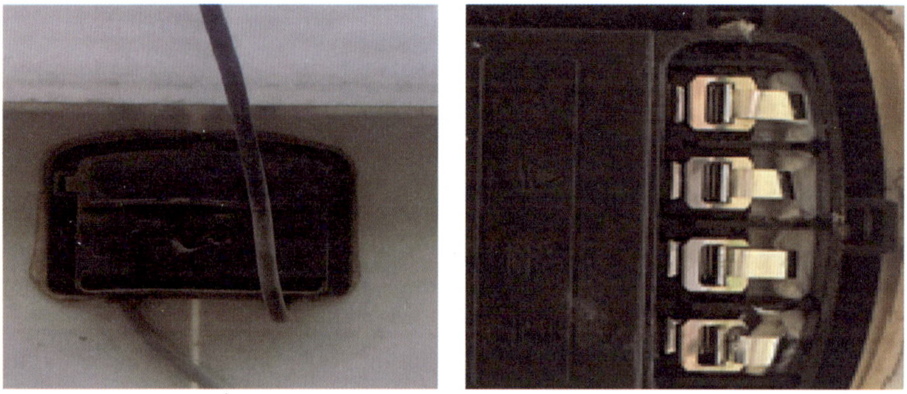

图 7-5　组件接线盒二极管击穿

2. 故障处理

（1）组织对雷击区域进行组件，并进行更换。

经现场检测统计，因雷击造成组件损坏共计242块，分布在2号、5号、10号方阵。运维单位组织编制《光伏区雷击组件维修施工方案》，将故障组件全部更换。在光伏组件边框安装线径不小于 4cm^2 接地线，组件与组件之间使用小接地线进行有效连接，接地线紧固螺丝全部更换并做防腐处理。

（2）完成光伏防雷汇流箱浪涌保护器、支路熔断器检测。并将不合格熔断器进行更换。

（3）设备引下线更换为 50cm × 5cm 截面的热镀锌扁钢，测量接地电阻合格。接地装置刷防腐漆。

3. 原因分析

本次雷击事故主要发生在光伏区 2 号、5 号、10 号方阵，周边地势平坦，无较高树木，不具备引雷条件，且和其他方阵距离也很近，根据现场情况来看，没有特殊性，所以发生雷击事件应属于偶然原因，排除周边环境引雷的可能。

一般雷击对光伏场地阵列产生的损害主要分为以下几点：

（1）对太阳能组件的损害。太阳能电池由半导体硅材料制作而成，雷击主要会对硅材料或体内 PN 结产生伤害，破坏电池片 PN 结晶体场，使电池片 PN 结产生缺陷，引起杂质的迁移，最终会导致半导体寿命下降，影响太阳能电池组件的使用寿命或直接造成组件的损坏；

（2）对保护器件的损害。对浪涌保护器（SPD）破坏性冲击，造成功能失效，如未及时发现，将无法保护设备而引起损失；对组件旁路二极管造成破坏，雷电的过电流极易损坏旁路二极管，导致组件的保护功能损坏。

现场经第三方防雷检测机构测量光伏区主接地网未采用 50cm × 5cm 截面的热镀锌扁钢，设备引下线未采用 50cm × 5cm 截面的热镀锌扁钢，接地电阻不合格。接地装置严重腐蚀生锈（见图 7-6）。光伏支架和光伏组件边框接地线线径和材质不符合设计要求，组件与组件之间大部分未跨接接地。接地线紧固螺丝全部锈蚀。

图 7-6　现场接地扁铁

此次雷击事故的发生，暴露出电站在施工建设时，防雷接地未按设计要求施工，且现场在雷雨季节到来之前，未定期组织开展防雷接地测试，巡视过程中对组件接地线脱落、锈蚀未进行全面分析和整改。

4. 预防措施

该电站地处江西，夏季多雨，且本地处于雷区，针对此次事故现场进行以下整改：

（1）此次雷击事故的发生，暴露出电站在施工建设时，防雷接地未按设计要求施工，安排对光伏区接地网系统进行整改处理。

（2）光伏支架和光伏组件边框接地线按设计要求更换为不小于 $4cm^2$ 接地线，组件与组件之间应做跨接线并接地。接地线紧固螺丝全部更换并做防腐处理。

（3）在运行维护过程中，定期检查汇流箱保护器，定期对汇流箱、组件进行可靠性接地试验，对不合格部位及时进行整改。

5. 案例点评

由本案例可见，安全质量管控需从工程建设时期抓起。隐性的施工安装质量问题可能会带来严重后果，造成极大的经济损失，甚至造成运行人员人身伤害。因此，在电站建设期必须严格按照设计要求施工，建立并严格执行一套完善的责任追究制度，强化建设、施工、监理以及运维单位各层级责任追溯还是十分必要的。

五、案例 5　光伏组串接地故障分析及处理

1. 事件经过

2019 年 1 月 13 日 14 时 35 分，江西某 20MWp 光伏电站主控室运维监盘人员发现后台监控发生报警，打开报警显示“3 号箱式变压器测控逆变器 B 方阵绝缘阻抗异常”“3 号箱式变压器测控逆变器 B 告警运行”，逆变器停止运行。检查汇流箱电流数据，3 号方阵 2 号汇流箱内第 2 光伏发电组串电流值为零（如图 7–7 所示）。运维人员初步判断该光伏组串接地导致告警，立即派运维人员到现场排查故障并消缺。

2. 故障处理

现场运维人员用万用表分别对已停运的逆变器直流配电柜内各直流断路器正、负极进线端的对地电压进行测量。经测量 3#–2HL 所属逆变器侧正极对地电压为零，负极对地电压为 680V，在正常情况下，正、负极进线端对地电压绝对值应在 300 ~ 380 V 之间，并且测量过程中对地电压会逐渐下降，故判断该支路存在接地现象。

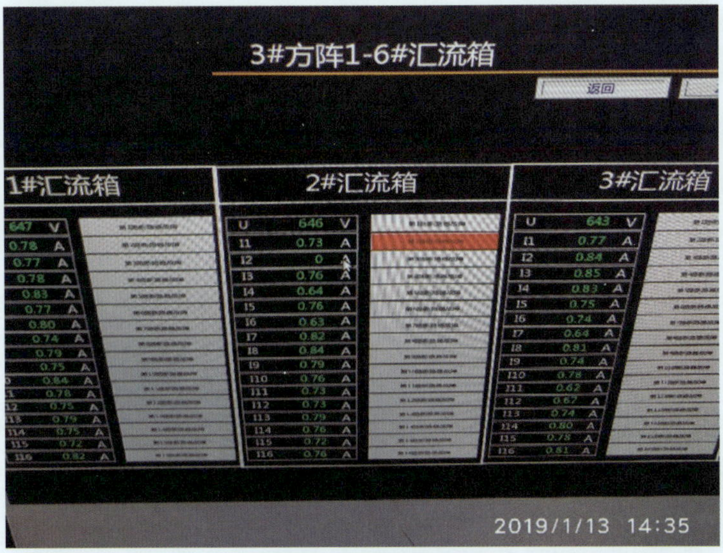

图 7-7　后台报警显示

运维人员用万用表测量 3#–2HL 所有支路对地电压，发现第 2 支路存在接地情况，其余支路无接地，故确认故障点位于 2 号支路（如图 7–8 所示）。断开汇流箱 2 号支路熔断器，检查组件接线情况发现，2 支路第 6 块组件 MC4 插头熔断烧毁。现场重新制作 2 号支路 MC4 插头，恢复组串连接后，测量该支路开路电压及对地电压无异常，投入运行后，使用钳形电流表测量该直流电流正常。

图 7-8　汇流箱支路排查

3. 原因分析

现场组串 MC4 插头发热熔断接地造成逆变器告警、停机。

光伏组串的 MC4 插头作为组件的重要连接件，插拔触头未紧密连接，有水分、尘埃等杂质进入，导致插拔触头接触不良，长期发热致使熔断接地。通过现场排查发现，光伏组串 MC4 插头有近三分之一为连接到位，直流电缆沿支架分布，为放置在电缆槽内，光伏直流电缆中间有断线。可能造成光伏直流电缆接地的主要原因如下：

（1）线头压线不牢固，造成电缆线芯松脱而发生接地，任何一根电缆线芯的松脱接地都有可能造成严重的后果。

（2）直流电缆在施工过程中受到破坏，接触金属桥架或土壤而发生接地。

（3）MC4 中间接头对直流回路的影响。在施工规范中原则上是不允许有中间接头尤其是地埋部分，但实际在现场施工情况复杂不可避免地会出现中间接头。因为图快，接头多采用 MC 4 插头，下雨后插头慢慢进水，导致接地故障。

4. 预防措施

针对此次事故，现场对光伏区存在隐患的 MC4 插头进行排查，用红外测温枪对插拔头处进行测温检查，对发热严重的插头重新更换制作；对光伏直流电缆敷设进行梳理，对存在表皮破损、接头防护差的线缆进行防护处理。

当现场遇到逆变器报“绝缘阻抗低”故障告警，有没有明显故障点，现场排查故障的一般方法如下：

（1）将同一组串的中间组件接线端子断开，此时形成两个小组串，分别对小组串的正负极进行对地电压测量，其中必然会出现一个小组串正极或负极对地电压不正常情况。出现小组串正或负极对地电压不正常的小组串为接地点存在区域，应在此区域查找接地点。

（2）当判断出接地点位置存在于哪个小组串时，由于小组串的组件侧电极没有至逆变器直流线缆，因此应认真分析组件侧电极对地电压。若组件侧电极对地电压为 0V 左右，判断为接地点在组件侧电极附近，若组件侧电极对地电压值等于空载电压，判断为接地点在直流线缆侧。

5. 案例点评

由本案例可见，在电站的建设过程中，做好电缆铺设和接线工作至关重要。施工质量的好坏关系着整个工程的整体质量和效益，也决定了后期管控团队消缺的工作量。尽管电缆铺设和接线过程中涉及许多工序，整体较为复杂，但仍应该注意把控施工过程和质量，提高施工人员素质及责任心。

六、案例 6　光伏组串因直流电弧引起的火灾事故

1. 事件经过

2019 年 4 月 21 日 12 时 02 分，河北某电站主控室运维监盘人员曹某发现后台监控发生报警，打开报警显示“17 号箱变测控 – 逆变器 B 方阵绝缘阻抗异常”以及“17 号箱变测控 – 逆变器 B 告警运行”，后台核查该逆变器所属汇流箱发现 9 号汇流箱电流数值为零（如图 7–9 所示）。现场组织人员立即前往现场检查。

12 时 13 分，运行人员现地检查，车辆行驶到 17 方阵大门时，运维人员吴某闻到一股烧焦的味道，进一步勘察，发现 17 号方阵 9 号汇流箱处有明火及烟雾（如图 7–10 所示）通过对讲机汇报站长姜某。姜某启动电站火灾应急预案。事故造成 1 个光伏汇流箱烧毁，汇流箱底部直流电缆烧毁，内部元器件损坏。

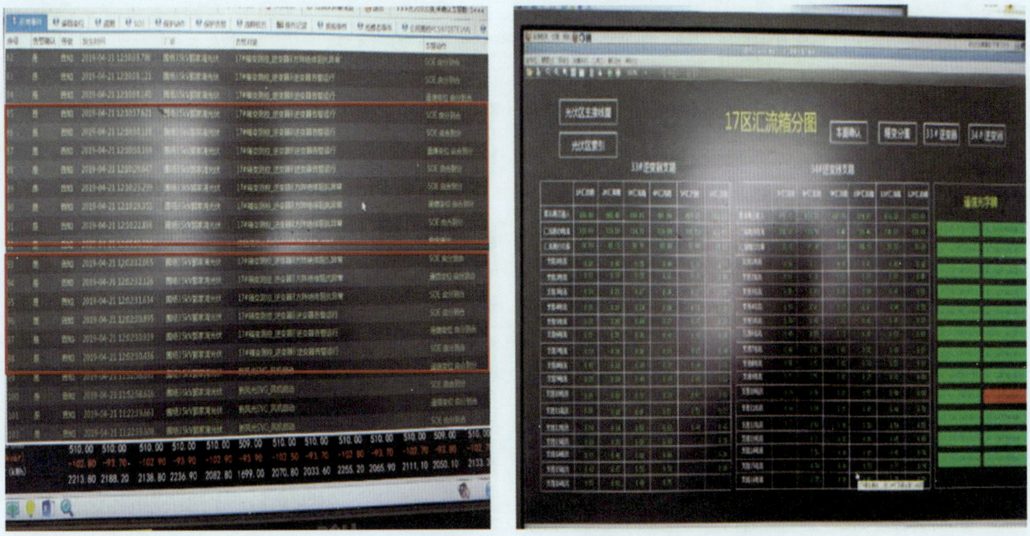

图 7–9　故障告警信息

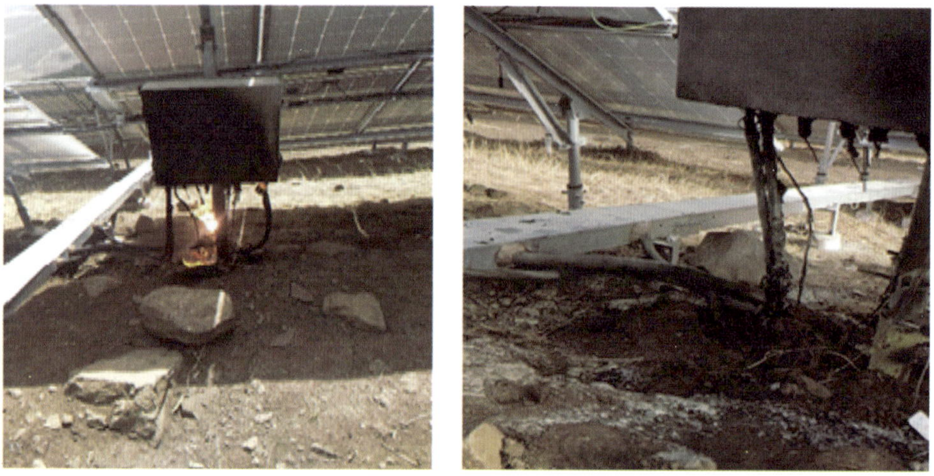

图 7-10 故障照片

2. 故障处理

12 时 15 分，值班人员从监控后台将 17#-33、17#-34 逆变器停机，现场运维人员断开直流侧断路器、切断电源，将 9 号汇流箱所属组件侧 MC4 插头全部断开，并迅速取出该区域灭火器及消防锹进行灭火。

运维人员迅速利用灭火器对明火进行优先控制，并使用防火锹挖掘周边泥土进行铺盖灭火，12 时 45 分火情得到控制，现场无明火出现，为防止二次火情，运维人员对此处区域进行隔离，在 9 号汇流箱处放置灭火器及消防锹，并派专人进行留守，直至 17 时 30 分无二次起火可能性后人员方才撤离（见图 7-11）。

图 7-11 现场事故处理

确定火源彻底熄灭后，运维人员对 17#–34 逆变器 9 号汇流箱所属组件进行排查：故障汇流箱进行检查发现汇流箱内部接线因明火及高温熏烤，电缆和元器件已损坏［图 7–12（a）所示］。对组件进行排查，测量数据无异常，组件外观无异常。对损坏电气设备处理如下：

（1）更换 9 号汇流箱本体及所有元器件［如图 7–12（b）所示］。

（2）更换组件至汇流箱直流电缆，并测试其绝缘合格。

（3）逆变器至汇流箱直流电缆余量够，进行电缆头制作并测试其绝缘合格。

（4）投运后运行正常。

（a）事故汇流箱

（b）更换后的汇流箱

图 7–12 汇流箱故障更换

3. 原因分析

直接原因：汇流箱下端公母头虚接短路着火。

汇流箱内防火泥高温渗出的油受到重力影响，通过端子缝隙依附在公母头附近，造成绝缘阻抗降低，汇流箱下端公母头发生虚接短路后，短路电流是正常负荷电流的 80 倍以上，导致公母头直接熔断，并且故障点对地放电会造成局部发热和电火花，产生闪络，引起火灾事故。

（1）本次汇流箱起火，汇流箱内部未波及，只是起火后对内部产生烟熏，内部元器件表面存在烟熏痕迹，内部未起火的主要原因为各电缆进出口处防火泥封堵到位，故未造成汇流箱内部起火。

（2）现场检查时，用万用表逐个支路测量组件侧、直流连接电缆的正负极对地绝缘电阻，阻抗大于逆变器绝缘阻抗的阈值要求，组件及直流线路绝缘阻抗正常，最先起火部位判断为汇流箱下端公母头连接处，此处连接不牢靠或公母头制作工艺不合格，均会引起虚接短路，轻微时直流熔断器熔断，重则虚接公母头有烧熔痕迹或直接熔断，并且弧光会灼伤周边范围公母头。

（3）检查发现，汇流箱内部的防火泥高温后会渗油，其顺着电缆流至公母头处，会产生绝缘阻抗异常情况，经检测防火泥渗出的油样，是有导电性能的，故当此油流至公母头连接处，公母头虚接或连接不可靠，均会导致绝缘阻抗降低。

4. 预防措施

开展汇流箱设备排查，更换不合格防火泥，检查汇流箱直流断路器接线是否紧固、有无破皮，汇流箱电源模块输入滤波电容有无鼓包漏液。

检查防反二极管的导通特性，以及汇流箱内光伏组串进线电缆的紧固情况；检查有无明显发热现象。

后续需对有如此现象的汇流箱进行排查整改。运行维护过程中应定期对汇流箱进行详细排查，及时发现并消除隐患。

5. 案例点评

由本案例可见，电站运维人员应掌握各种风险的防范措施，以便于及时发现隐患并及时消除，以切实确保光伏电站高效优质安全的运行。此次故障处理，运维人员及时分析报警信息和数据变化，第一时间赶赴现场，启动应急预案，使用了正确高效的方法，及时控制了火情，避免了山地电站电气火灾事故引起森林火灾，同时因为火灾扑灭及时，范围控制及预防措施得当，也最大限度的减小了火灾对发电区域的影响和损失。

七、案例 7　光伏组件滑落、掉落、大风刮落事故

1. 事件经过

2018 年 12 月以来，河北北方地区受季风影响，多次遭受极端大风天气，造成承德某山地光伏电站多个支路的组件被刮落，支架存在严重变形情况。组件报废 40 块，支

架横担变形共 4 根（如图 7-13 所示）。

图 7-13 事故现场图

2. 故障处理

事故发生后，电站生产部门立即组织运维人员对现场进行检查，并进行了如下工作：

（1）断开各支路组件连接插头并做安全措施，将现场损坏组件进行拆卸，更换已变形的支架横担，各螺栓均使用双螺母固定。更换备用电池组件。

（2）电池组件进行串联接入汇流箱，测量组件支路直流电压 780V，正、负极对地电压有正常压降，该组串并网后运行正常。

（3）大风天气过后，对全站组件螺栓进行排查，并通知施工单位对松脱螺栓进行紧固处理。

3. 原因分析

直接原因：组件螺栓紧固不到位，扣件松动，遇大风天气吹落。

经现场分析初步判定，光伏组件的安装施工存在如下问题：

（1）在施工过程中，施工人员工作素质低，现场监理责任心不强。组件安装人员在施工期间多人踩在光伏支架上施工，造成支架弯曲变形，扣件松动。同时，季风多次大风吹袭下造成支架整体晃动，使扣件底座压片发生松动，螺栓松动，导致组件脱落。

（2）施工人员水平低。安装扣件压片未达到设计标准要求，在卡槽中出现歪斜，当遇到大风天气下，导致底座压片产生错位，扣件于 C 型钢扣槽脱离。施工期间支架及组件螺栓紧固不到位，致使大风天气来回振动，抗风能力不足，螺帽在振动松脱后，组件受风力影响被刮落，同时支架横担受力变形严重。

（3）运维人员巡检不及时、不到位。现场运维人员未在季风到来前进行组件螺栓排查紧固。

4. 预防措施

（1）责令组件电气安装单位对厂区光伏组件进行全面检查，主要针对螺栓的松动，卡扣的调整，对已经损坏的卡扣进行更换。

（2）加强组件、支架的巡回检查力度，尤其是季风天气前后的检查，一旦发现有松动的组件和支架，及时进行紧固处理。

（3）运维值班人员及时关注当地未来 3～5 天的天气预报，一旦发现有大风天气，提前做好防范措施。

5. 案例点评

由本案例可见，光伏电站安全质量管控需从电站建设时期抓起。在建设过程中，施工单位应加强安全业主交底是施工技术规范培训；在电站并网验收过程中，参见单位应严格按照《光伏电站安装施工质量验收规定》进行验收，确保电站高质量投产发电。电站运维人员在运行维护过程中，应定期对定期进行设备检修维护，保障电站安全生产。

第二节　组件支架故障及案例分析

一、案例 1　固定式光伏支架故障

1. 事件经过

2018 年 4 月 15 日晚，宁夏某光伏电站所处区域遭遇大风天气，4 月 16 日早晨，电站组织对场区组件进行排查。经排查发现某光伏阵列区因大风导致组件刮落，支架受力

倾斜倒塌共 5 架，组件跌落损坏共 24 块，支架变形无法使用共 2 架，如图 7-14 所示。

（a）组件支架故障　　（b）组件紧固不到位出现挂落情况

图 7-14　组件故障

2. 故障处理

经检查支架受力倾斜倒塌共 5 架，组件跌落损坏共 24 块，支架变形无法使用共 2 架，需更换无法使用的组件及支架，重新安装矫正。

断开故障支架所属汇流箱直流断路器及各支路正负极熔断器，断开组件各连接插头，并做安全措施。

更换变形损坏支架及组件，加固支架基础，按技术要求将缺失支架拉筋补全。严格排查各连接螺栓的紧固情况，确保无紧固不到的情况。将电池组件按电气连接方式串联接入汇流箱，测量各组串支路直流电压 755V，正、负极对地电压有正常压降，确无接地情况，投运后运行正常。

3. 原因分析

故障直接原因是支架及组件螺栓紧固不到位，部分支架拉筋未安装，致使大风天气，螺栓振动脱落，组件被刮落，支架受力倾斜、变形、倒塌。

光伏电站的组件及支架螺栓应定期进行排查，尤其是施工期间。若存在紧固不到位情况，随着大风不断的冲击，各连接部分受风力影响来回振动，致使螺栓渐渐产生松动、脱扣现象，从而导致故障发生。

4. 预防措施

任何螺栓固定的光伏支架，在使用一段时间后都会出现松动。通常情况下，前期施工时质量把关不严格，施工后未进行螺栓二次紧固，后期运行因温度变换及风力张力的影响，螺栓固定丝口出现松动，时间一长就会出现紧固部位松脱，终致支架故障及事故。如何避免组件支架故障的发生，主要有以下防治措施：

（1）加强施工期质量把关，在施工验收阶段最好再组织进行二次检查紧固。

（2）日常巡检时加强对支架固定螺栓的紧固排查，定期对螺栓进行预防性紧固措施。

（3）特殊天气后（如大风、地震等）应及时进行排查紧固，电站也需及时关注天气动态，在强风天气到来前，统一安排进行紧固，避免故障的发生。

5. 案例点评

由本案例可见，由于外力及安装施工工艺问题、螺栓松动问题导致的光伏支架最佳倾斜角度的改变、移位甚至倒塌，支架结构因外力导致的形变等情况，极易造成支架及组件受损，受光面位置改变，发电能力下降。组件因张力还可能导致隐裂的产生，对设备安全运行存在一定隐患。故提前预防，并采取相应的治理措施尤为重要。

二、案例 2　斜屋面固定式光伏支架故障

1. 事件经过

2019 年 6 月 27 日，宁夏某分布光伏发电项目运维人员在例行巡检屋顶分布式电站时，发现屋顶安装的固定式光伏组件被石块砸碎，受损区域的支架出现了塌陷形变，已经无法继续使用。

2. 故障处理

受损组件玻璃碎裂，已无法正常使用，需进行更换；弯曲、倾斜支架可通过矫正，并加斜撑来进行固定。

将该组件所属组串式逆变器停运，断开受损组件连接公母插头，拆除受损组件并做安全措施。对变形支架进行矫正，加设斜支撑固定牢靠。更换新组件并完成电气连接，投运后运行正常。

3. 原因分析

直接原因是组件钢化玻璃受重物击打导致碎裂，支架受力不均产生形变（见图 7–15）。

图 7-15　组件支架弯曲位置

根据现场实地查看及组件碎裂区域碳纤的情况判断，此故障为人为因素造成；经查访得知，有路人将石块频繁扔至屋顶组件上导致组件钢化玻璃碎裂，支架因安装时考虑到屋顶的承重能力，使用空心铝合金材质的支架作为组件安装的支撑材料，在受力后出现形变，导致周边组件出现倾斜。

4. 防治措施

针对人为因素致使故障产生，电站运维人员应加强对设备的巡视检查，增加巡视次数，在显眼位置张贴警示标识，对周边群众进行风险告知，告知其危险点及注意事项，并宣传相关法律追责条款。

此外，电站支架安装时应考虑到屋顶的承重能力，使用空心铝合金材质的支架作为组件安装的支撑材料。支架受力后易出现形变，将导致周边组件出现倾斜，通过加装斜支撑的经验，对所有支架进行加固。

5. 案例点评

由本案例可见，除运维人员自身需加强设备的巡检力度外，还应注意对周边群众的宣传教育。分布式屋顶电站建于城镇之中，人流较多，还常有小孩玩闹，无法完全避免意外或者有意的抛坠物重击，做好周边群众爱护发电设施的宣传工作，也是保障其安全稳定运行的重要管理措施。

三、案例 3 平单轴跟踪式支架故障

1. 事件经过

2017 年 4 月 23 日，宁夏某光伏电站运维人员进行光伏区日常巡视检查过程中，发现 89 号方阵 8 号汇流箱第 8 支路转动横梁断裂，且横梁处于上下弯曲状态，如图 7–16 所示横梁断裂情况，此处使用支架为平单轴跟踪支架。

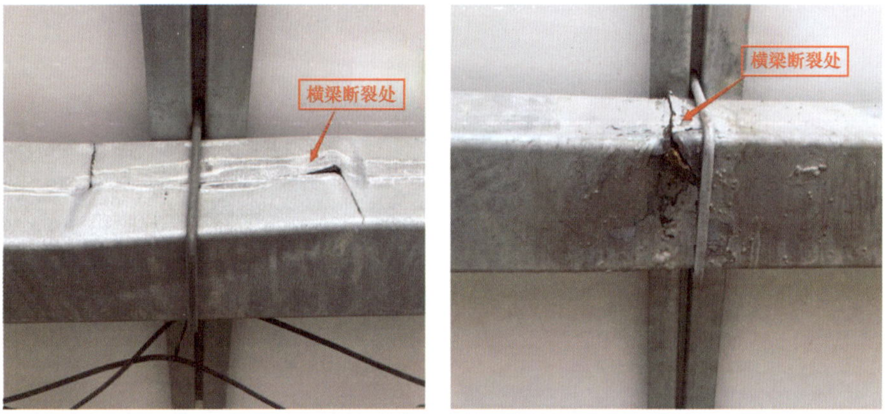

图 7–16　横梁断裂

2. 故障处理

检查支架断裂情况，将断裂横梁所属组串支路解列，横梁断裂点组件进行拆卸；测量横梁备件长度，以横梁断裂点为中点，用专用切割器具将断裂部位两端截断，所截长度与所测量横梁备件长度保持一致。

更换横梁备件，连触点用专用钢制夹板固定（见图 7–17），同时紧固夹板螺栓；检查横梁更换无误，安装该处组件，并将该组串投入运行。组件恢复安装时采用加高垫（见图 7–18），避免横梁在运转过程中齿轮箱磨损组件。拔出该段横梁与推拉杆连接销钉，断开横梁与推拉杆连接，调整轴承立柱，并紧固轴承立柱与基础立柱连接螺栓，确保所有立柱高度一致、且水平垂直，横梁整体平整（见图 7–19）。恢复横梁与推拉杆连接，插上销钉，检查该组支架整体转动正常。

3. 原因分析

施工过程中未将轴承立柱与基础立柱连接螺栓彻底紧固，在推拉杆联动横梁转动

过程中，使轴承立柱严重受力不均匀，导致横梁在转动过程中倾斜、下沉，最终致使横梁断裂。

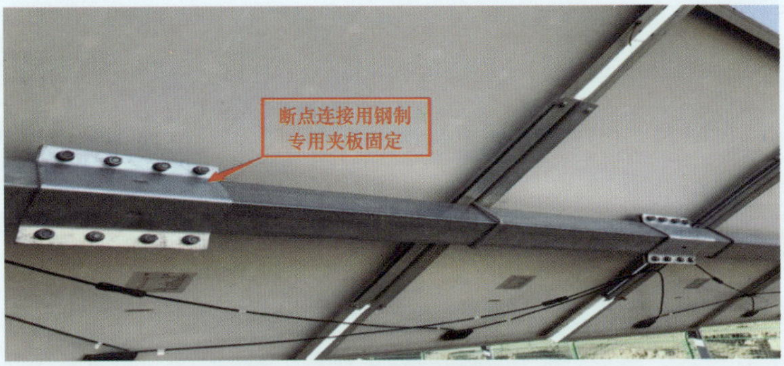

图 7-17　钢制夹板固定连触点

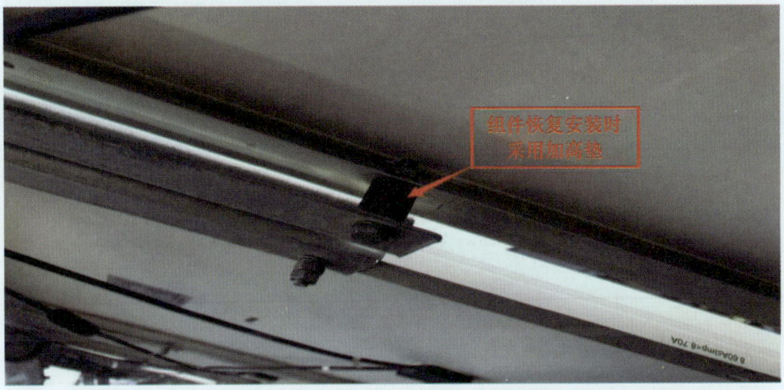

图 7-18　组件安装加高垫

图 7-19　调整立柱、横梁

4. 预防措施

针对螺栓松动、未紧固到位情况，还是应加强施工阶段的施工质量，运维期间定期组织开展支架运行情况排查，特殊天气前后多次巡视检查，发现的问题及时制定方案整改闭环。

5. 案例点评

由本案例可见，若及时组织开展支架运行情况的排查，采取有效措施进行预防整改，可以避免横梁断裂、组件损坏。故定期的检查维护仍是故障预防的重要手段。

四、案例 4　斜单轴角度仪信号丢失故障

1. 事件经过

2018 年 8 月 1 日，宁夏某光伏电站巡视光伏区设备时，发现 85 号方阵斜单轴跟踪支架停止跟踪，现场登录 TCU（跟踪控制器），告警显示 Inclinometer（角度仪故障，见图 7-20）。

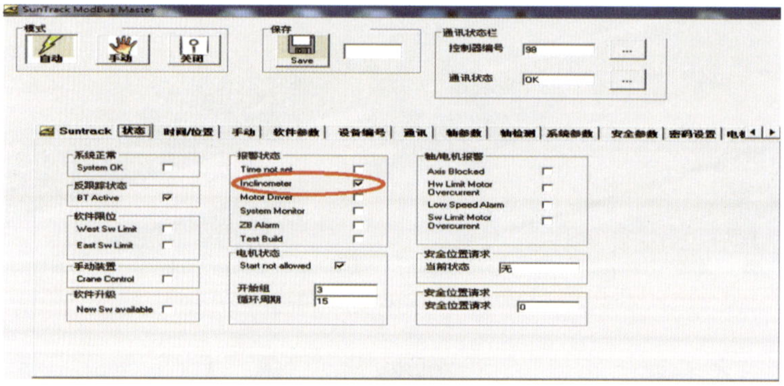

图 7-20　故障信息列表

2. 故障处理

检查角度仪的母插头与 TCU（跟踪控制器）的 POS 公插头插接良好，无脱落或虚插现象，重新拔插，登录 TCU（跟踪控制器）查看告警信息 Inclinometer（角度仪故障）状态依然存在。

从回转减速机上卸下角度仪，打开角度仪后盖板，查看角度仪通信线接头连接紧固，无脱落现象，重新拔插，恢复角度仪位置后，登录 TCU（跟踪控制器）查看告警信息 Inclinometer（角度仪故障）状态依然存在。

排除以上问题后，说明为角度仪故障，更换新的角度仪。在手动模式下转动电机，

电机运转正常，登录 TCU（跟踪控制器）查看告警状态，告警消失（见图 7-21）。

图 7-21　角度仪

3. 原因分析

支架角度仪本体故障，导致无法跟踪。

4. 预防措施

角度仪通常安装在减速机转动臂侧。在安装时需注意保持线缆向下安装，且需要与转动梁保持平行。为确保数据的正确性，在初次调试或更换过角度仪后，需要进行角度的校准调 0。为更好地保障角度仪稳定运行及数据准确，在日常维护中应定期检查，避免内部元器件老化损坏导致故障；不可随意热插拔硬件或乱用金属物触碰各种接头；定期用软毛刷对内部灰尘进行清理。

五、案例 5 斜单轴转轴卡涩故障

1. 事件经过

2019 年 3 月 8 日，宁夏某光伏电站巡视 57 号方阵，发现斜单轴跟踪支架停止跟踪，现场登录 TCU（跟踪控制器），运转状态显示信息为 Axis Blocked（转轴堵塞待命状态）（见图 7–22）。

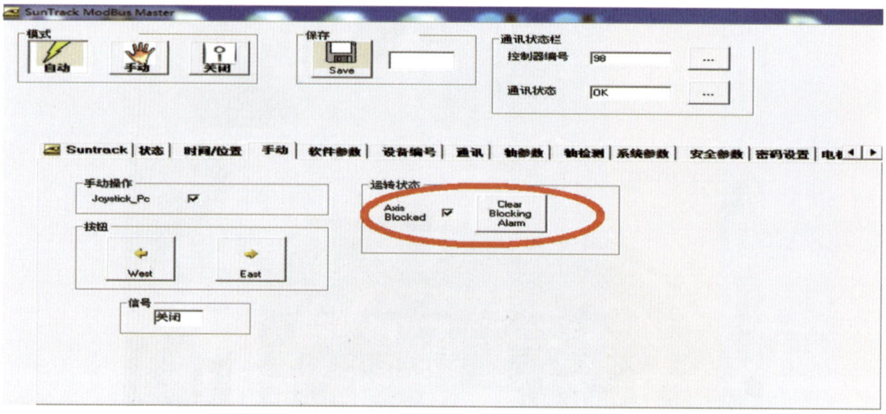

图 7–22 故障信息列表

2. 故障处理

点击 Clear Blocking Alarm（清除堵塞报警按钮）进行告警信号复归，未能将故障消除，检查斜单轴跟踪系统硬件设施，检查转动轴承无脱落现象，转动梁无开裂变形，推拉杆无开裂变形，推拉杆插销无脱落，组件各部位无触地现象。更换 TCU（跟踪控制器）驱动主板后，故障消失（见图 7–23）。

3. 原因分析

TCU（跟踪控制器）驱动主板故障，导致无法正常跟踪。

主板结构比较复杂，故障率比较高，故障分布也较分散。根据故障产生源，主板故障可分为电源故障、总线故障、元器件故障等。造成主板故障的原因主要包括如下：

（1）元器件原因：主板上的芯片和其他元器件质量不好，造成主板老化损坏，从而导致主板故障。

（2）人为原因：运维维护过程中，随意热插拔硬件或乱用金属物触碰各种接头从

图 7-23 更换 TCU 驱动主板

而导致主板故障。

（3）灰尘、静电原因：由于灰尘或静电导致主板接触不良、短路或烧毁主板上的芯片，而导致主板故障。

（4）接触不良原因：由于锈蚀、氧化、弹性减弱、引脚脱焊、折断等原因，造成主板中各种芯片、插座、接口接触不良，导致主板故障。

4. 预防措施

针对主板的特点及故障原因，应定期检查主板的各个插槽、风扇、芯片等有没有损坏的迹象；主板上有无烧糊、烧断、起泡、板面断线、插口锈蚀、电容爆浆的地方。如果有明显损坏的地方要进行针对性的维修。用软毛刷清理主板的灰尘，注意力度的控制，避免损坏主板各元器件。在运行维护过程中，不得随意插拔，应严格按照规程及设备维护要求进行。

六、案例 6 斜单轴回转减速机涡轮杆断裂故障

1. 事件经过

2018 年 10 月 7 日，宁夏某光伏电站巡检发现，93 号方阵 3 号电机斜单轴跟踪支架停止跟踪，现场登录 TCU（跟踪控制器），运转状态显示信息为 Axis Blocked（转轴堵塞待命状态）（见图 7-24）。点击 Clear Blocking Alarm（清除堵塞报警按钮）进行告

警信号复归，告警信号复归后，电机能运转，但回转减速机不同步转动；拆开回转减速机涡轮杆上盖板，检查涡轮杆端头与固定轴承磨损情况和轴承骨架，发现涡轮杆端头磨损严重，轮杆已断为两截。

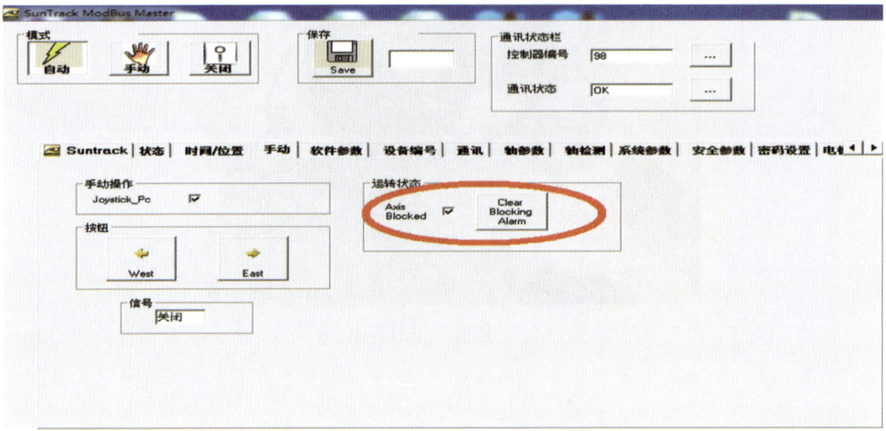

图 7-24　故障信息列示

2. 故障处理

检查发现涡轮杆端头磨损严重，轮杆已断为两截，需更换新的涡轮杆，并在回转减速机上端口固定轴承和大小骨架处进行油封（见图 7-25）。在回转减速机注油口加注黄油，恢复后正常运行。

图 7-25　涡轮杆端头磨损

3. 原因分析

平单轴涡轮杆未及时进行保养，导致磨损严重受力断裂。

4. 预防措施

涡轮杆减速机的使用和保养主要是润滑问题。减速机中的齿轮、蜗轮以及轴承能够得到合理的润滑，则消耗在克服摩擦功率就是会减少，零件磨损速度就会降低。提高了机器的效率，延长了机器的寿命。

减速机多采用油池润滑，一般利用浸在油池中的大齿轮将油带到各个摩擦面上。这种润滑方法不需要特别维护，而润滑作用十分可靠。选用润滑油时应注意：

（1）在选用代用油时，建议选用较大黏度的润滑油代替。

（2）齿轮运转速度愈高，润滑油黏度就会越小。

（3）减速机工作温度越高，使用的油黏度就要越大。

使用时，注意润滑油的清洁。如果发现油有变色，其中含有金属屑等杂质时，应当立即更换。换油周期要根据实际使用情况决定，每六个月至少要检查一次油的质量，从油的颜色来初步判断油的老化程度。重要设备上则需要对油的黏度、中和值、水分和固体杂质等进行检查对比。

5. 案例点评

由案例 4 ~ 案例6 可见，在跟踪式支架中，为减少故障率，设备定期维护保养至关重要。自动跟踪系统主要分为机械部分和控制部分，机械部分主要有电池板支架、底座和直流电机构成，是实现跟踪的前提条件，必须保障各设备完好、连接部位螺栓紧固、联动机构正常；控制部分驱动电机，可以使组件在东西方向上的 0 ~ 180° 自由旋转，通过跟踪太阳位置的变化，使光辐射对组件的入射角达到最佳倾角，保障组件的发电能力。

日常巡视过程中，应加强设备定期维护保养，定期分析跟踪系统运行状况，分析各元器件使用寿命，做到及时发现、及时更换。

七、案例 7 基础缺陷引起的光伏支架故障

1. 事故经过

2019 年 7 月 15 日 08 时 55 分，宁夏某电站现场运维部人员在巡视某标段光伏区设备时，发现 121 号方阵 2 号逆变器 12 号汇流箱 1 支路所带平单轴 181 支架基础发生 1 根桩基整体拔出，2 根桩基断裂，使得平单轴支架整体倾倒；2 块 270W 组件破损，导致该支架所属组件无法正常跟踪发电（见图 7–26）。

图 7-26　基础倒塌现场

2. 故障处理

断开 121 号方阵 2 号逆变器 12 号汇流箱直流断路器，断开第 1 支路正负极熔断器；拆卸 121 号方阵 2 号逆变器 12 号汇流箱第 1 支路所属组件；将 3 根损坏桩基拔出，同时对另外一侧 D 轴桩基进行检查，发现实际地埋深度约 0.5m，也进行拔出。根据现场情况，需重新浇筑混凝土基础。基础符合标准后，按照支架及组件安装工艺流程，完成该支路的组装工作。配合跟踪支架系统进行联动调试，运行正常。

3. 原因分析

根据现场组件支架基础断裂及倒塌情况分析，判断事故由以下几点原因造成：

（1）平单轴支架 D 轴基础钻孔灌注桩基深入原状土持力层深度不符合施工图要求，单桩竖向抗拔力不满足设计要求；施工图要求桩基深入原状土持力层不小于 1.6m，现场测量实际地埋深度只有 0.6m。近期雨水较多光伏区土质松软，进一步降低了单桩竖向抗拔力；早晨时间在平单轴驱动轴拉力及组件倾角较大引起额横风受力作用下，D 轴基础钻孔灌注桩基整体拔出。

（2）对断裂桩基断面检查发现，桩基钢筋笼顶部距离桩顶距离过大，U 形支架地脚螺栓未伸入钢筋笼内，致使地脚螺栓受力时钢筋笼不能起到抗拉作用，使得桩基在 U 形地脚螺栓底部处断裂。

4. 预防措施

施工工艺存在严重缺陷，未按照图纸要求施工，监理方未及时发现并监督整改；

针对此类情况，应对所有支架基础进行全面排查，是否还存在类似隐患，制定方案、整改闭环。

5. 案例点评

由本案例可见造成支架整体倾倒通常有三方面责任：前期施工过程中，施工单位未坚守工艺流程施工，监理单位未落实监督、责令整改责任，现场验收未按照工艺规范层层验收。前期建设遗留的各种不确定因素，需要现场运维团队发挥重要作用，利用日常巡检提前将问题隐患暴露出来，从而争取时间完成整改，减少不必要的故障损失。

第三节　光伏汇流箱故障及案例分析

汇流箱主要由监控系统、直流断路器，防雷器、防反二极管、熔断器等元件组成。由于汇流箱本体质量、施工质量以及光伏组串支路电流、电压影响，汇流箱在运行过程中可能会发生数据传输中断、支路接地、断路器跳闸，甚至汇流箱内部接线短路故障引起的着火事故等。

一、案例 1　智能光伏汇流箱采样故障

1. 事件经过

2019 年 9 月辽宁某光伏电站 5 号方阵 7 号汇流箱出现“测量芯片故障告警现象”，监控后台显示电流采集量全部为零，该方阵其他汇流箱数据正常。现场检查发现采样板有明显灼烧痕迹（如图 7–27 和图 7–28 所示）。

2. 原因分析

测量板告警记录显示大部分告警发生在多风、多云的时候，光源辐射强弱不均衡，当日天气光源情况稳定。运维人员到达现场使用钳型电流表测量 5 号方阵 7 号汇流箱所属组串电流数值正常，使用万用表测量汇流箱 RS485 通信线对地电压正常。

图 7-27　汇流箱故障现场

图 7-28　汇流箱内部结构

电源板工作情况：正常情况下，电源板输入电压大于245V，电源板能够输出稳定电压提供给测量板，此时测量板和整个汇流箱工作正常。但检查发现，测量板故障告警时，测量芯片工作电压异常，此时电源板输入电压异常（低于工作电压95V）。经检查，判断因电源板输出电压异常导致汇流箱采样板损坏。

对损坏电源板检查发现，内部有水迹存在，此为导致电压异常的主要原因。

3. 故障处理

（1）断开汇流箱直流侧断路器、拉出汇流箱正负极各支路直流保险，使用万用表测量直流断路器、电缆及各个支路有无电压。

（2）使用螺丝刀拆除故障电源板和采样板连接线，拔出 RS485 通信线接线端子头，同时标记电源板及采样板接线，方便后期安装使用。

（3）拆除故障电源板及采样板，使用新的备件进行更换，更换后按照标识分类进行安装，紧固接线螺丝，核对通信线接线正负极接线，依次对其他接线螺丝进行紧固，防止虚接的情况发生。

（4）使用万用表测量各个支路电压正常后，合上汇流箱各支路直流熔断保险丝盒，查看电源板及采样版是否正常工作，正常工作后，对采样版的 IP 地址及波特率进行核对，核对无误后检查后台数据是否上传，查看当前电压情况即可，核对无误后合上直流断路器，故障排除。

4. 预防措施

汇流箱密封不良，内部有渗水现象，应组织对所有汇流箱进行专项排查，对密封不良的汇流箱及时密封，对已有水渍汇流箱利用限电及退网后时间进行停电处理，并进行密封。

现场维护过程中，应定期对汇流箱外观、内部情况进行专项检查。

5. 案例点评

通过本案例，要加强现场运维巡检力度，出现水渍无非两种情况，一种为雨水飘入，另外一种就是凝露导致，但不管是哪一种方式，都和汇流箱本身的密封性脱不开联系，这就要求在雨季或者回潮天气出现时，巡检时及时对每个汇流箱进行巡视，发现内部有水渍凝露，可在晴天适当采取通风的方式尽快排干内部水分，防止类似故障的发生。

二、案例 2　直流汇流箱断路器跳闸故障

1. 事件经过

2019 年 10 月 12 日，辽宁某光伏电站运行人员监盘时发现 4 号汇集线 12 号方阵 2 号逆变器功率降低，查看后台监控数据发现 12 号方阵 2 号逆变器 7 号汇流箱各路电流均为零，运行人员随即赶赴现场，发现 12 号方阵 2 号逆变器正常运行，直流柜未跳闸但电流显示偏低，打开 12 号方阵 2 号逆变器 7 号汇流箱查看，发现汇流箱内直流输出断路器跳闸（见图 7–29）。

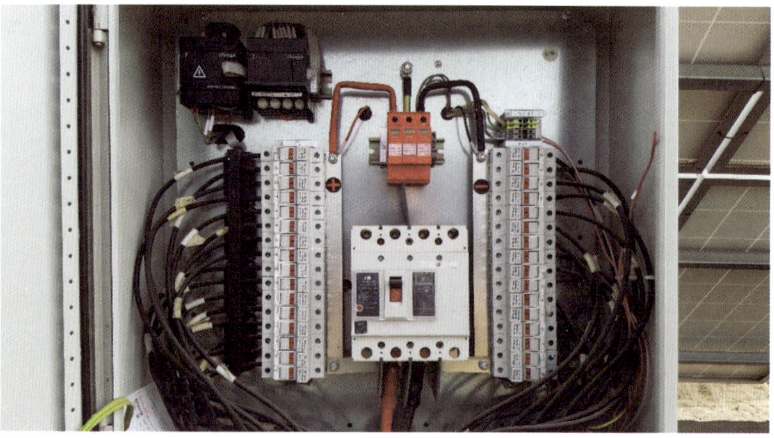

图 7-29 直流断路器长期使用出现故障

2. 原因分析

检查 12 号方阵 2 号逆变器 7 号汇流箱内没有发现烧毁及变色痕迹，检查各支路正、负极对地电压均正常，进行直流断路器试送，直流断路器瞬间又跳闸。

检查直流断路器，由于汇流箱长期在露天放置，保存管理不到位，加速了断路器的老化，再加上断路器经常操作造成的机械磨损，使断路器脱扣器损坏。

3. 故障处理

（1）断开故障汇流箱侧断路器及逆变器侧断路器，使用万用表测量汇流箱侧断路器已无电压，逆变器侧挂设（有人工作，禁止合闸）标识牌，依次断开各支路直流熔断器保险拉出保险丝。

（2）使用专业内六角扳手依次拆除汇流箱断路器进线母排链接螺丝及出线电缆连接螺丝，使用十字螺丝刀拆除断路器固定螺丝，更换新的汇流箱直流断路器，依次安装好电缆进线、母排、紧固螺丝，恢复直流熔断保险，合上汇流箱断路器开关，合上逆变器直流柜内断路器开关，并网后设备运行正常。

4. 预防措施

汇流箱长期露天放置，保存管理不到位，致使使用过程中出现机械损坏，应在设备投运前进行细致检查，避免存在隐患的设备带电运行。运行维护中，应完善设备管理体系，加强运维人员设备管理防护意识。

5. 案例点评

汇流箱断路器在户外箱体内长期运行，其机械机构和内部元器件的使用寿命也根据使用环境的不同受到影响，在日常巡检过程中对断路器的运行情况进行巡检时因注意汇流箱内部的温度情况，断路器的最大电流值是否超限等，防止断路器故障的发生。

三、案例3 直流汇流箱烧毁故障

1. 事件经过

2019 年 8 月 15 日，河南某电站运行人员发现后台监控告警，“3 区 1 号逆变器绝缘阻抗异常”。打开 3 区 1 号逆变器界面发现各汇流箱支路电流为 0。运行人员立即赶到现场查看逆变器运行情况，现场逆变器告警灯常亮，交直流接触器开关断开。

2. 原因分析

打开 3 区 1 号逆变器直流配电柜柜门。依次断开 1 号至 8 号汇流箱，断开每个断路器时，停顿 10s，查看逆变器告警灯是否熄灭。断开到 4 号汇流箱时，逆变器告警灯熄灭，逆变器并网接触器开关吸合、并网。由此判断故障点为 3 区 1 号逆变器 4 号汇流箱。合上除 4 号汇流箱外其他汇流箱直流断路器。

运维人员赶往 3 区 1 号逆变器 4 号汇流箱处，发现该汇流箱电缆孔处有黑烟冒出。断开 4 号汇流箱所属 16 个支路组件侧 MC4 插头，做好安全防护措施后，打开汇流箱发现第 3 支路光伏连接线和保险底座烧坏（见图 7–30）。

图 7-30 保险底座烧毁

判断为：汇流箱内光伏连接线与保险底座连接松动，长期运行，连接线发热（在负荷最高的时候常发生故障）以致汇流箱烧坏。

3. 故障处理

（1）断开该汇流箱所有直流保险，拆除汇流箱内烧坏的光伏连接线和保险底座，清扫汇流箱内部杂物。

（2）更换保险底座，重新制作光伏连接线，并牢靠连接到保险底座上。

（3）对其他几条支路连接线进行紧固排查。对组件侧 MC4 插头进行连接，测量组串电压都在 770 ~ 780V 之间，正、负极对地电压正常，无接地现象。

（4）投入 4 号汇流箱所有直路保险及断路器，测量各支路电流正常。

4. 预防措施

现场运行维护不到位，未定期对汇流箱内部接线进行紧固排查。应加强现场管理，定期开展汇流箱专项检查工作。

5. 案例点评

此次事故暴露出的问题不难发现，螺丝紧固问题一直以来的都是电器设备烧毁损坏的主要原因，在日常巡检时，运维人员在条件允许的情况下尽可能地检查一下螺丝的紧固情况，防止出现螺丝松动导致的设备烧毁故障情况的发生。

四、案例 4 直流汇流箱通信故障

1. 事件经过

2018 年 12 月 5 日，河北某光伏电站 8 号方阵 10 号汇流箱通信故障，汇流箱各直流电压、电流及各支路电流出现卡死现象。该电站汇流箱采用湖南科比特防雷直流汇流箱。电站同一方阵每 6 台汇流箱作为一组，各通信电源模块并联接入方阵测控装置（见图 7–31）。

2. 原因分析

因此次通信故障仅 10 号汇流箱，故排除其他汇流箱并网通信电缆连接处松动。检查 10 号汇流箱通信端子连接紧固可靠，拆除通信连接端子，测量通信电源模块通信输出电压为直流 9V，说明该通信电源模块输出链路正常。

图 7-31　汇流箱通信模块

检查通信电源模块地址设定正常、输出电压正常，输出链路正常，故排除通信设施硬件损坏的可能，因此现场人员初步分析故障原因可能为以下两种：

（1）汇流箱通信地址、文本格式及编码协议有误。

（2）通信模块文本格式及编码协议错误，与通信规约不符。

现场人员检查汇流箱通信地址、文本格式及编码协议正确无误，重新设定通信模块文本格式及编码协议后，该汇流箱通信恢复正常。

3. 故障处理

（1）更改 10 号汇流箱通信电源模块文本格式及编码协议，后台查看数据是否正常上传。

（2）正常上传后检查数据更新频率是否正常，有无出现延迟卡顿迹象。

（3）打开后台监控报文监视功能，查看该通信报文是否正常上传，断开通信接口连接线，查看报文及数据是否消失。

（4）依次对其他汇流箱的监测数据进行查看，有无出现类似情况及问题。

4. 预防措施

现场人员对设备不了解，地址、编码文本等一般为出厂设置或并网前厂家进行设置调试，但该汇流箱之前通信正常，后期出现通信中断，故导致此情况的极有可能为现场人员巡视检查，检查汇流箱各支路电流的时候，不熟悉该设备的操作流程，导致将内部设置更改。因此在后续对现场设备运行维护过程中，应完善相应设备操作规程，并组织相应培训，使现场人员熟悉、了解并掌握。

5. 案例点评

通过此次问题暴露出的问题为现场运维人员对设备掌握较差，加强人员技能培训及常见设备操的培训指导工作，防止类似事情的发生。

五、案例 5 交流汇流箱支路接地故障

某光伏电站总装机容量 20MWp，采用 AKCOME sk6612p 335 型光伏组件，集中式逆变器，单机额定容量 630 kW，箱式变压器为双分裂式变压器，额定容量 1250 kVA，1 台双分裂箱式变压器带 2 台集中式逆变器。全站共 16 台箱式变压器，以 2 回 35 kV 线路通过地埋电缆接入 66kV 光伏电站 35 kV 母线，35 kV 母线采用单母线接线方式。

1. 事件经过

2019 年 8 月 13 日，综合自动化监控后台告警：显示“3 号方阵 2 号逆变器告警运行”，检查该逆变器所带 3 号汇流箱数据全部为零，其他汇流箱正常。值班人员立刻汇报电站负责人，电站负责人安排 3 人前往现场排查。

现场检查发现 3 区 2 号逆变器 3 号汇流箱内部着火，起火点位于直流输出断路器侧正极母线处，5 个直流保险底座均有闪络灼烧迹象。逆变器直流侧输入断路器、交流侧并网断路器都处于闭合状态。逆变器所带 7 台汇流箱，汇流箱直流输出断路器为闭合状态。将 3 区箱式变压器、2 号逆变器及所带 7 台汇流箱从运行转检修，依次对光伏组件、汇流箱、逆变器、箱式变压器进行检查，发现 3 号汇流箱电源模块有不同程度损坏，主要表现为输入电容鼓包漏液、数据采集模块陶瓷气体放电管损坏。检查中还发现逆变器交流侧 A 相输出滤波电容烧毁，箱式变压器低压侧低压断路器 A 相母排连接的金属氧化物避雷器烧毁（见图 7-32）。发现组串进线直流熔断器及防反二极管未损坏，直流输出断路器闭合状态。测量 3 号汇流箱进线组串，发现 2 条支路短路接地。现场挖开电缆沟、取出电缆，发现 2 根光伏电缆烧结在一起，其中 1 根电缆烧断（见图 7-33）。检查其他汇流箱光伏进线电缆，未见异常。

图 7-32　断路器烧损照片

图 7-33　接地点照片

2. 原因分析

故障可能发生的具体情况：

（1）组件，汇流线 MC4 接头接地；

（2）组串至汇流箱直流线接地；

（3）汇流箱内电源板电容击穿接地；

（4）汇流箱至逆变器直流电缆接地。

光伏组串进线电缆短路接地后，短路点处形成低阻抗点，其他组串的电流汇聚到短路点处，短路组串的防反二极管从正向导通状态过渡至反向饱和状态，形成箝位，短路点只承受组串自身的短路电流，由于短路电流很小，不会引起大的电弧起火，较常见的是光伏电缆发热烧结在一起。

如果防反二极管在关断过程中承受较大的反向电压，造成防反二极管反向击穿，短路支路会形成较大的电流回路。1台汇流箱共带16路光伏组串，此时短路点将承受其余15路光伏组串的短路电流，该电流值远大于支路熔断器的动作电流，短路支路的直流熔断器熔断解除线路接地。根据以上2种短路接地运行方式，结合现场事故情况，判定汇流箱直流输出断路器正极母线为短路接地故障点。

3号汇流箱直流断路器上口正极母线处发生短路后，其余6台汇流箱所带负荷会通过直流母排汇入短路点，形成短路回路。短路点流过电流接近864A（6个汇流箱瞬时输出电流之和），而汇流箱直流断路器为GM-250P型光伏专用断路器，额定电流I_n= 250A，瞬时动作值为$10I_n$，即2500A，因此汇流箱直流断路器未跳开。短路点母线短时内通过的电流较大，发生直流拉弧，导致设备起火。短路汇流箱所带16路光伏组串同时进入短路状态，防反二极管形成箝位保护，各支路处于内部短路状态，部分支路发热严重，导致电缆烧结，保险底座烧融。

3. 事故处理

（1）断开逆变器并网开关，以此断开逆变器接触器开关，直流侧开关，交流侧断路器，使逆变器静止10min，充分对逆变器内部电容进行放电后进行更换故障电容作业。

（2）更换逆变器交流侧A相输出滤波电容前，使用万用表对其交流侧接线及断路器进行测量，确保其没有残余电压后再依次使用螺丝刀打开交流侧隔离防护板，拆除故障交流侧A相输出滤波电容，更换全新电容元件。

（3）更换箱式变压器低压侧低压断路器A相母排连接的金属氧化物避雷器，更换汇流箱内电源板，紧固各松动或脱落的螺栓。更换损坏的熔丝。用绝缘胶带包扎部分裸露线路，重新铺设直流地埋电缆，并遥测绝缘合格。

（4）故障处理完毕，测量各支路电压以及对地电压正常，并网后运行正常。

4. 预防措施

电缆铺设填埋工艺不完善，未对电缆起到一定的保护，且施工粗糙致使电缆绝缘有一定的破损。运行维护中，应加强汇流箱及所属直流电缆定期维护巡视，定期测量电缆绝缘，发现隐患及时整改。

5. 案例点评

通过本案例，在针对地埋电缆接地故障时，最好能够选用专业的设备对故障点进行准确的定位，这样就能及时的发现故障点；其次是出现接地故障时，大多数逆变器都会告警，在初期就能够发现故障点并及时处理，加强汇流箱及所属直流电缆定期维护巡视工作是必要的。

第四节 光伏配电柜故障及案例分析

一、案例 1 配电柜直流侧断路器故障分析及处理

1. 事件经过

2019 年 4 月 25 日，山西某光伏电站值班人员查询监控后台运行情况时，发现 7 区 2 号逆变器第 6 支路的直流开关分闸位置，改支路电流显示为零。

2. 故障处理

经检查直流开关内触点已烧融，无法继续使用，直流开关切断及时未造成其他部件损坏，故障点仅为直流开关（见图 7–34）。将逆变器及所属汇流箱停电后，完成直流开关的更换，投运后运行正常。

3. 原因分析

光伏配电柜内直流侧开关故障主要为开关元器件老化、开关虚接发热导致。

4. 预防措施

该光伏配电柜内直流侧开关故障是因为开关内部发热导致开关触点烧融，要避免类似故障发生，应采取以下措施：

（1）日常巡检时要进行开关测温（选择高发电负荷时），检查是否有发热迹象。

图 7-34 断路器触点烧毁

（2）计划停电检修时对所有开关进行检查，并紧固各部件螺栓。

（3）按照此设备生产批次进行排查，检查是否有同类问题隐患，避免重复故障引起的不必要电量损失。

5. 案例点评

由本案例可见，电气设备长时间运行后元件老化、变形等因素导致的故障频率较高。电站应根据本站设备运行年限、环境温度骤变等因素考虑此类问题，制定相应检查措施，到达或超过使用年限的元器件应及时更换，减少不必要的电量损失。

二、案例 2 配电柜断路器跳闸故障分析及处理

1. 事件经过

2019 年 8 月 11 日，辽宁某光伏电站值班人员监盘时监控后台告警信息“4 区 1 号逆变器告警运行”。运维人员前往光伏区现场查看。

2. 故障处理

运维人员检查发现逆变器低压侧开关跳闸，查看逆变器液晶显示屏，故障信息消失。断路器外观无异常，重合闸后失败，判断有接地现象，将 4 区 1 号逆变器第 6 汇流箱内直流断路器断开，使用仪表测量连接电缆相线之间，相线和地线之间绝缘电阻，确定接地线路为汇流箱与逆变器连接地埋电缆。挖出电缆后发现电缆绝缘有破损（见图 7-35）。

运维人员做好安全措施后，清理接地电缆破损处，使用绝缘胶带进行绝缘包扎处

理。使用1000V型（根据额定电压确定型号）摇表测量电缆绝缘电阻，测量值接近“∞”。绝缘处理完成。恢复4区1号逆变器并网运行，观察第6支路运行状态正常。

3. 原因分析

发生该故障的主要原因是地埋电缆绝缘层破损，加之该地区连续降雨，导致接地短路，引起断路器跳闸。

图7-35 汇流箱电缆绝缘层破裂

4. 预防措施

设备验收期应严格控制验收流程，防止因施工质量导致同类问题的发生。制定详细的设备巡检标准，现场运维人员按照此标准进行设备检查工作。日常监盘时，要随时关注设备电流、电压变化，出现异常情况及时汇报处理，防止事故的发生。

5. 案例点评

由本案例可见，电站建设期施工队伍质量参差不齐，监理力量薄弱，验收质量较差视为导致此项故障的主要因素。运维团队进驻新项目期间，应配合监理方制定设备验收方案，严格按照此方案流程进行设备验收、监测、送电试运、正常投运工作，发现问题及时整改，从而保证新投运电站的稳定运行。

三、案例3 环网配电柜典型故障分析

1. 事件经过

2019年8月21日，江西某光伏电站值班人员监盘时监控后台告警信息，“6区箱变过流”“6区箱变低压侧断路器由合至分”。运维人员前往光伏区现场查看原因。

2. 故障处理

运维人员做好安全措施后，检查6区箱变环网配电柜高压侧电缆终端无损伤，使用仪表对连接电缆进行绝缘检测，数据正常；支撑绝缘子处使用酒精对放电痕迹进行擦拭。箱式变压器恢复送电后，将6区箱变环网配电柜除湿加热装置投运，并手动设置检通风风扇的运行情况。温度湿度控制器观察除湿加热器装置和风扇投运后6区箱变环网配电柜内温度和湿度有变化时，故障处理完成。

3. 原因分析

检修人员到达并打开6区箱式变压器环网配电柜低压侧柜门，有刺鼻气味，断路器处于分位，无明显故障点。联系当值值长并开具工作票后，将该箱式变压器所属汇集线路“运行”转“检修”，打开6区箱式变压器环网配电柜高压侧柜门，装设临时地线。查看箱式变压器环网配电柜高压室，发现电缆支撑绝缘子处和母线桩头处有明显放电痕迹（见图7-36），详细查看环网柜的除湿装置未能按照要求投入运行，由于电缆头和母线桩头暴露在潮湿且不通风的空气中，容易降低支撑绝缘子处安全绝缘距离导致接地或短路，造成环网配电柜内断路器故障跳闸。

图7-36　环网柜故障

4. 预防措施

（1）加强环网设备的定期维护，特别是处于潮湿等恶劣运行环境中的配电设备，发现问题及时安排消缺。

（2）因按照当地特殊气候制定相应的巡检制度，电站处于苏南地区，每年雨季时期环境更为潮湿，尤其户外设备，环境相当恶劣，应制定相应规程严格对加热器进行普查工作，检查其工作电源是否正常，启动是否可靠。

（3）对于处于恶劣运行条件下的配电所进行改造，改善通风，加强电缆沟及配电站所地面的防水措施，安装排湿器等。

（4）由于环网柜是相对封闭的开关柜，在运行中不能打开，目前各类测温仪器不能直接测量电缆接头处的温度，因此在运行中使用红外成像测温仪可以注意测量环网柜电缆小室的前面板温度，观察和周围备用电缆仓位或轻载仓位是否存在明显的温度差，以便判断电缆连接处温度变化。

5. 案例点评

本案例是光伏电站受天气、环境等因素影响导致设备停运和故障的典型常见案例。在运维中，各个地区不同电站的运维管理制度不能一概而论，应根据当地历史气候特点制定对应合适的设备巡检规定，并根据实际条件对设备进行适当改造，防止此类事故再次发生。

四、案例 4 配电柜断路器跳闸故障分析

1. 事件经过

2019 年 5 月 20 日，山西某光伏电站值班人员监盘时监控后台告警信息，“B15 区 1 号、5 号、6 号逆变器电网电压低告警”。检修人员前往光伏区现场查看原因。

2. 故障处理

查看断路器出厂说明书，发现此断路器额定运行电压不符合现场实际情况（设备额定运行电压 380V，实际运行电压 480V）。经过电站全面检查，发现 B15 ~ B18 四个方阵所有 80 台该型号断路器全部不符合设计要求。

联系符合现场实际运行条件的断路器更换后，设备运行正常。

3. 原因分析

经检查发现逆变器对侧交流汇流箱低压侧分断路器跳闸，连接逆变器蓝牙查看故障信息显示电网电压低并且无其他故障信号。查看交流汇流箱分断路器无异味，但经过测温枪测温显示 75℃，断路器跳闸外观无异常，无法重合闸，判断断路器高温保护。待温度下降后重合闸后所有设备运行正常。初步判断因天气良好、气温较高，发电量较高的情况下导致断路器过热保护跳闸，其他逆变器故障均一致。

4. 预防措施

本案例中 4 个方阵为该发电站项目最后四个并网方阵，并网后属冬季发电量低发期，未发生过此类故障，项目监理、业主方、EPC 因各种原因均未进行过验收工作。预防此类故障的发生，应做到以下几点：

（1）严格执行设备验收流程，未进行验收工作的严禁通电运行。

（2）进入春夏季电量高发期，要严格监视设备运行情况，此时设备处于高负荷运行期，极易发生非停故障引起电量损失。

（3）及时检查同批次此类设备，并进行更换，将同类隐患灭杀在萌芽状态。

（4）根据当地实际气候、天气情况制定合适的设备巡检、检查标准，严格运维人员工作流程，需根据标准进行，防止烧伤、触电等伤害事故的发生。

第五节　光伏逆变器故障及案例分析

一、案例 1　逆变器绝缘阻抗异常故障

1. 事件经过

2019 年 4 月 21 日 12 时 02 分，河北某光伏电站运维监盘人员发现后台监控报警显示：“17 号箱式变压器测控逆变器 B 方阵绝缘阻抗异常”以及“17 号箱式变压器测控

逆变器 B 告警运行”，检查监控平台汇流箱反馈的运行数据，12 时 10 分发现 17 号 -34 逆变器 9 号汇流箱电流数值为零（见图 7-37 ~ 图 7-39）。

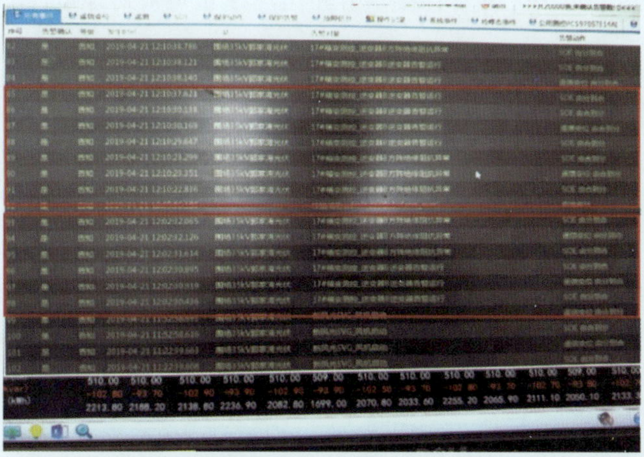

图 7-37　故障信息

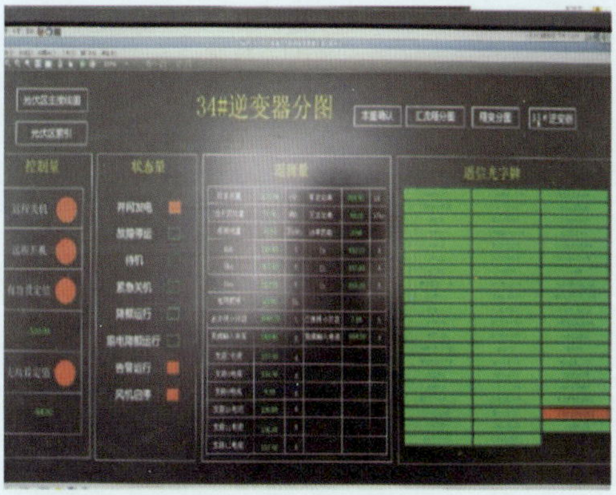

图 7-38　逆变器反馈信息

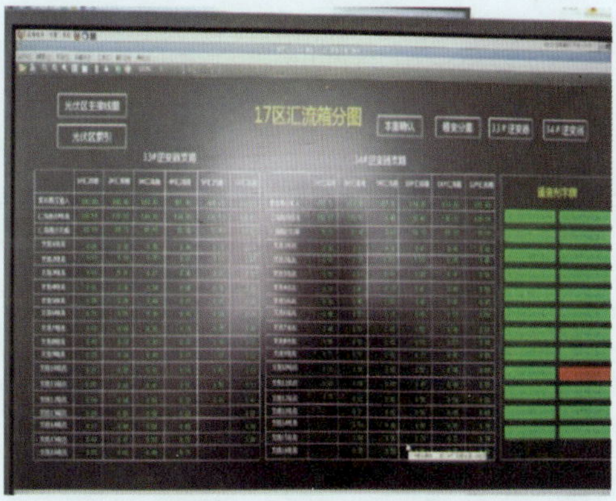

图 7-39　汇流箱数据反馈信息

2. 处理过程

现场检查时，用兆欧表串测量组件侧 PV+/PV- 对地绝缘电阻，需保证在电缆未带电的情况下进行，阻抗需要大于逆变器绝缘阻抗的阈值要求，在部分项目中，亦可以借用专用的绝缘测量设备。

当断开逆变器直流侧 6 号断路器时，逆变器绝缘阻抗异常告警消失，故判断故障点位于 6 号断路器以下所属的电缆、汇流箱及组件连接处。使用万用表测量 6 号断路器下端电缆，正极对地电压为 762V，负极对地电压为 0V，说明确实存在接地情况。运维人员最终经过排查确认故障为7#–12HL第8支路公母头熔断接地导致。

断开12号汇流箱第8支路组件侧公母头，并做安全措施。更换该支路汇流箱侧公母插头，检查周边公母头无异常；测量开路电压、正负极对地电压均正常，投入后运行正常。

3. 原因分析

直接原因：汇流箱支路接地导致逆变器直流侧接地告警，导致逆变器停机。

出现逆变器报绝缘阻抗异常告警运行。主要原因为：

（1）光伏组串接地短路。该情况一般比较常见，很多情况下在施工完成并网之后的近半年内为故障高发期，主要与施工质量关系较大，如在施工过程中逆变器直流进线电缆不合格、绝缘性能低、人为导致的破损或者出现衔接端子未做好防护进水，都有可能引起直流接地现象。现场电缆绝缘故障的多少一定程度上也能反映该项目施工质量的好坏。

（2）逆变器内部问题。如可能存在逆变器内部的线缆与机壳存在短路、内部绝缘阻抗检测装置损坏或者其他可能原因。

1）汇流箱至逆变器直流侧电缆段故障：在逆变器直流侧断路器断开后，使用万用表测量各支路正极对地和负极对地电压，若正极、负极对地电压有明显压降，则表示该支路无接地故障，若正极或负极其中一个对地电压显示为零，且表示该支路存在接地情况，需继续向下排查。汇流箱侧检查按上述方法检查无异常，则可判断故障点为汇流箱至逆变器直流侧电缆段，若汇流箱侧检查存在接地情况，需继续向下排查汇流箱问题。输入PV极性反接，需检查直流侧电缆接线顺序或PV极性采样线。

2）采样错误或检测板故障：若检测电缆侧无异常接地情况，需检查采样端子及检测板是否正常，是否为通信误报等问题导致。

4. 预防措施

在光伏发电系统中，现场人员经常会遇到逆变器报绝缘阻抗低故障，而报该故障大部分原因是连接组件的线缆或者组件自身出现接地问题导致。

（1）施工阶段要加强监管力度，要求施工单位严格按照工艺施工；光伏逆变器并网运行前需要检测对地绝缘情况，防止触电发生。

（2）运行维护过程中，应加强设备巡视检查，定期对设备各连接端子等进行全面紧固排查，避免发生接地或短路故障。

5. 案例点评

由本案例可见，逆变器作为光伏发电的主要设备，在电气连接时因人工制作工艺有差异，造成连接处虚接现象，短时间不影响正常发电，但运行一段时间，特别是经历高负荷及异常天气后，会发生绝缘阻抗异常，基本原因通常为PV侧正极或负极有绝缘降低现象，逆变器因逻辑设计原因在发生该故障时不会发生跳闸，依然告警运行，发现故障后运维人员应立即查看逆变器运行日志，查找故障点及时进行处理。一旦光伏组件发生接地故障，不仅会导致电站无法并网影响发电量，严重的话还会导致整个发电系统的设备故障或人员伤亡。

二、案例2　逆变器残余电流故障

1. 事件经过

2018年7月2日，内蒙古某光伏电站运维人员发现监控后台报“3号方阵1号逆变器残余电流异常”，逆变器告警运行。

运维人员现场进行手动停机重启后，告警依然存在。查看故障记录，这台逆变器最近告警频繁，有时间隔几天报一次，有时连续几天都问题。根据故障告警情况，初步分析是组串输入对地阻抗过低造成。

2. 处理过程

将3号方阵1号逆变器停机，断开逆变器直流侧所有公母插头，断开其所属交流汇流箱断路器，并做安全措施。

检查该故障逆变器接地线及交直流电缆均无异常，判断为逆变器电流采样板故障。

更换3号方阵1号逆变器电流采样板，恢复直流侧线缆连接并合上交流汇流箱断路器后，逆变器启机后残余电流异常告警消失，逆变器并网运行正常。

3. 原因分析

光伏系统漏电流即方阵残余电流，本质为共模电流，其产生原因是光伏系统和大地之间存在寄生电容。当寄生电容—光伏系统—电网之间形成回路时，共模电压将在寄生电容上产生共模电流。

通常逆变器报残余电流故障，有以下几点原因：

（1）逆变器接地线连接不可靠。

（2）逆变器所属交直流电缆绝缘受损。

（3）逆变器电流采样板故障。

光伏系统的漏电流，包括直流部分和交流部分，如果接入电网会引起并网电流畸变，电磁干扰等问题，对电网内的运行设备产生影响；漏电流还可能使逆变器外壳带电，危及人身安全。若发生该类故障，操作过程中一定要注意安全措施，切勿裸手触碰逆变器。

4. 预防措施

组串式逆变器残余电流异常会对设备及人员安全造成威胁，所以日常运维需要从以下各方面杜绝故障发生：

（1）定期查看逆变器运行日志，及时更新设备台账，了解掌握逆变器运行工况。

（2）周期性检查逆变器的设备接地是否正常，测量设备接地电阻。

（3）运维人员进入光伏区需佩戴安全防护用品，使用安全工器具。

（4）联系设备厂家定期进行设备性能检测，储备充足的常用备件。

5. 案例点评

由本案例可见，并网的逆变器必须自带残余电流（漏电流）保护功能。如果设备对地电残余电流（漏电流）过大，超过 300mA，可能是逆变器线缆对地的绝缘出现问题，有着火风险，所以这种情况下，逆变器也必须关机保护。

三、案例 3 逆变器直流过压保护故障

1. 事件经过

2018 年 10 月 9 日，宁夏某光伏电站监控后台报“4 号逆变器直流过压”“4 号逆变器故障停运”，运维人员现场查看，逆变器交、直流侧断路器处于脱扣状态、故障告警灯熄灭，将直流侧断路器断开后，未检测到直流电压数值，故障信息消失。

2. 处理过程

运维人员查看逆变器并网电压正常，逆变器交直流侧断路器从脱扣转至分闸状态，

断开逆变器二次侧空气开关，逆变器断电 15min 后，检查交流线路（交流端子、过欠压保护器、开关、防雷器等）接线线序没有问题，接线紧固，交流开关无损坏，将电压采样板拆除，更换新的电压采样板和排线，对所有排线进行紧固排查。合上二次侧空气开关，逆变器自检正常，无异常现象。

合上交流侧断路器，逐一合上直流侧断路器，逆变器自检无任何告警，屏幕显示交、直流电压正常，将逆变器并网旋钮转至“ON”，逆变器正常并网发电。

3. 原因分析

现场检测发现，逆变器直流母线电压高于规定值。采样电路通过直流侧输入母排检测正母排到负母排电压，超过 950V 时（未并网前）采样电路通过软件封波且报出直流过压故障；若直流侧电压超过 1000V 时报 PV 过压故障。

一般有以下原因：

（1）母线电压实际值过高。测量直流断路器下端直流母线电压为 792V，故母线实际电压值正常。

（2）电压采样板排线松动或电压采样板故障。检查电压采样板发现其排线未插到位，且采样板上有发黄变色现象。

（3）主控板采样电路异常。测量主控板输入和输出电压正常。

通过现场检查情况，判断此次故障主要为电压采样板内部故障导致。

4. 预防措施

逆变器直流过电压故障需要从以下几个方面预防：

（1）逆变器输出功率必须组件容量及数量的功率需匹配，不要随意变更逆变器所接入的组串数量。

（2）组件及逆变器外壳应正确接地，以避免因过电压漏电造成人身伤害。

（3）严禁非专业人员拆卸、维修、变更逆变器参数设置；逆变器应定期组织清灰除尘，停机检查时应选择退网后，对各监控板螺栓、排线进行紧固，对监控板有明显或轻微变色的及时进行更换。

5. 案例点评

由本案例可见，逆变器直流监测模块损坏可能由控制电路质量原因导致，也有维护不到位原因。逆变器内环境温度偏高，灰尘附着都会影响控制电路模块的使用寿命。所以在日常维护中要有充足的备件，也要对逆变器内部定期清灰除尘，保证逆变器通风散热性能的良好。

四、案例 4 逆变器并网电网过压、欠压等电网故障

1. 事件经过

2019 年 10 月 11 日，辽宁某光伏电站值班人员监盘时监控后台告警信息："14 区 1 号逆变器告警运行""逆变器电网电压异常"。检修人员前往光伏区现场查看原因。

2. 处理过程

运维人员检查发现逆变器告警运行状态，逆变器控制面板查询故障信息为"逆变器并网电压过压"。现场使用万用表测量直流侧断路器下端母线电压，检查现场组件串联支路总电压值是否高于 1000V，测量实际现场组件串联支路总电压值为 770V。现场检查逆变器采样板排线是否松动，霍尔传感器到电压采样板的排线无断裂或松动情况，对调使用正常发电逆变器的电压采样板，故障信息依然存在；现场测试母线电压正常，采样板正常，怀疑逆变器主控板采样电路异常，更换逆变器主控板备件后，告警信息消除，故障逆变器恢复正常运行。

3. 原因分析

采样电路通过直流侧输入母排检测正母排到负母排电压，超过 950V 时（未并网前）采样电路通过软件封波且报出直流过压故障，若直流侧电压超过 1000V 时报 PV 过压故障，逆变器停止工作，并和电网断开。

光伏并网逆变器报"电网过压"故障主要有以下原因：

（1）逆变器至电网并网点之间的线缆过细、过长、存在缠绕或者线缆材质不合格，导致逆变器交流侧的电压抬升。

（2）光伏系统的装机容量过大，电网负载消纳能力不足，导致电网电压抬升。

（3）逆变器电压采样板排线松动或电压采样板故障，导致过压故障。

4. 电网过压对发电量的影响

（1）逆变器报电网过压故障，逆变器停止发电。

（2）当逆变器检测到电网电压升高到一定程度时，逆变器会降低输出功率，以保证逆变器还能继续工作，这样可以避免因停机而造成更多发电量的损失。

（3）效率损失，电网电压升高，直流母线电压也要跟着升高，如400V的交流电压，直流母线电压在610V左右，逆变器额定电压为600V左右，组串电压如果在600V左右，PWM占空比接近为1，这时候逆变器直流变换部分效率最高，如果交流电压升到460V，直流母线电压要升到700V左右才能满足，组串电压如果还在600V左右，PWM占空比为0.86，这时候逆变器直流变换部分效率就会降低，大约90%。

5. 预防措施

逆变器过电压故障需要从以下几个方面预防：

（1）直流电压一定要匹配，即逆变器电压匹配组件容量及数量。

（2）逆变器输出功率必须最大功率输出。

（3）加大输出电缆线径，因为电缆越粗，阻抗越低。

（4）移动逆变器靠近并网点，电缆越短，阻抗越低。

（5）适当调整逆变器电压范围，但不能调得太高，超过270V有可能损坏用户其他用电设备。

（6）逆变器应定期组织清灰除尘，停机检查时应选择退网后，对各监控板螺栓、排线进行紧固，对监控板有明显或轻微变色的及时进行更换。

6. 案例点评

光伏并网逆变器过压导致警报是比较常见的现象。逆变器电压值若超出额定范围，为确保设备安全及保护操作人员人身安全，就必须跳脱以停止工作，因此光伏并网逆变器必须在规定的电网电压范围内工作，能够实时监测且与电网电压同步。过压会导致逆变器输出功率降低，甚至导致逆变器停机故障，造成发电损失。由此可见，电网电压的稳定性同样极其重要。

五、案例5　集中式逆变器交流接触器故障

1. 事件经过

2019年9月15日，辽宁某光伏电站新增并网区域——光伏发电1区准备并网运行，

运维人员对 1 区内的汇流箱及组串连接详细检查确认无影响并网缺陷后，准备逆变器并网。操作人员按照并网流程进行逆变器并网操作，1 区 1 号逆变器顺利并网，1 区 2 号逆变器交流接触器不吸合，逆变器无法并网。

2. 处理过程

检修人员将逆变器停机，断开断路器、箱式变压器低压侧逆变器交流侧断路器，逆变器放电 15min，将 2 号逆变器交流接触器与 1 号逆变器交流接触器进行对换，2 号逆变器进行并网操作，并网成功。检查故障交流接触器，外观正常，打开接触器外壳，三相触头无闪络痕迹；打开后壳，测量线圈阻值，阻值为 3.6MΩ，属于正常，打开侧壳，交流接触器的电源逻辑控制模块有灼烧痕迹（见图 7-40）。外接 220V 电源，测量控制模块输入电压 219V，输出电压 9V。交流接触器电源逻辑控制模块损坏，联系厂家需整体采购交流接触器。10 月 07 日备件到站，安装更换后逆变器并网运行正常。

图 7-40　交流接触器控制模块灼烧痕迹

运维人员查看 1 区 2 号逆变器液晶显示屏，逆变器自检过程中持续 2min，交流电压分别 362V、363V、362.5V，直流电压 723V，此时只有 1 个直流支路投运，交流电流 0A，直流电流 0.3A。

在并网旋钮转从“OFF”至“ON”后，逆变器始终处于自检状态，且逆变器无故障信息。详细检查逆变器内控制板、采样板未发现异常（当逆变器内部逻辑控制模板有异常逆变器会报相应故障信息）。初步判断无法并网原因为逆变器交流接触器故障引起。

3. 原因分析

通过拆解有逆变器交流接触器发现，接触器线圈已烧损。可能原因有以下几点：

（1）接触器内堆积尘埃太多或粘有水气，使用环境条件差，造成相间短路。

（2）操作频率过高或工作电流过大，触头的断开容量不够。

（3）线圈制造不良或由于机械损伤、绝缘损坏等。

（4）线圈技术参数（如额定电压、频率、通电持续率及适用工作制等）与实际使用条件不符。

（5）线圈两端电压过高或过低，线圈电压过高。会使电流增大，甚至超过额定值；线圈电压过低，会造成衔铁吸合不紧密而产生振动，严重时衔铁不能吸合、电流剧增使线圈烧毁。

4. 预防措施

在设备投运时，因设备内元器件出厂时已安装完成，需要运维人员配合相关厂家做详细检查，并核对设备出厂试验报告，确保设备内部所有元器件能正常带电投运。在日常运维过程中，要求经常清理逆变器及主要附件保持清洁，及时更换损坏零件。

5. 案例点评

本案例中交流接触器作为自动切换设备，由于自身质量原因、自然磨损或使用维护不当，会产生故障而影响发电设备正常工作。交流接触器是一种电磁式自动开关，它主要用于远距离控制功率较大，启动频繁的电动机及其他负载，是电力系统中最常用的控制电器；在运行过程中，需加强定期巡检、维护，避免造成设备与人身事故。

六、案例 6　集中式逆变器 IGBT 故障

1. 事件经过

2019 年 4 月 15 日 07 时 30 分，河北某光伏电站后台监控显示 2 号箱式变压器 2 号低压侧断路器跳闸，4 号逆变器通信中断，电压及电流死数。

前往现场查看：2 号箱式变压器 2 号低压侧断路器跳闸；4 号逆变器显示面板报“硬件限流、OCP 故障”；逆变器交流侧断路器脱扣状态，直流侧支路开关脱扣状态；内部有焦烟味，直流滤波电容隔板上层有碎块，逆变器 IGBT 击穿（见图 7–41 和图 7–42），吸收电容损坏 2 块；驱动板损坏 1 块（板上有发黄痕迹）。

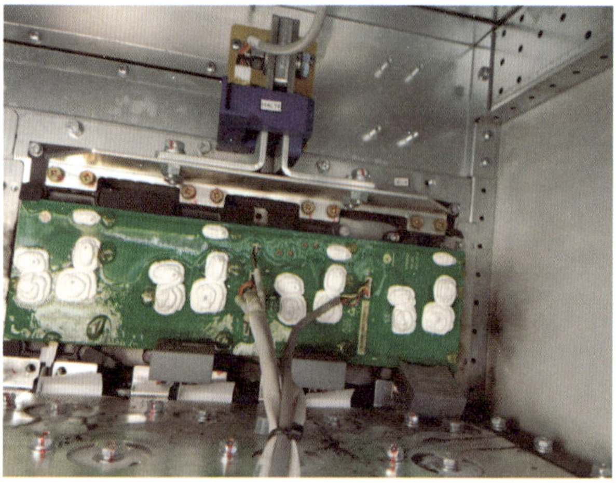

图 7-41　逆变器 IGBT 击穿（一）

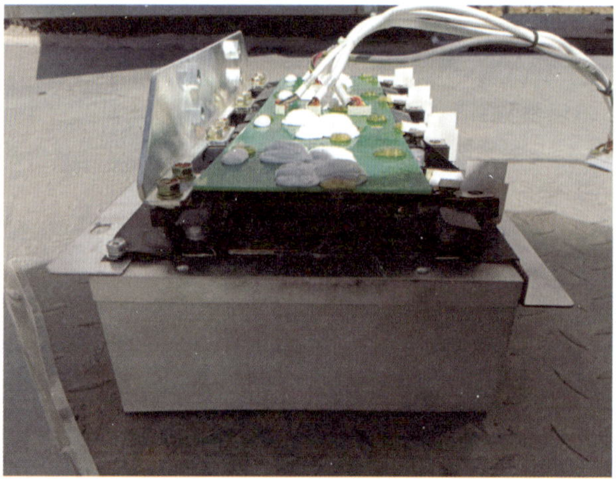

图 7-42　逆变器 IGBT 击穿（二）

2. 故障处理

逆变器停机断电，做好安全措施，更换逆变器新 IGBT 备件 3 组；吸收电容 2 块；驱动板损坏 1 块。检查直流母线电容正常，各螺栓紧固无异常。投运后运行正常。

3. 原因分析

检查逆变器显示屏故障记录：①“硬件限流”；②“逆变器 OCP 故障”。“硬件限流”指逆变器输出侧可能存在短路故障；“逆变器 OCP 故障”指直流母线存在过流现象；均为 IGBT 击穿后正常报警。

（1）从实际情况上看，检查输出电缆等外部条件没有问题，并且更换新的 IGBT 后，系统可以立即正常运行，从而排除了输出短路或接地等外部条件造成 IGBT 损坏。

（2）产生过流的原因有：①晶体管或二极管损坏；②控制或驱动电路故障，或由于干扰引起的误动；③输出线接错或绝缘击穿造成短路；④输出端对地短路。是否因 IGBT 晶体管损坏，无法检测确认，控制或驱动电路板表面无明显异常，同时也不存在接线错误及接地等情况，且更换 IGBT 后正常运行；故 IGBT 晶体管损坏导致 IGBT 击穿有一定的可能性。

4. 预防措施

加强对逆变器巡视检查工作，通过后台及现场相结合，详细观察运行情况，按时记录逆变器运行工况；IGBT 是极敏感元器件，对运行环境要求苛刻，运维维护时需要作为逆变器中重点元器件进行除尘作业，同时要保障 IGBT 功率单元专用散热系统的运行正常。

5. 案例点评

由本案例可见，经厂家对故障记录、数据及损坏配件检测分析，损坏的 IGBT 因质量存在问题短期运行无碍，但长时间运行所有弊端就显露了出来。在此之前该品批次的已存在近 5 台逆变器 IGBT 击穿故障。由于因为 IGBT 质量批次问题，需对全站同批次逆变器 IGBT 进行排查，制定方案联系厂家尽快进行更换，避免因 IGBT 质量问题导致逆变器停运，影响发电量。

七、案例 7 集中式逆变器通信故障

1. 事件经过

2019 年 11 月 20 日，辽宁某新建光伏电站进行光伏区通信调试，当调试至 11 区时，后台上传逆变器数据出现明显异常：后台监控系统显示其中一台故障停机，另外一台逆变器实时数据中电流偏大，较正常数据偏大 1000 倍。现场检查 11 区两台逆变器运行正常，逆变器液晶显示屏数据显示正常，箱式变压器测控装置运行正常。

2. 故障处理

矫正逆变器通信线，按图纸及设计要求重新接线，刷新后台数据，通信正常。

检查箱变侧接收逆变器数据电表无异常，检查监控后台实时组态库，发现 2 号逆

变器电流值系数为 1000，修改电流值系数为 1 后，数据恢复正常。

3. 原因分析

逆变器通信数据通过逆变器通信模块采集传至箱式变压器测控装置，汇集后通过光纤环网传至继保室站控层交换机。导致通信异常无法传输的主要原因有通信点表规约问题、通信地址参数问题、逆变器本体通信板异常、通信线缆接反或松动等。

检查箱式变压器各测控数据正常，故可确认故障点在箱式变压器下端逆变器侧。检查发现逆变器通信端子处线缆接反，重新连接后通信正常，故造成此次通信异常的原因为通信线缆接反。

发现规约设置时逆变器电流值系数扩大 1000，此情况主要为数据点表错误或后台监控组态配置错误导致。

4. 预防措施

在进行设备通信连接时，作业人员一定要按照图纸及设计进行连接。同时通信线必须连接可靠，并且通讯线要避免搭接其他线路及外壳引起通信数据干扰。

5. 案例点评

由本案例可见，随之大型光伏电站智能化运维系统的应运，发电系统中设备通信就是运维人员的眼睛，能够及时掌握发电设备的运行状态，及时发现故障及异常情况。同时运维人员应熟练地使用后台监控系统，了解通信构造及原理，当后台出现异常现象时，能够及时检查判断处理，保障电站发电设备的稳定运行。

八、案例 8 组串式逆变器通信故障

1. 事件经过

2018 年 5 月 20 日，内蒙古某光伏电站 3 号方阵 6 号组串式逆变器后台监控数据死数，云平台显示离线状态，现场组串式逆变器通过 RS485 通信线接至每个方阵的数据采集器，经由箱式变压器测控装置，通过光纤上传至后台监控系统。现场检查数据采集装置正常，但 6 号组串式逆变器显示离线状态。检查逆变器本体，通信故障灯红灯常亮（正常应为绿色闪烁），电源灯及运行灯常亮（属正常运行状态），逆变器正常运行发电。

2. 故障处理

更换新的通信模块，连接蓝牙设置逆变器通信地址等参数。重新上电，逆变器通信灯显示为绿灯闪烁，逆变器正常并网发电。

3. 原因分析

导致逆变器通信中断的原因有以下几点：

（1）通信线松动或断路，检查数据采集器至逆变器通信线未发现松动现象，拆除6号逆变器通信线，逆变器侧通信输出端测量无电压（正常应为直流12V），测量线端电压为12V，可判定故障与通信线缆无关。

（2）通信线和电力线混在一起，走线受到干扰，检查线缆无此现象。

（3）通信模块安装接触不良或死机：断开组串式逆变器交直流侧电源，使逆变器彻底停机，等5min后重新上电后，故障仍未消失，判断为通信模块故障。

4. 预防措施

每日并网发电后，运维值班人员应多频次查看逆变器运行状态，记录逆变器运行数据，与其他相邻逆变器运行参数作对比。

5. 案例点评

由本案例可见，逆变器是光伏电站的重要组成部分，各类数据不仅可提供分析依据，同时在AGC有功功率功率方面也尤为重要，通信畅通可及时按照调度指令执行，避免调度考核。在运行维护过程中，应定期对逆变器进行清灰除尘，避免各器件因灰尘导致的间接故障，同时也应定期进行线缆的紧固排查，避免振动导致线缆脱落。

九、案例9　组串式逆变器MI控制板故障

1. 事件经过

2019年11月8日10时30分，辽宁某光伏电站运维人员对新增并网区域进行设备排查时发现（发电区域未进行通信调试，无法监控），8区10号汇流箱4号逆变器（组串式）的断路器处于脱扣状态，逆变器脱网状态。

2. 故障处理

检修人员断开逆变器并网开关、逆变器所属汇流箱内的断路器、所属直流支路MC4

插头，逆变器放电 15 分钟后拆卸 M1 控制板，更换 M1 备件，逆变器并网运行后正常。

3. 原因分析

运维人员查看 8 区 10 号汇流箱 4 号逆变器外观，逆变器外壳上方有变形凸起，外壳与机体间隙较大。连接逆变器 App 查询逆变器运行日志及故障信息，逆变器报“内部通信异常”“NTC 异常”故障信息，查阅厂家提供的该型号逆变器常见故障分析，初步判断应该是逆变器内部的 MI 控制板故障。打开逆变器机壳，有刺鼻的烧焦味，MI 控制板上的电容单元有明显灼烧痕迹，且 M1 板有水渍（见图 7-43）。

综上现象，判断逆变器无法启机原因是逆变器机壳搬运安装时受损，导致逆变器密封不严，加之前段时间连续降雨天气，逆变器内部受潮，M1 板短路造成。

图 7-43　逆变器 MI 控制板故障

4. 预防措施

对于新建光伏电站，组串式逆变器因安装分散，安装位置及要求严格，安装过程中要注意工艺，按照设计要求进行，杜绝野蛮施工。投运前运维人员要对所有逆变器进行详细检查，尤其是逆变器密封性和电气连接的可靠性。

5. 案例点评

由本案例可见，该起故障是因为施工单位安装作业破坏了逆变器外部机构，影响了设备密封性，内部元器件受潮所致。由此，在设备安装投运时，监理单位和管理单位对设备施工监管、运维单位对设备的检查极为重要，避免设备结构被破坏，影响设备运行环境。

第六节　光伏升压变压器故障及案例分析

一、案例 1　35kV 箱式变压器本体故障分析处理

变压器是电力输变电系统中的重要设备，对于光伏电站来说更是重中之重，由于该类设备结构部件相对复杂，所以故障率也相对较高，而变压器本体故障又是最多、最难处理的问题之一，其中绕组内外部绝缘是否可靠直接影响变压器整体运行的安全性与稳定性；因此，光伏电站箱式变压器本体绕组绝缘故障处理分析对提高该类故障处理效率，提高设备运行可靠性有着非常重要的作用。

1. 事件经过

2018 年 5 月 22 日 13 时 59 分宁夏某电站运维人员在监盘过程中发现 35kV 汇集一三线“保护装置动作”告警，后台显示 326 断路器为分闸状态，汇集一三线线路电流为 0A；35kV 配电室 326 断路器本体显示分位状态，查看线路保护装置显示故障告警“零序 I 段保护动作”，动作电流 3I0 为 0.176A（如图 7-44 所示）。

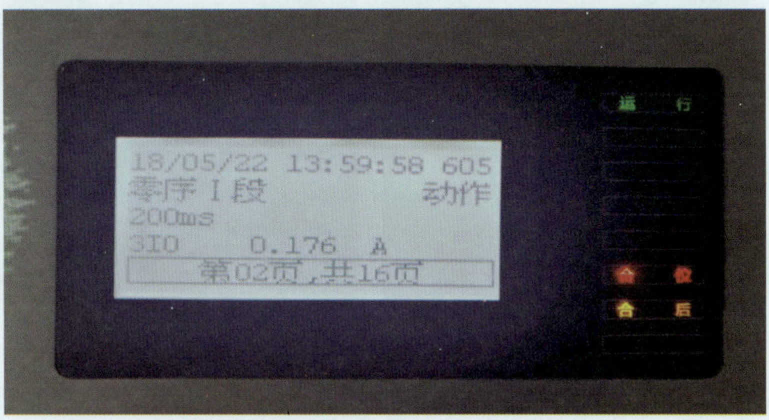

图 7-44　故障时汇集一三线线路保护装置保护动作情况

现场检查为汇集一三线 98 号箱式变压器 B 相绕组内部绝缘层有明显击穿接地痕迹，该部绝缘击穿后致使高低压侧线圈短路并产生高温导致周围绝缘材料燃烧损坏，造成 35kV 汇集一三线 326 断路器跳闸（如图 7–45 和图 7–46 所示）。

图 7-45　98 号箱式变压器现场灭火

图 7-46　98 号箱式变压器 B 相绕组烧损情况

2. 故障处理

将 35kV 汇集一三线 326 断路器由热备转检修。现场发现箱式变压器内部一、二次元器件均已损坏，由于箱式变压器尚处于质保期内，厂家到现场核实后决定返厂维修，重新更换变压器绕组及其他损坏器件，现场做好相关交接试验合格常后方可投入运行（如图 7–47 所示）。

图 7-47　98 号箱式变压器进行安装交接试验

3. 原因分析

直接原因：箱式变压器本体质量不合格，设备长期高温运行导致绝缘老化。

（1）根据现场设备故障点及材料损坏程度，初步判断是箱式变压器本体质量问题，线圈绝缘材料不合格。

（2）变压器室内散热系统存在缺陷，散热效果不佳，长时间不间断运行导致绝缘材料老化，最终致使箱式变压器 B 相绕组内部绝缘层击穿接地，造成高低压侧线圈短路并产生高温使周围绝缘材料燃烧损坏。

（3）运维人员没有定期对箱式变压器进行检修、维护，未及时发现散热风机停机故障。

4. 预防措施

（1）加强变压器的运行管理和检修工作，定期进行变压器的预防性试验。

（2）在日常巡检中，加强对变压器温控装置、散热装置的检查，保证变压器装设的保护装置正确可靠动作，保证故障发生时迅速能迅速切断电源，避免事故扩大化的重要措施。

5. 案例点评

由本案例可见，安全质量管控需从设备制造期抓起。工程交接验收时，隐性的设备质量问题让运行单位束手无策、无从排查、无从防范，一旦出现问题，后果严重，危害性也极大。因此，建立并严格执行一套完善的责任追究制度，强化设备质量各层级管控是十分必要的。

二、案例 2 35kV 箱式变压器低压侧电压表故障分析

箱式变压器低压侧安装的三个低压电压表主要用来测量、监视变压器低压侧三相电压的值，同时可直观地观察三相电压不平衡程度，以此判断设备或线路运行电压的正常与否。

1. 事件经过

2018 年 9 月 23 日，宁夏某光伏电站监盘发现，35kV 汇集九线 125 号箱式变压器低压侧 AB、BC 两电压表显示电压为 250V，AC 线电压显示为 480V；箱式变压器及所属逆变器正常运行，检查逆变器侧线电压正常。现场检查 125 号箱式变压器低压侧表计，显示电压值与后台检测一致（见图 7–48）。

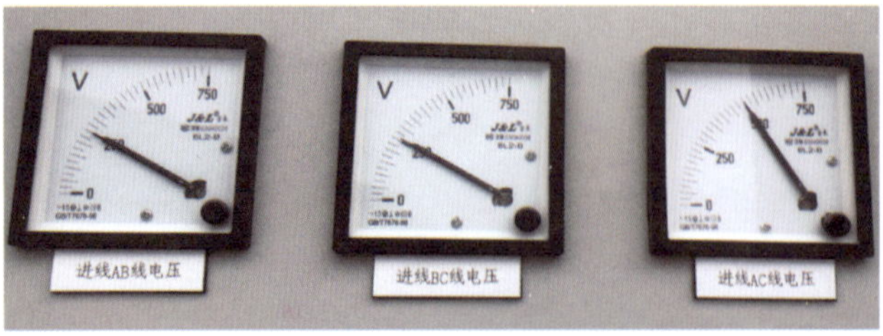

图 7-48　现场电压表电压指示异常

2. 故障处理

（1）将箱式变压器低压侧断路器由运行转热备，并验电确认停电后，检查表计接线端子接线无误（见图 7-49）。

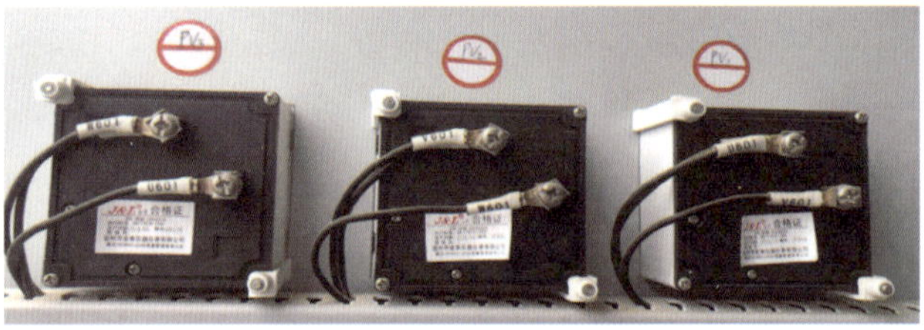

图 7-49　检查表计接线端子

（2）现场用万用表测量低压侧电缆端，显示线电压正常，且箱式变压器、逆变器均运行正常，排除系统电压问题，从三个电压表读数判断，AB/BC 线电压表读数为正常的相电压值，AC 线电压表显示为正常的线电压值，从三个电压表上测量相电压，B 相相电压为零，B 相断相（见图 7-50）。

图 7-50　测量低压回路电压

（3）检查箱变高压熔断器，经测量发现 B 相不导通，初步判断为 B 相熔断器故障。更换熔断器后（见图 7-51），测量电压表接线端，显示 B 相相电压为 275V 左右，电压恢复正常，电压表计指示正常（见图 7-52）。

图 7-51　更换熔断器后检查核对端子电压

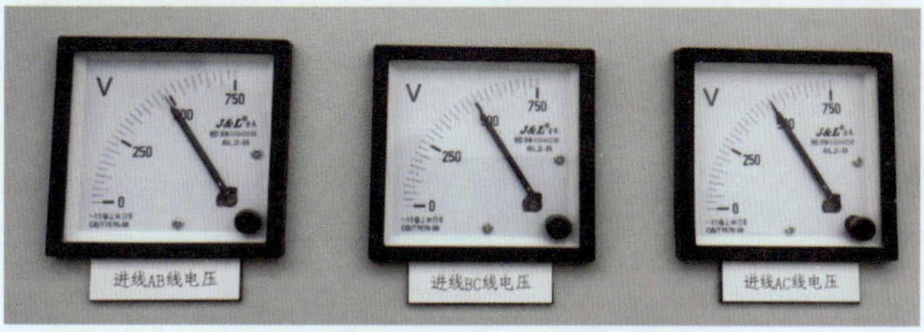

图 7-52　现场电压表电压指示正常

3. 原因分析

直接原因：B 相高压熔断器故障。

现场检查熔断器表面无灼烧、损伤等痕迹，且检查熔断器底座及接线正常，无松动现象，分析熔断器熔断原因为该熔断器出厂或安装时熔体存在缺陷，或在生产过程中熔丝与熔断体外部导体焊接不紧密，长时间带电运行使得熔体电阻增大或焊接点断裂。

4. 预防措施

熔断器是根据电流超过规定值一段时间后，以其自身产生的热量使熔体熔化，从而使电路断开，运用这种原理制成的一种电流保护器。熔断时，要认真分析熔断的原因，可能的原因有：

（1）短路故障或过载运行而正常熔断。

（2）熔体使用时间过久，熔体因受氧化或运行中温度高，使熔体特性变化而误断。

（3）熔体安装时有机械损伤，使其截面积变小而在运行中引起误断。

5. 案例点评

由本案例可见，变压器相关附件表计直接影响设备正常稳定运行。相关参数出现异常应及时发现处理，处理不及时故障将扩大，可能产生较大安全事故，并造成巨大经济损失。

三、案例 3　35kV 箱式变压器外接高压电缆头故障分析处理

高压电缆头是电缆线路两端连接其他设备的中间装置，在电力系统中广泛应用，它集防水、应力控制、屏蔽、绝缘于一体，具有良好的电气性能和机械性能，能在各种恶劣的环境条件下长期使用，是光伏电站高压设备中不可或缺的重要组成部分，因此，高压电缆头能否安全正常运行在光伏系统中尤为重要。

1. 事件经过

2016 年 2 月 27 日 22 时 22 分，宁夏某光伏电站运维人员在监盘过程中发现 35kV 汇集六线“保护装置动作”告警，后台显示断路器为分闸状态，线路电流显示为 0A；35kV 配电室 318 断路器本体显示“分”位状态，查看线路保护装置显示故障告警“过流一段保护动作”，动作电流为 14.482A（见图 7–53 和图 7–54）。

图 7–53　汇集六线 318 断路器保护装置动作信息

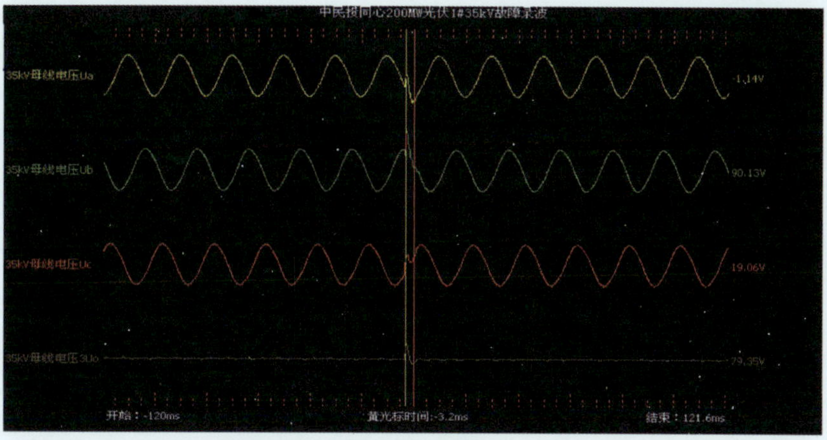

图 7-54　35kV 母线故障录波器所录波形

现场检查为汇集六线 61 号箱式变压器高压侧 A、B 两相电缆终端头绝缘层有明显击穿痕迹，该部位击穿后引发相间短路，造成 35kV 汇集六线 318 断路器跳闸（见图 7-55）。

图 7-55　61 号箱式变压器高压电缆头绝缘击穿、烧损

2. 故障处理

（1）将 35kV 汇集六线 318 断路器由热备转检修，并在断路器柜前柜门把手上悬挂“禁止合闸，有人工作”标识牌，根据现场实际故障情况，确定需进行 61 号箱式变压器高压侧电缆头的制作及更换，为减少故障处理时对其他箱式变压器造成的影响，运维人员对汇集六线 61 号箱式变压器高压侧电缆所连接的 60、62、63 号箱式变压器及

线路进行解列，并检查汇集六线其他方阵箱变，并确认其他箱式变压器无异常。

（2）61号箱式变压器高压电缆头制作更换完毕后对其进行交流耐压试验，试验结果合格，测量35kV汇集六线线路整体绝缘合格，检查无异常后恢复35kV汇集六线线路及所带箱式变压器等设备正常运行。

3. 原因分析

直接原因：61号方阵箱式变压器高压侧A、B相电缆头绝缘层长期放电击穿。

61号箱式变压器高压侧A、B两相电缆终端头绝缘层击穿，引发相间短路过流，导致35kV汇集六线318断路器保护动作跳闸。

现场发现，该电缆接线室内接有三条高压电缆，因电缆引接排布比较紧密，在带电运行过程中电缆头伞裙部位表面长期存在轻微表层泄漏电荷流动，但未引发短路故障，未引发弧光，不易于发现，但运行到达一定时间后电缆终端头伞裙表面绝缘材料劣化，绝缘性能降低，最终引发A、B两项电缆头绝缘击穿。

4. 预防措施

（1）考虑作为汇集与中转使用的箱式变压器高压电缆室接线较多，因电缆终端头伞裙部分接触减少可靠绝缘距离，易造成泄漏、爬电、放电或短路，因此在电站日常巡检过程中及时排查其他同类型箱式变压器电缆终端头绝缘，如有电缆头之间安装间距过近但未出现放电或击穿现象的可加装绝缘隔板。

（2）在高压电缆头的前期制作过程中，严格要求制作工艺，后续运行时加强电缆接线室设备巡视，并定期开展夜间闭灯检查、红外成像检查，排查绝缘终端头劣化情况，对于排查存在隐患的及时进行处理。

5. 案例点评

由本案例可见，35kV电缆终端头发生故障，大多与电缆的终端头的制作和装置有关系，施工人员只需精密施工，严格按照说明书和有关规程、规则去装置、制作电缆头，现场管理人员监管到位，能有效防止故障发生。同时，运行值班人员应熟悉有关运行规程，了解设备的运行状况，出现故障时要冷静冷静、认真分析、正确判断、并防止故障进一步扩大。另外，加强集电线路的检修、维护、管理，进一步设备的安全、稳定、可靠运行水平。

四、案例 4　35kV 箱式变压器本体连接电缆头击穿故障分析处理

高压电缆头是电缆线路两端连接其他设备的中间装置，在电力系统中广泛应用，它集防水、应力控制、屏蔽、绝缘于一体，具有良好的电气性能和机械性能，能在各种恶劣的环境条件下长期使用，是光伏电站高压设备中不可或缺的重要组成部分，因此，高压电缆头能否安全正常运行在光伏系统中尤为重要。

1. 事件经过

2018 年 11 月 12 日 09 时 38 分 18 秒，宁夏某光伏电站运维人员在监盘过程中发现 35kV 汇集三线“保护装置动作”告警，后台显示断路器为分闸状态，线路电流显示为 0A；35kV 配电室 3103 断路器本体显示“分”位状态，查看线路保护装置显示故障告警“零流 I 段保护动作”，动作电流为 10.75A（见图 7–56 和图 7–57）。

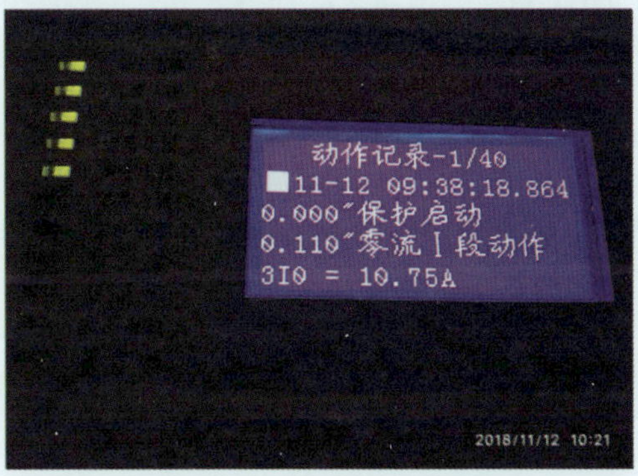

图 7–56　保护装置告警信息

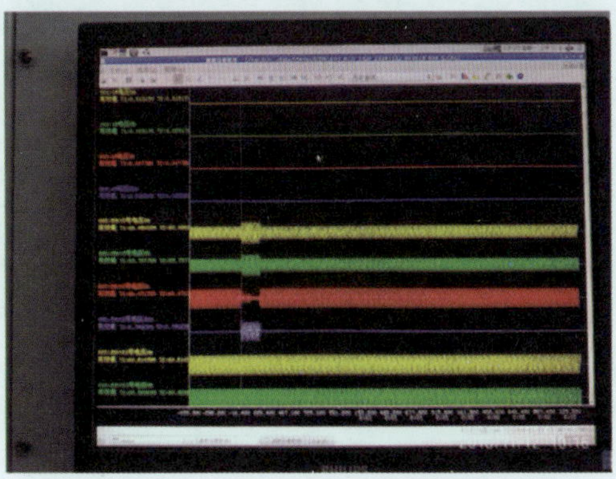

图 7–57　35kV 母线故障录波器所录波形

现场检查为汇集三线 49 号箱式变压器本体高压侧断路器至高压绕组 C 相电缆头有放电击穿痕迹，造成 35kV 汇集三线 3103 断路器跳闸（见图 7–58）。

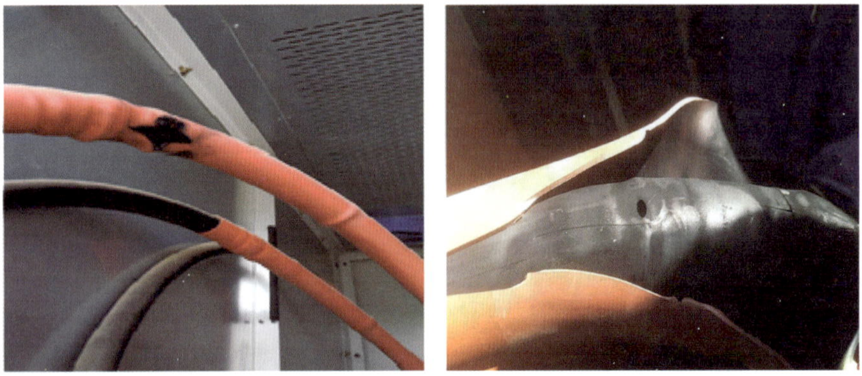

图 7-58　电缆头放电击穿

2. 故障处理

将 35kV 汇集三线 3103 断路器由热备转检修，并在断路器柜前柜门把手上悬挂“禁止合闸，有人工作”标识牌，对汇集三线高压一次设备进行逐一排查，检查发现汇集三线 49 号箱式变压器本体高压侧断路器至高压绕组 C 相电缆头有放电击穿痕迹。

由于同类型故障已发生多起，经与设备厂家沟通协商，确定重新采购质量合格的电缆和冷缩电缆附件，安排专业制作安装电缆头人员将箱式变压器高压侧电缆全部更换，交流耐压试验合格，全部更换后再未出现电缆头击穿事故，设备运行正常（见图 7–59）。

图 7-59　技改更换后的高压电缆

3. 原因分析

直接原因：箱式变压器本体连接电缆头制作工艺差，长期带病运行发生的故障。

通过分析同类型故障发现，引起箱式变压器本体连接电缆头击穿故障的原因主要有以下几点：

（1）多起电缆头击穿事故都发生在屏蔽层断口处。解剖故障电缆头后发现，应力管与屏蔽层的接触长度只有 10～15mm，不符合工艺要求的 20～25mm，这表明在制作电缆头时屏蔽层断口处的绝缘处理未按照工艺要求实施。应力管的安装位置若有偏差，则电场分布难以得到改善，甚至无法起到控制电场应力的作用。

（2）35kV 箱式变压器高压侧电缆头全部采用热缩电缆头。热缩电缆头使用橡塑材料，应力控制管、外绝缘保护管及伞裙等需要单独制作、配套施工，缺点是抱紧力差、密封不良、弹性差。

光伏电站箱式变压器，白天负荷高，晚上空载运行，在电缆运行温度和西北地区早晚温差大的环境温度的共同影响下，白天和晚上的电缆温差大。

热缩电缆附件靠附件加热收缩产生界面握紧力来保证界面特性，当附件安装进入运行后便不能再进行加热。电缆的热胀冷缩，造成热缩管对电缆绝缘表面界面压力不足，只靠热缩管内壁极少的热熔胶弹性来保证界面远远不够，长时间运行造成热缩套管与电缆本体有缝隙。

多起被击穿的电缆头，发现绝缘套管尾端均有不同程度（约 1cm 左右）的缩进距离，且热缩套管与电缆本体有缝隙。分析认为所用热缩电缆附件的密封性能和绝缘性能较差且热缩工艺不到位；热缩电缆附件本身不具有弹性，不能与电缆同呼吸；由于电缆与热缩材料的热膨胀系数不同，因此在温度低于 80℃时产生脱层，热缩套管与电缆本体间出现缝隙，导致灰尘和空气中的水分进入，降低了电缆头的绝缘，造成击穿事故。

（3）电缆头被击穿的，电缆线芯周围的绝缘材料分布不均匀，存在绝缘偏心、绝缘屏蔽厚度不均匀现象。

（4）通过运维人员查看故障前后保护装置动作情况及后台报警信息，分析故障录波图形，发现少部分故障是在基频谐振过电压下发生的，其余是在额定电压下发生的。

4. 预防措施

（1）严格规范电缆头制作工艺。

电缆头制作人员应经过专门培训，持证上岗，切忌犯经验主义错误。制作电缆头时严格按照厂家说明书的要求去做，一定要对屏蔽层断口处进行处理，防止主绝缘内存在杂质和气隙，作业时的空气相对湿度应在70%以下。根据GB 50168—2006《电气装置安装工程电缆线路施工及验收规范》要求：制作塑料绝缘电力电缆终端与接头时，应防止尘埃、杂物落入绝缘内，严禁在雾中或雨中施工。如果避免不了在雾雨或高温等恶劣天气下施工，就必须在采取可靠的防潮、防尘和升温措施后进行。应力管与屏蔽层的接触长度控制在20～25mm，长了会使电场分散不足，短了会使电力线传导不足，防止电缆收缩时应力管与屏蔽层脱离处产生集中电场应力导致绝缘被击穿。

（2）使用材质好的冷缩电缆头。

冷缩电缆头使用硅橡胶材料，应力锥、外绝缘保护管及伞裙为一体，优点是弹性好、抱紧力强、密封效果好，可避免环境温度和电缆运行中负载高低产生的巨大温差造成电缆附件与电缆本体间出现缝隙。交联聚乙烯电缆附件界面的绝缘强度与界面受到的握紧力有指数关系，当界面压力达到98kPa时，其击穿强度能达到3kV/mm以上；当界面压力达到500～588kPa时，其击穿强度能达到11kV/mm。在设计电缆附件时，界面的场强取击穿强度的1/10～1/15，为0.2kV/mm以下，热缩附件取0.05kV/mm，冷缩附件取0.2kV/mm。

（3）使用材质好的电缆。

提高电缆生产工艺，采用先进的生产工艺和检测设备，避免出现绝缘偏心、绝缘屏蔽厚度不均匀现象；减少和控制制造过程中产生的杂质等可以引发“树枝”现象的因素。加强电缆质量检测力度，电缆检测项目主要包括结构尺寸检查、绝缘热延伸试验、导体直流电阻检测。对于检测不合格电缆，坚决不能用于现场施工。

（4）加强电缆运行维护。

按照DL/T 596—2005《电力设备预防性试验规程》和GB 50150—2016《电气装置

安装工程电气设备交接试验标准》要求，加强对电缆的耐压试验。按照规范要求对电缆进行 20～300Hz 交流耐压试验，试验电压为 $2U_0$，时间为 60min。因为交流耐压试验值低于直流耐压试验值，且输出正弦电压波形接近设备运行情况，所以可改善绝缘介质中的放电情况，保证电缆正常使用寿命。而直流耐压试验电压较高、试验时间长，不能模拟电缆运行工况，直流电场促使绝缘介质发生“电树枝”现象，直流残余电荷的记忆效应会使直流偏压叠加在运行电缆工频电压峰值上，使得运行电缆电压远超过额定电压，加速电缆绝缘老化，缩短电缆使用寿命。

根据电磁感应原理可知，电缆头在运行过程中会消耗电能而产生热量，加之通风措施不够，达不到理想状态的散热条件，造成电缆头温度过高，绝缘降低后被击穿。使用红外测温仪定期测量电缆头的温度并做记录，加强对温度较高电缆的监视。

5. 案例点评

由本案例可见，电缆头是电缆线路的重要环节，应使用材质好的电缆头及电缆，严格规范电缆头制作工艺，并在后期运维过程中加强电缆头的运维，按照试验规程定期试验，采用红外测温记录温度，发现异常及时处理，避免酿成事故。

五、案例 5　箱式变压器电缆终端击穿故障

1. 事件经过

2019 年 10 月 8 日 3 时 18 分，内蒙古某光伏电站发生接地故障，光伏一、二、三线 35kV 进线断路器相继跳闸，7 时 45 分接地变压器 35kV 断路器跳闸，301 出线断路器跳闸，全站停电。

排查发现 C3 箱式变压器 2 个电缆头、C5 箱式变压器 1 个电缆头、D4 箱式变压器 1 个电缆头、接地变压器 1 个电缆头共计 5 个高压电缆头击穿，对侧升压站 355 断路器 C 相 TA 故障（见图 7–60）。

2. 故障处理

运维人员做好相关安全措施后，重新制作电缆头、采购 TA 更换安装后，于 2019 年 10 月 22 日 17 时全站恢复正常并网发电。

图 7-60 冷缩管过长、应力管错位

3. 原因分析

直接原因：电缆终端头制作不合格，长期放电击穿。

通过对发生故障的电缆头进行解剖，发现电缆头的制作完全不符合规范，在运行中已产生绝缘薄弱点，一旦发生电压波动，这些薄弱点就会发生击穿烧毁现象，而且随着运行时间的增加，问题会越来越严重。

直接问题：半导体层、铜屏蔽层、钢铠不做钝化处理，有尖角、毛刺存在（见图 7-61），造成电场极化，形成尖端放电，长时间放电运行引起局部主绝缘放电损坏；应力管安装位置错误，没有起到分散电场应力作用。

图 7-61 应力管压接位置错误、半导体屏蔽层尖角毛刺

查看故障录波分析，系统中性点偏移过电压，单相对地电压由正常值 20kV 上升至 44kV，造成系统中绝缘强度薄弱多个电缆头击穿故障（见图 7-62）。由于该 35kV 系统采用消弧线圈补偿接地方式，如果运行在接近全补偿状态，在系统不平衡产生零序电压时，产生消弧线圈与系统电容谐振状态，在消弧线圈上产生较高电压，而形成的中性点偏移过电压，另外消弧线圈回路阻尼电阻不能正常工作，不能起到抑制谐振电流的产生，也可以产生中性点偏移过电压。

4. 预防措施

（1）采取抑制系统过电压措施，减少系统过电压发生。

（2）检查消弧线圈装置中串联阻尼电阻阻值大小及投切动作情况，排除阻尼电阻对中性点偏移过电压的影响。

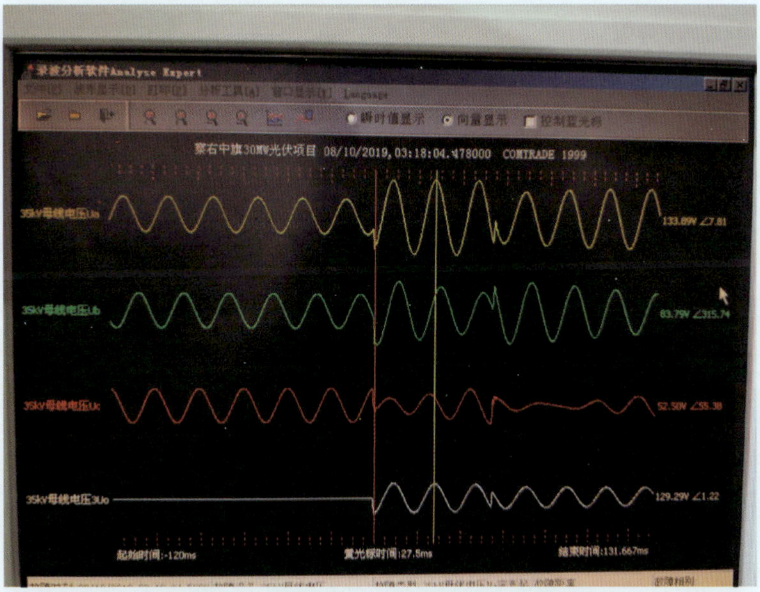

图 7-62　35kV 母线故障录波器所录波形

（3）查看送出变电站消弧线圈补偿装置工作状态，适当调整脱谐度，远离 0，减少谐振概率。

（4）加强电站电缆头绝缘管理，提高电站电缆头绝缘强度，电缆专项预防性试验，问题电缆头提前更换。对电站高压电缆进行专项预防性试验，查找绝缘性能下降、泄漏较大的隐患电缆头，利用电站退网的时间提前进行更换，避免故障造成损失。

（5）更换全部电缆头，加强制作过程工艺、质量管理。根据现场电缆头解剖情况、运行年限分析，以及近期故障造成的巨大发电损失，建议更换全部电缆头。

5. 案例点评

由本案例可见，加强设备巡检维护，减少系统过电压发生，严格规范电缆头制作工艺，并在后期运维过程中加强电缆头的运维，按照试验规程定期试验，采用红外测温记录温度，发现异常及时处理，避免酿成事故。

第七节　开关柜典型故障及案例分析

一、案例 1　35kV 计量柜 A 相避雷器故障分析

1. 事件经过

8 月 15 日 23 时 22 分后台报郭旺线接地故障，检查母线电压，A 相电压 2.2kV、B 相电压 35.3kV、C 相电压 33.38kV，现场查看 TV 柜电压表数据与后台显示一致，23 时 25 分汇报调度。23 时 30 分检查发现计量柜附近有异响且有异味，23 时 31 分汇报调度，调度回复带电检查；23 时 35 分发现计量柜附近有大量白烟冒出，为防止事故扩大，将郭旺线 311 断路器转热备；23 时 52 分申请将郭旺线 311 断路器转冷备状态；8 月 16 日 00 时 01 分申请 4 号母线转检修，经检查发现计量柜 A 相避雷器击穿。

2. 故障处理

因当时烟雾在计量柜方向，故优先对计量柜进行检查，检查发现计量柜 A 相避雷器击穿，随即联系厂家及备件情况。8 月 17 日厂家到站后对故障避雷器进行检查，确认避雷器已击穿，18 时 0 分完成损坏避雷器拆卸及备件更换。

3. 原因分析

最近几天雷雨天气较多，不排除雷击和过电压导致避雷器损坏，计量柜 A 相避雷

器击穿后接地。经过于设备厂家分析，判断为避雷器内部绝缘不合格，长时间高压下运行，导致内部绝缘击穿（见图 7-63）。

图 7-63　计量柜 A 相避雷器故障更换

4. 预防措施

设备故障后，除对本故障避雷器进行处理完，还应对其他避雷器进行详细检查，确保恢复送电时无故障设备，做到及时发现问题、及时提出解决方案并处理；电站所处地区八月份雷雨天气较多，此次事故出现与雷击也有一定的关系，故线路防雷措施应进行检查，定期开展防雷接地检测。

5. 案例点评

由本案可见，设备制造质量和绝缘工艺是设备安全运行的保证。设备本身存在缺陷在运行中是比较隐性的，一旦出现故障是不可预防，给电站和电网安全运行造成危害较大。

二、案例 2　35kV 母线电压互感器故障分析

1. 事件经过

2018 年 7 月 20 日 06 时 45 分，陕西某光伏电站 35kV 母线 TV 开关柜内 B 相电压互感器在运行期间击穿炸裂（见图 7-64），保护正确动作，出线断路器跳闸。

图 7-64　电压互感器炸裂

2. 故障处理

更换了一组三台同容量类型的电压互感器；更换消弧线圈接地线由（$1.5mm^2$）改为（$4.0mm^2$），并于接地端子进行连接牢固。

3. 原因分析

现场根据故障录波分析图（见图 7-65），初步判断此次互感器故障的主要原因为短时间单相接地故障而导致。系统单相接地是电力规程所允许的，单相接地故障发生时，其未接地相对地电压升高$\sqrt{3}$倍，当接地故障结束时非接地相在故障期间已充的电荷只能通过电压互感器高压线圈经其自身的接地点接入大地。在这一瞬间电压突变过程中，电压互感器高压线圈的非接地两相励磁电流就要突然增大，甚至饱和，由此构成相间串联谐振。此时若无有效的防范措施，将直接导致熔断器爆裂和 PT 炸裂。

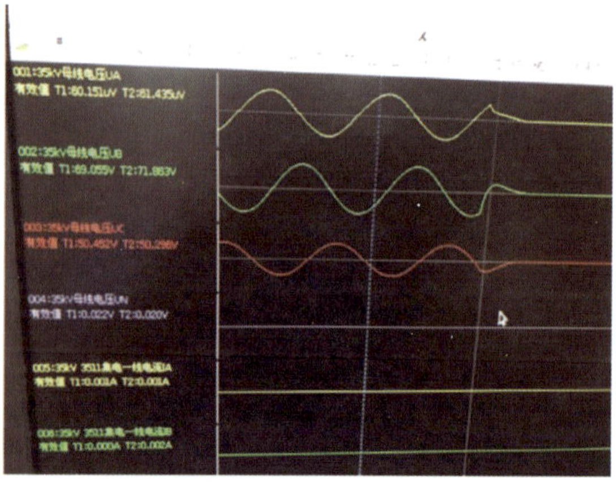

图 7-65　故障录波图

系统的谐波导致 TV 铁磁谐振而引起，光伏行业由于存在大量的非线性负载，不可避免的会产生谐波，加之大网系统各谐波分量的侵入以及系统频次较高的负载投切，有可能叠加出高幅值的谐波分量。根据对其他同行业的跟踪分析，同样的负载可能产生高次谐波分量。由于谐波的作用诱发谐振，破坏绝缘，最后导致 TV 炸裂。需要指出的是，谐波的破坏作用是潜在的无形的，有可能是因设备质量问题，导致谐波冲破绝缘最薄弱环节损坏 TV。

检查电压互感器消弧线圈接地不符合设计规范，连接松动且线径小于 $2.5mm^2$。消弧线圈的一次是与电压互感器的二次侧的 N 相连，当消弧线圈接地线在运行过程中长期发热，当接地线由于发热熔断后，电压互感器在运行中二次侧的 N 无法经消弧线圈与地相连，导致二次侧发热，设备长期在发热状态下运行，可能会导致电压互感器炸裂。

4. 防范对策

在运行维护过程及安装调试时，应针对单个设备逐一排查，对照图纸、国家及行业标准规范要求执行，有必要时做好设备预防性试验检测设备运行工况。选择较好的设备厂家，并对安装施工工艺和成套设备安装质量的交接监督到位。

5. 案例点评

由本案可见，设备制造质量和绝缘工艺是设备安全运行的保证。设备本身存在缺陷在运行中是比较隐性的，一旦出现故障是不可预防，给电站和电网安全运行造成危害较大。电力系统的接地直接关系到人身和财产安全，以及电气设备的安全运行，接地线的设计和连接牢固尤其重要。

三、案例 3　35kV 母线电压互感器故障分析及处理

1. 事件经过

河北某光伏电站 2018 年 11 月 20 日 06 时 34 分，后台监控系统响铃报警：报郭旺线 311 线路接地、光伏一线汇集 321 接地、光伏汇集二线 322 接地、1#SVG305 接地；检查表计：U_a 相电压为 19.9kv，U_b 相电压为 13.9kV，U_c 相电压为 19.82kV，零序电压为 2.16kV（见图 7-66）。

通过查询电能量采集终端历史记录发现，计量柜电压正常，TV 柜电压与故障时电压一致，故优先对 TV 柜进行检查。检查发现 TV 柜 B 相电压互感器熔芯熔断，B 相电

压互感器本体两侧均有放电痕迹，A 相、C 相电压互感器邻近 B 相电压互感器一侧有放电痕迹（见图 7-67）。检查二次接线牢固无异常。全站检查未发现其他异常情况。

2. 故障处理

更换全部 3 台电压互感器，加厚电压互感器之间的绝缘隔板。

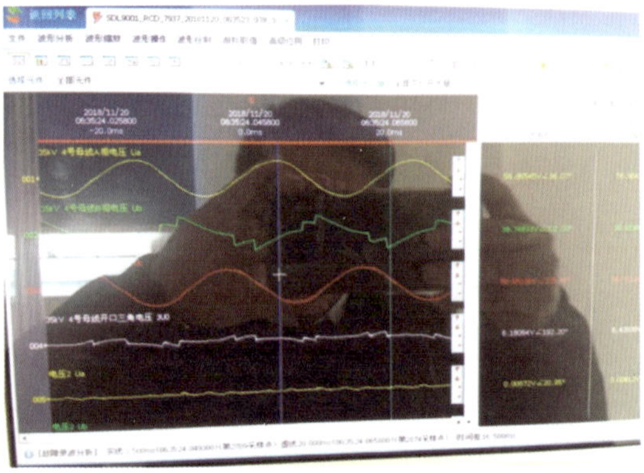

图 7-66　故障录波文件

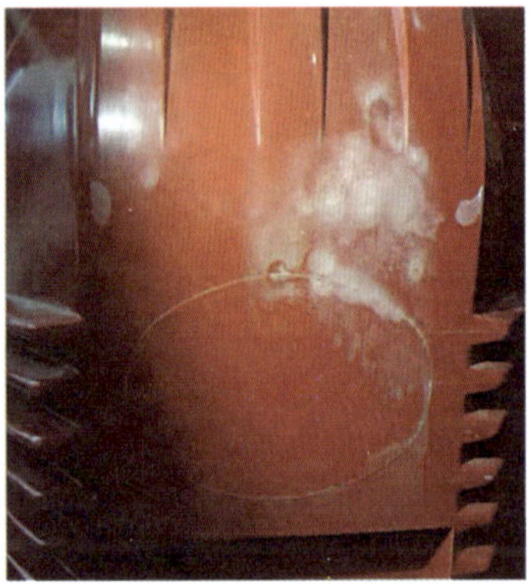

图 7-67　母线 TV 放电点

3. 原因分析

B 相电压互感器有明显放电痕迹，A 相、C 相电压互感器邻近 B 相电压互感器一侧有放电痕迹，绝缘隔板有碳化现象，B 相高压熔芯熔断，B 相电压互感器壳体有撞击痕迹。此前电压互感器投运前有异常声响，由于误判为电晕对设备安全运行较小，但随着运行时间增长，长期的放电导致互感器绝缘损坏从而致使电压互感器击穿。测量电压互感器之间安全距离为 30cm，符合设计安装要求。故判断此互感器投运前绝缘存在异常，致使虽然安装距离符合要求，但因设备本体原因仍然产生了放电现象。

4. 预防措施

电压互感器故障处理中要注意操作规范，搬运、装拆 TV 过程中防止机械碰伤。电压互感器故障发生较多，作为维修运维人员必须有丰富的经验，具备过硬的专业知识和技术能力，并能够灵活应用、准确了解故障原因，才能为有效处理故障打好基础。

5. 故障点评

由本案例可见，电压互感器受到机械碰伤后直接影响设备正常稳定运行。相关运行工况出现异常应及时发现处理，处理不及时故障将扩大，可能产生较大安全事故，并造成经济损失。

四、案例 4　35kV 母线 TV 柜二次航空插头故障分析及处理

1. 事件经过

河北某光伏电站 2018 年 8 月 18 日 14 时 19 分后台监控显示 A 相电压 5kV、B 相电压 20.2kV、C 相电压 21.1kV，A 相电压异常。

2. 故障处理

对 A 相所对应的插头进行更换后，检查无异常，为保障不再出现时断时好的状态，反复进行了 5 次试验，均显示正常。8 月 19 日 19 时 08 分恢复送电。

3. 原因分析

查看故障录波及当时后台电压记录，B、C 相电压为正常值，初步判断是 A 相的问题，故对 TV 柜进行检查，首先对 A 相熔断器进行测量，显示正常且无虚接状态，其他两相也进行了测量，无异常；后将 TV 柜小车摇至工作位，4 号母线加压 400V，测量电压情况，显示正常；后从 TV 辅助断路器二次电压出口开始闭环检查：辅助断路器至二次航空插头公头正常、二次航空至二次接线端子排正常，后将手车摇至工作位置，整体进行联动检查，发现 A 相电压存在异常，后检查确认为二次航空插头插针问题，导致缺相（见图 7–68 和图 7–69）。

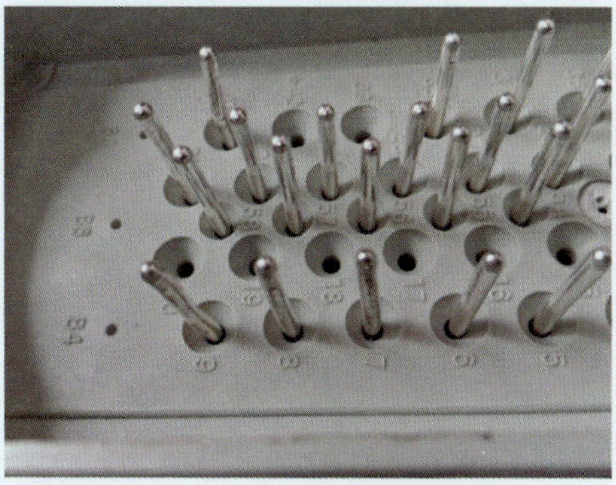

图 7–68　二次航空插头处理前照片

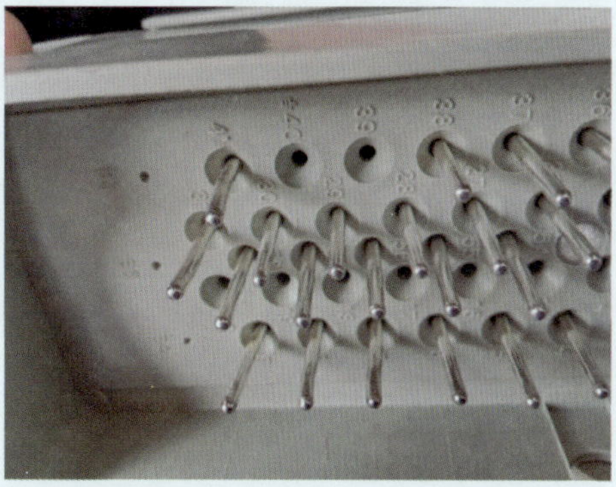

图 7–69　二次航空插头处理后照片

4. 预防措施

设备故障后，除对明显故障点进行处理后，还应对其他设备进行详细检查，确保恢复送电时无故障设备，做到及时发现问题、及时提出解决方案并处理。

5. 案例点评

由本案例可见，二次航空插头插针存在松动，此插针若频繁多次插进拔出会发生接触不良或不到位情况，但此航空插头自并网到此次故障产生，远远达不到损坏，初步判断为：该航空插头插针质量存在缺陷或受到过机械损伤。

五、案例 5　35kV 开关柜相间放电故障分析处理

1. 事件经过

河北某光伏电站 2019 年 8 月 17 日 8 时 53 分，郭旺线 311 断路器跳闸、1# SVG305 断路器及无功补偿装置跳闸，直流充电模块故障，后台监控系统及部分自动化系统断电重启，备自投切换至备用电（10kV 市电）。

后台监控恢复后，显示郭旺线 311 断路器跳闸、1# SVG305 断路器及无功补偿装置跳闸，交直流屏故障告警，故障解列保护装置显示故障告警“母线过压解列”动作、“低压解列 I 段、II 段”动作，故障发生时为多云天气（见图 7–70）。

现场检查发现 35kV 配电室郭旺线 311 断路器跳闸，郭旺线 311 开关柜线路带电显示装置正常（送出线路侧带电），母线 TV4–9 电压表显示为零，配电室开关柜操控显示装置故障 7 台，继保室直流充电屏柜充电模块故障 4 台。

通过故障录波波形分析，B 相电压有明显异常，申请将母线 TV 柜转检修，检查母线 TV 柜发现 B 相电压互感器熔芯熔断，B 相电压互感器两侧均存在放电痕迹（见图 7–71 ~ 图 7–73）。

2. 故障处理

经检查分析三次谐波含有率一直超标，而其超标主要是因为电压互感器间距不够放电导致。为保障有足够间距，将互感器容量进行调整，由原来的（30/50/100VA）改为（30/30/100VA），减小了铁芯尺寸，增加了间距从而避免放电产生谐振。新电压互感器更换投运后，异常响声消失，且三次谐波含有率下降至 1.2% 以下，设备运行正常。

3. 原因分析

通过故障录波波形分析，B 相电压有明显异常，申请将母线 TV 柜转检修，检查母线 TV 柜发现 B 相电压互感器熔芯熔断，B 相电压互感器两侧均存在放电痕迹。故障时

三相电压均达到了线电压，检查 AVC 系统，发现调度实时下发电压指令为 38kV，调取当时电压记录：$U_a = 22.67$kV，$U_b = 20.02$kV，$U_c = 22.51$kV，$U_{ab} = 37.16$kV，$U_{bc} = 36.8$kV，$U_{ac} = 39.18$kV，SVG 无功补偿装置采用三相电压之和的平均值，来判断发感性或容性无功，当时三相平均值为 21.73kV，换算为线电压 37.6kV，而当时调度实时下发指令为 38kV，故 AVC 系统仍在控制逆变器及 SVG 提高电压达到要求。但电压波动达到 114.9V（此为二次值，换算为一次值为 40.0125kV）达到了母线解列 I 段动作值，导致跳闸。检查 1 号 SVG 无功补偿装置，显示过压，复位后，自检正常。从故障录波波形分析，三次基波含有率在运行时均超标（4% 左右），且电压互感器之间存在放电现象，由于系统变化，使其参数满足共振条件，引起强烈的具有共振性质的振荡，导致谐振过电压。产生谐振的主要因素为互感器间距不满足要求。

图 7-70　后台监控保护动作告警

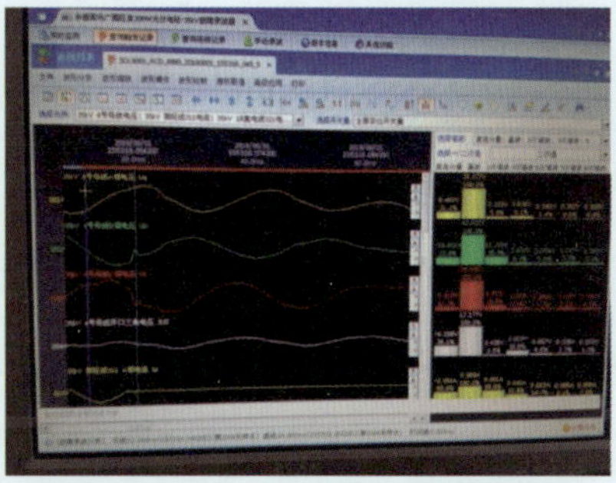

图 7-71　故障波形（系统电压）

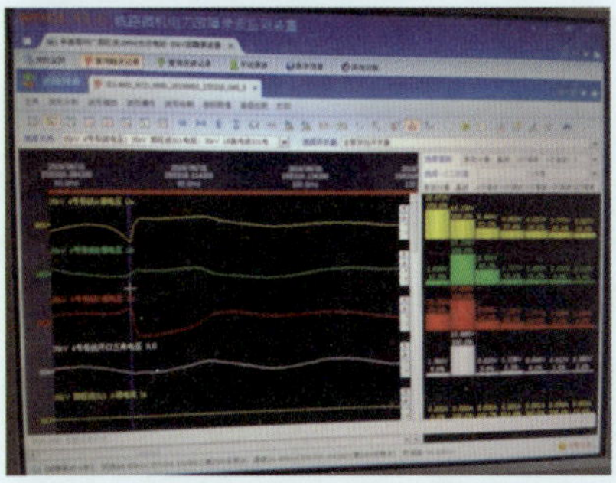

图 7-72　故障波形（郭旺线电流）

图 7-73　故障解列装置（动作报告）

4. 预防措施

针对异常声响及谐波要及时进行分析研究，制定方案消除隐患。在运行维护过程中，对异常声响、异常数据要及时记录汇报，便于作为现场的分析研究的基础资料。

5. 案例点评

由本案例可见，电压互感器选型和安装尺寸尤其重要，如遇上天气潮湿和灰尘过多时，有可能出现电晕放电，导致谐振产生过电压，影响电网安全运行。灰尘相对较多时，就需要工作人员对高压开关柜内部积灰清理，并进行空气流动清除潮气，从而有效地避免高压开关柜内 TV 设备之间运行过程中出现电晕现象。

六、案例 6 SVG 功率模块过流故障分析处理

SVG 是一台将有用功转化为无用功的静态补偿装置，其主要功能是提高线路输送电的稳定性；维持受电一侧的电压；提高功率因数，补偿无功，加强三相电压平衡和稳定性。本案例中 SVG 本体集装箱设计有缺陷，本身存在安全隐患，在下雨天雨水容易在通风口吸入和缝隙间渗入，导致功率模块受潮绝缘降低而损坏。

1. 事件经过

2019 年 6 月 20 日 17 时 30 分，陕西某光伏电站 SVG 断路器跳闸，SVG 本体停止运行，SVG 本体控制显示屏告警“C5 模块过流”。

2. 故障处理

按复位按钮消除告警声，用万用表检测电流传感器电流及电压，正常。并检查供电电源电压，电压正常；运维人员使用工具将 C5 模块拆除下来，检查发现 C5 模块潮湿有水的痕迹。然后用电脑和模块测试仪对 C5 模块的 IGBT 进行充电，当电流充电至 600A 时，此时观察 C5 模块数据，发现其 IGBT、驱动电源、载波同步、旁路、版本故障以及旁路状态都正常，但是配置完成的状态不正常，以此为根据，断定 IGBT 已损坏。

使用备用功率模块的 IGBT 作为备件，对 C5 功率模块的 IGBT 进行更换。再次使用模块测试仪对更换的 IGBT 进行充电测试，IGBT、驱动电源、载波同步、旁路、版本故障、旁路状态以及配置状态全部正常。

设备投运后正常运行。

3. 原因分析

根据现场处理情况分析，此次故障是因 SVG 本体集装箱的门密封不严，导致上层有缝隙，下雨天就会有雨水渗入，通风口也会被风机吸入雨水，致使功率模块室较为

潮湿，导致 C5 功率模块的 IGBT 短路损坏，造成过流告警。

4. 预防措施

加强日常巡视检查，及时发现设备隐患，及时通风干燥。针对多雨天气及时投入箱内加热除湿器进行除湿。

根据现场情况可加盖防雨棚，避免雨水吸入箱体导致功率模块绝缘降低损坏。

5. 案例点评

由本案例可见，是 SVG 本体集装箱设计缺陷，本身存在安全隐患，在下雨天雨水容易在通风口吸入和缝隙间渗入，导致功率模块受潮绝缘降低损坏。

第八节　送出线路典型故障及案例分析

一、案例 1　35kV 送出线路终端电缆头绝缘击穿

1. 事件经过

2018 年 6 月 19 日 19 时 7 分，宁夏某光伏电站后台监控机报 308 号进线 TV、TA 断线，发现 35kV A 相电压为 0.968kV，35kV B 相和 C 相绝缘电压降幅不大，现场初步判断为某一线路 A 相接地。

当值人员立即向调度汇报，并安排对开关站各馈线进行逐停排查。经检查发现开关站内馈线均无异常，故障原因可能在 35kV 送出线路。19 时 20 分，断开 323 镇中线断路器后，故障消失。现场运维部组织人员对送出线路全线巡视，发现 58 号杆塔电缆 A 相电缆头放电绝缘击穿（如图 7–74 所示）电缆铜芯与电缆铜屏蔽带有放电痕迹。6 月 20 日现场运维人员检查 35kV 出线开关柜电缆头也存在放电迹象。

2. 故障处理

（1）现场申请 35kV 送出线路转检修，并按照安规要求做好安全隔离、防护。

（2）为保障送出线路的安全运行，现场决定将电缆两端的热缩电缆头全部更换为冷缩电缆头，电缆头制作完成，耐压试验合格，恢复送电后运行正常（如图 7-75 所示）。

图 7-74　终端电缆头故障

图 7-75　故障处理现场图

3. 原因分析

直接原因：单相热缩电缆头绝缘强度降低放电击穿。

在对故障电缆头进行解析过程中发现可能存在的原因：

（1）电缆热缩头应力带施工工艺控制不严，应力带截面不够，收边不规则、不平、不整齐。

（2）绝缘护套热收缩时存在气泡未处理。

电缆头是线路中的薄弱环节，常因电缆头本身的缺陷或制作质量不佳，或者密封性不好而漏，使其绝缘破坏，侵入水气，导致绝缘强度降低，从而使电缆被击穿。

4. 预防措施

虽然 35kV 电缆头很容易出现故障，但在电缆头制作过程中只要精心施工，严格按照制作步骤和要求去做，就能将最大限度减少人为因素的事故发生。防范电缆头发生故障的方法：

（1）电缆头制作时要防潮，不应在雨天、大风等不利天气下制作、安装电缆头，如在抢修期间，应加强防护措施。

（2）电缆头的制作，必须有缓和电缆屏蔽端部电场集中的有效措施，尽量选用应力管电缆终端头附件，搭接可靠。电缆头制作时要保证有可靠的密封，因为制作电缆头时电缆外屏蔽切断后会引起切断处电场畸变。绝缘的电气性能要可靠，半导电屏蔽层要刮干净，外界的导电介质不得侵入，否则容易引起爬电。对热缩材料进行加热时，火力不要集中在一点，尽量避免过热使套管变质。加热时应从热缩管的中部均匀加热向两端收缩，排除管内残留空气。

（3）热缩电缆终端头长期运行，电缆绝缘层附件会慢慢变黑，应加强对电缆终端头的巡视检查。

（4）加强电缆头制作培训，学习先进的工艺，严格电缆终端头制作工艺，保证电缆终端头绝缘的电气性能，促使电缆运行更加可靠稳定。

5. 案例点评

由本案例可见，电力电缆终端头的故障，大多与电缆头的制作和安装有关。只有不断地加强学习和培训，不断地采用新工艺、新材料，严格按照说明书和电气规程、规定去制作、安装电缆头，才能保证线路的安全、稳定、可靠运行。

二、案例 2 35kV 线路避雷器击穿故障分析

1. 事件经过

2018 年 8 月 15 日 8 时 15 分，河北某光伏电站监控后台铃响：告警窗口弹出“TV 断线告警、郭旺线 311 接地告警”信号。监控画面显示 35kV 4 号母线电压异常，三相电压分别是：U_a 相电压为 35.79kV，U_b 相电压为 6.9kV，U_c 相电压为 33.8kV，零序电压为 30.7kV。

现场根据故障波形初步判断为线路接地故障。在排查设备过程中发现，郭旺线 42 号杆塔有明显弧光，随即汇报调度相关情况，申请全站转检修。线路转检修后发现 42 号杆塔 A 相避雷器击穿、A 相电缆引流线夹熔断（故障如图 7–76 和图 7–77 所示）。

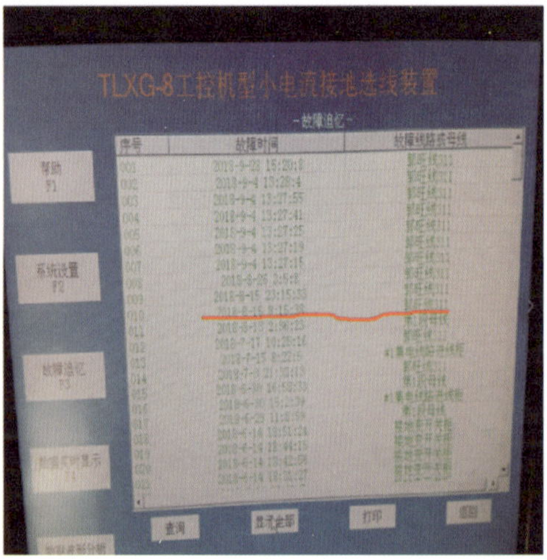

图 7–76　小电流选线装置故障记录

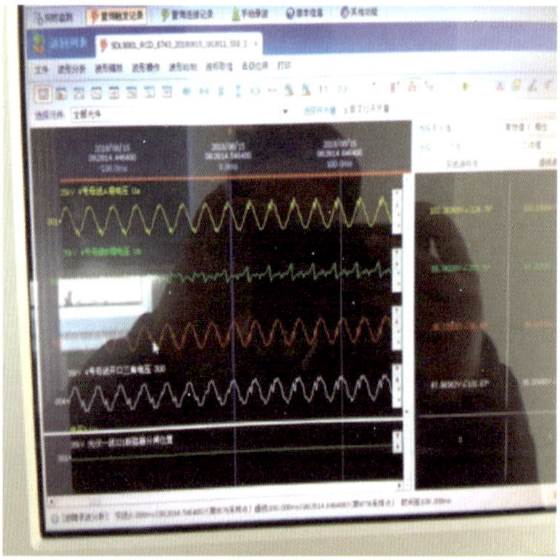
图 7–77　故障录波文件

2. 故障处理

更换郭旺线 1 号、42 号塔三相电缆引流线线夹共 6 个（铜铝一体）；更换避雷器 1 台（如图 7–78 和图 7–79 所示）。申请一次送电成功，运行正常。

图 7–78　击穿 A 相避雷器

图 7–79　A 相断裂接引线线夹

3. 原因分析

直接原因：雷击过程中，引流线线夹熔断，避雷器击穿。

此次故障原因分析：

（1）通过对故障材料检查发现，引流线线夹非铜铝一体，且断口处为铜铝连接处，断裂较平整，判断为其质量存在缺陷。

（2）35kV 的输电线路属于电压等级较低的高压线，该电站位于山区，线路穿过树林。土壤电阻率高，线路耐雷水平低，不能很好地泄放雷电到地下去，所以易感应到雷电或者雷电直接接闪到输电线路上。

（3）山区的雷电频度高更进一步加剧雷击故障的发生。

4. 预防措施

为了防止雷电波对电气设备的侵害，保证线路安全运行，必须对电网采取有效的防雷保护措施，提高线路耐雷水平，减少雷击跳闸率。

（1）使用合格的避雷器、引流线设备。

（2）为防止雷击绕击线路，对于雷区活动频繁的线路地段架设耦合地线，保证线路的正常运行。

（3）加强线路巡视检查，对各方面检查细致化，做好缺陷闭环工作。

5. 案例点评

由本案例可见，送出线路的地理环境因素及施工质量对电网运行安全有更高要求。保障线路安全运行，必须对雷电多发地段采取针对性的预防措施，同时要加强特殊天气前后的巡视检查，做好预防工作，避免雷击跳闸事故发生。

三、案例 3 110kV 送出线路散股故障

1. 事件经过

2018 年 12 月 17 日，宁夏某光伏电站对出线 110kV 陶中线架空线巡线时，发现 53 号塔与 54 号塔之间 C 相线路有散股情况（如图 7-80 所示）。

发现线路异常后立即向区调和地调汇报相关情况，申请紧急停电。

2. 故障处理

由于现场无 LGJ-150 补修管和足够的导线，现场观察断股损伤截面占铝股或合金股总面积 15%，为及时恢复送电，运维人员采用缠绕或护线预绞丝的方法进行修复，

恢复送电后运行正常（如图 7-81 所示）。

在散股的适当位置，将有散股和跳股的铝股用偏口钳剪断，而且剪断的铝股数不能超过压补修管的规定，由导线散股、跳股范围以外的远端，用棕绳向剪断处绞、擀，待导线外表已复原后，在导线铝股剪断处缠补护线条。

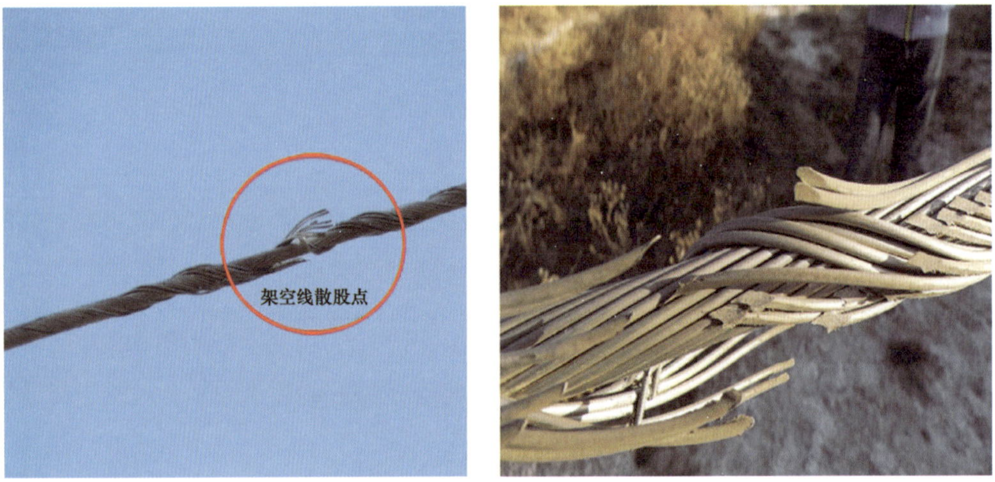

图 7-80　送出线散股故障现场图

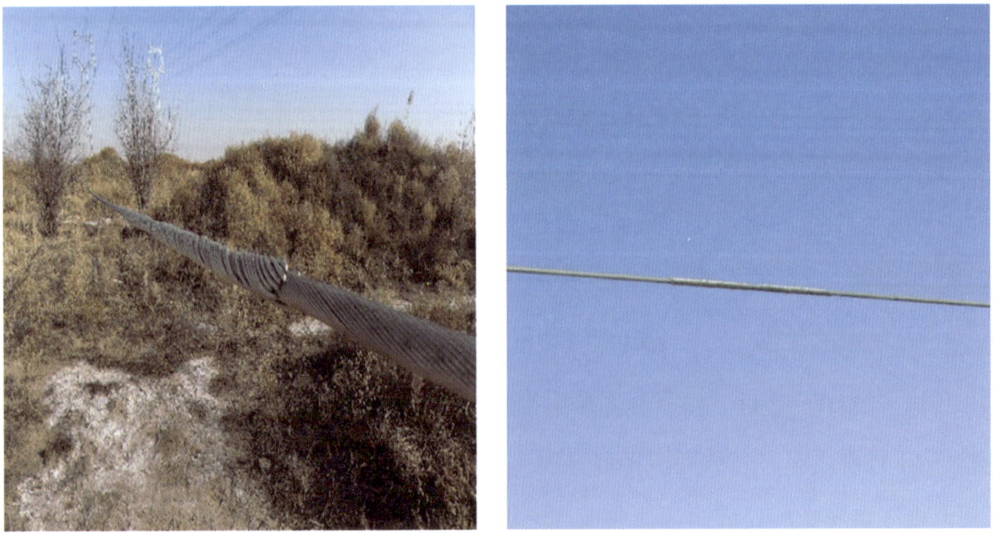

图 7-81　故障处理后现场图

3. 原因分析

直接原因：施工放线过程中，导线与硬物相碰或拖拽造成。

在施工放线过程中，导线与硬物相碰或拖拽造成的棱角、毛刺等，再加上西北地区，风沙较大，长期运行受力导致外部导线断裂散股。

导线在经过悬挂在塔上的放线滑车时，也要经过扭转、弯折、挤压以及向后的摩擦阻力，这也可能造成线路散股、跳股。

4. 预防措施

导线张力放线时，由于受机械挤压等原因，外层线股出现散股、跳股。该缺陷在不同程度上降低了导线的机械强度，线路运行时会增加导线的电晕损失。若散股截面超过 15%，线路长时间运行，可能会造成断股。

在施工过程中必须认真预防、修复，线路运行中，必须认真巡检，一旦发现散股，必须及时防护、修复。

5. 案例点评

由本案例可见，我国西北区域冬季多风，电站架空线路断股现象易发多发，导线断股不仅影响导流性能，也大大降低了导线的抗拉强度，对输电线路的安全运行造成威胁。在日常运维巡检中应加强恶劣天气巡检力度，增加线路的巡检次数，尽早发现问题，尽早处理，防止事故范围扩大。

第九节　监控自动化系统故障及案例分析

一、案例 1　AGC 通信卡顿事故分析及处理

1. 事件经过

宁夏某光伏电站，运行人员日常监盘时发现 AGC 系统下发指令不执行，AGC 控制系统出现通信死机现象。运行人员根据常规故障处理流程对 AGC 工控机进行重启操作，但启动失败。同时电网调度部门反馈该电站 AGC 系统装置已经离线，电站有功负荷输

出不受控制。

2. 故障处理

AGC 工控机启动失败，一般应检查电源是否正常连接，信号灯是否出现异常闪烁或其他告警信息。现场运维检查以上均无异常，对 AGC 工控机内置硬盘进行检测，发现硬盘故障导致启动失败，无法正确接收指令。

硬盘返厂维修时间较长，为避免 AGC 失控导致电网调度部门“两个细则”（《并网发电厂辅助服务管理实施细则》和《发电厂并网运行管理实施细则》）考核扣分，制定 AGC 故障期间临时功率控制方案，待硬盘维修返站后进行更换。一是通过综合自动化监控平台对部分逆变器进行手动解列，适当降低电站有功功率输出；二是通过综合自动化系统随时对实时有功负荷进行手动微调，确保电站整体负荷控制在调度允许范围之内。

3. 原因分析

此故障的原因一般为工控机内置硬盘损坏，硬盘损害导致造成工控机通信中断，从而不能接受系统指令。运维人员在日常工作中，未对设备进行日常检查及维护，关键部件缺少备件。致使设备存在故障后，不能在最短时间内予以处理。造成故障在一定时间内依然存在。

4. 预防措施

AGC 系统安全可靠的运行，是保证电站有功功率输出能准确执行调度指令的重要系统。因此在日常巡检工作中，应认真检查设备的运行状态，定期进行维护保养，对发现的隐患缺陷及时进行消缺整改，确保隐患不再扩大。

5. 案例点评

由本案例可见，AGC 系统的硬盘损坏是造成此次故障的主要原因，硬盘使用环境不好（如积灰等）或散热异常均会造成系统卡机现象，导致电站无法实时接收调度有功功率控制指令，从而容易影响发电量。

二、案例 2 服务器远程访问预警

1. 事件经过

2019 年 9 月 10 日，河北某光伏电站接到调度值班室通知，电站站控层服务器存在非法访问，要求关闭远程桌面访问服务，在防火墙上阻断相应端口。

2. 故障处理

运维人员采取了三项临时处理措施：①关闭远程桌面访问服务；②在防火墙上阻断 3389 端口；③在开启了远程桌面服务器的服务器上启用网络身份验证（NLA）。

主要处置方法：进行漏洞修复，安装针对上述漏洞发布的补丁，安装后重启主机生效。

3. 原因分析

经检查该服务器使用的为 Windows Server 2016 系统，该操作系统受代码执行漏洞（AVE–2019–1181/1182）影响，未经身份验证的攻击者可利用该漏洞，通过向目标设备的服务端口发送恶意构造的远程请求语句，可获取该设备的控制权限，最终达到远程执行任意代码的目的。

4. 预防措施

电站涉及监控、控制系统的计算机，应严禁外部网络接入。从站端对涉及生产大区的设备进行网络安全改造，从源头杜绝网络攻击。严禁使用远程桌面程序对电站服务器及数据传输设备进行操作。严禁不明身份的存储设备接入服务器等设备。必须接入服务器时，应使用专业带有加密功能的存储设备。

5. 案例分析

网络安全涉及电站及电网的安全，关系到电站生产数据的保密问题，必须从思想上予以重视。作为发电企业，应加强网络安全教育，提高网络安全意识，夯实网络安全防护技术，确保电站的网络安全。

三、案例 3　纵向加密装置密通率不达标

1. 事件经过

2019 年 10 月 15 日 10 时，陕西某光伏电站接省调自动化值班室电话通知该站调度数据网非实时纵向加密装置密通率不达标，本地隧道 ××.××.×××.××× 与远端隧道 ××.××.××.××× 密通率为 85%（见图 7–82）。

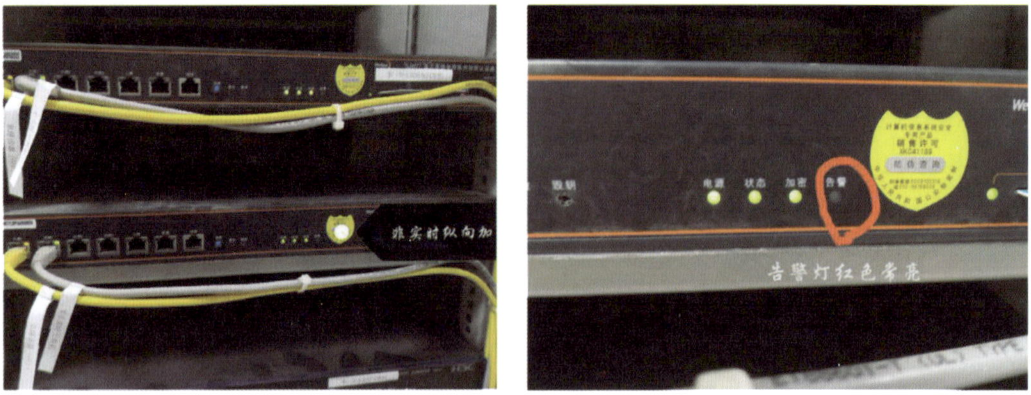

图 7-82　故障设备图

2. 故障处理

经与地调联系协调，对电站非实时通道予以优化通信地址重新设置，保障经地调上传的信息数满足省调要求。

3. 原因分析

站端 ××.××.×××.××× 为该电站非实时纵向加密认证装置的地址，远端 ××.××.××.××× 为调度主站侧非实时加密认证装置的地址。非实时通道为电站经地调自动化站端上传省调自动化主站，通过监测工具检测发现，本站上传信息无误，地调站端无信息反馈，通道被占用，导致上传省调自动化主站的信息数不够，造成密通率不达标的问题。

电站纵向加密设备存在一定的设计缺陷，较大的调度数据上传存在一定卡死，是造成此次故障发生的主要因素。

4. 预防措施

定期与调度进行密通率核对工作，不定期的监测密通率是否达标，发行隐患及时解决，避免产生网络漏洞危及电网安全。

5. 案例点评

纵向加密装置是调度数据网重要的组成部位，是电站各类生产数据上传，调度各项指令下发必不可少的环节。因此，在日常工作中应加强此类设备的巡查力度，并与电网调度部门做好沟通，避免此类事件的发生。

第十节　其他故障案例分析

一、案例 1　外部因素引发的光伏电站火灾事故

1. 事件经过

江西余江某光伏电站规划建设于附近农村居民聚居区域。2018 年 9 月，附近村民在扫墓祭拜的过程中点燃明火，受当日 3 级东北风的影响，火势随着风向蔓延至电站一光伏方阵内，随即引燃阵列区内的杂草，并迅速扩大蔓延，造成 4 个汇流箱共计 52 路组串进线及出线电缆全部烧毁，影约 0.5MW 装机容量的正常发电（见图 7-83 和图 7-84）。

2. 故障处理

电站运维人员在巡视时发现局部阵列区有烟雾并迅速进行了现场查勘，确认火情后立即汇报电站相关负责人并启动火灾应急预案。随后，电站运行人员对涉及失火阵列区进行了设备停电隔离，同时组织运维人员用灭火器、铁锹等进行了灭火处理。灭火事故处理后，该电站运维团队进行了以下后续补救措施：

图 7-83　电站外部明火点

图 7-84　电站外围及场区着火点

（1）在未安装视频监控的情况下，加强阵列区巡视力度，尤其是对重点防火区域的巡检。

（2）组织人员清理方阵周围杂草，并形成隔离带，防止光伏区外围着火引起光伏区内着火。

（3）根据现场实际情况，统计灭火器材和工具使用情况，适量增设消防池和消防沙及多功能风力灭火机。

（4）在重点防火区域悬挂“禁止烟火”“禁止烧荒”等警示、告知牌，在有人员流动、经过地方悬挂防火安全宣传标语，并深入村户进行防火宣传。

3. 原因分析

本次外源性失火事故的直接原因是电站附近村民上坟、烧荒防火意识薄弱，不能做到离开时无明火、无烟星。此外，该电站现场未安装视频监控，增加了光伏区火灾隐情发现和处理的时效性。光伏区面积较大，并且地势复杂，因缺少安防监控，对火情和盗窃破坏行为的把握严重不利，对着火原因乃至是否有人纵火等无法提供有力证据。对电站周围及电站阵列区内存在坟地的，应安排专人对坟地区域进行专项巡检（携带灭火器），光伏厂区及周围发现有扫墓的现象，一定要安排人员前去说明火灾安全隐患，并进行全程监督。

该电站日常防火中存在诸多隐患，包括在电站围栏四周没有形成有效的防火隔离带，造成外部火势扩大到电站内部，没有建立有效地消防安全机制。此外，本次事故还暴露出电站人员防火意识淡薄等问题。

4. 预防措施

建立健全秋冬季防火巡查机制，加强电站的防火巡查力度。秋冬季节在电站围栏四周设置 2 ~ 3m 宽的防火隔离带；在电站内部，及时清理杂草，并将清理后的杂草搬运出电站做妥善处理。

组织开展消防安全教育及应急演练工作，提高运维人员的防火灾事故应急能力；电站应配备充足的消防器材。严禁携带明火进入光伏区。对外来人员加强明火源的管理，从根本上防止火灾的发生。

5. 案例点评

火灾是造成光伏电站经济效益损失最大的事故。电站一旦发生火灾，不能直接用水来灭火，如果是分布式发电系统，还很容易危及人身安全。光伏电站火灾的原因很多，主要有：

（1）设备和电缆老化或故障，造成短路。

（2）熔断器、断路器选型和安装不当，造成直流拉弧。

（3）系统设计缺陷，电缆或者开关载流量偏小，造成局部温度过高。

（4）施工过程把控不到位，电缆接头螺丝松动压接不牢，造成局部发热。

（5）电站周围由于扫墓、焚烧秸秆等而引起的火灾，由于此类火灾具有很大的不可控性，也就成了电站日常方火工作的一个重点。

从此次案例可以看出，消防无小事，切实履行“安全第一、预防为主、防消结合”的方针，建立健全电站应急责任体系及防火巡查机制，加强电站运维人员的应急处置能力，是避免事故发生的必要措施。

附　录

附录一　电气第一种工作票

单位________________　编号________________

1. 工作负责人（监护人）__________班组

2. 工作班人员（不包括工作负责人）____

____共________人

3. 工作的变、配电站名称及设备双重名称

4. 工作任务

工作地点及设备双重名称	工作内容

5. 计划工作时间

自______年____月____日____时____分

至______年____月____日____时____分

6. 安全措施

应拉断路器、隔离开关	已执行

续表

应装接地线、应合接地隔离开关（注明确实地点、名称及接地线编号）	已执行
应设遮栏、应挂标示牌及防止二次回路误碰等措施	**已执行**

* 已执行栏目及接地线编号由工作许可人填写

工作地点保留带电部分或注意事项（由工作票签发人填写）	补充工作地点保留带电部分和安全措施（由工作许可人填写）

工作票签发人签名：＿＿＿＿＿＿ 签发日期：＿＿＿年＿＿月＿＿日＿＿时＿＿分

7. 收到工作票时间：＿＿＿年＿＿月＿＿日＿＿时＿＿分

运维人员签名：＿＿＿＿＿＿ 工作负责人签名：＿＿＿＿＿＿

8. 确认工作票 1 ~ 7 项

工作负责人签名：＿＿＿＿＿＿ 工作许可人签名：＿＿＿＿＿＿

许可开始工作时间：＿＿＿年＿＿月＿＿日＿＿时＿＿分

9. 确认工作负责人布置的工作任务和安全措施

工作班组人员签名：

＿＿＿＿＿＿＿＿＿＿＿＿＿＿＿＿＿＿＿＿＿＿＿＿＿＿＿＿＿＿＿＿＿＿＿＿＿＿

10. 工作负责人变动情况

原工作负责人＿＿＿＿＿＿离去，变更为＿＿＿＿＿＿工作负责人

工作票签发人＿＿＿＿＿＿ 年＿＿＿月＿＿日＿＿时＿＿分

11. 作业人员变动情况（变动人员姓名、日期及时间）：

＿＿＿＿＿＿＿＿＿＿＿＿＿＿＿＿＿＿＿＿＿＿＿＿＿＿＿＿＿＿＿＿＿＿＿＿＿＿

工作负责人签名：＿＿＿＿＿＿

12. 工作票延期

有效期延长到______年____月____日____时____分

工作负责人签名：__________ ______年____月____日____时____分

工作许可人签名：__________ ______年____月____日____时____分

13. 每日开工和收工时间（使用一天的工作票不必填写）

收工时间				工作负责人	工作许可人	开工时间				工作负责人	工作许可人
月	日	时	分			月	日	时	分		

14. 工作终结

全部工作于______年____月____日____时____分结束，设备及安全措施已恢复至开工前状态，工作人员已全部撤离，材料工具已清理完毕，工作已终结。

工作负责人签名：__________ 工作许可人签名：__________

15. 工作票终结

临时遮栏、标示牌已拆除，常设遮栏已恢复。未拆除或未拉开的接地线编号______等共______组、接地隔离开关（小车）共______副（台），已汇报值班调控人员。

工作许可人签名：__________ ______年____月____日____时____分

16. 备注

（1）指定专责监护人__________负责监护________________（地点及具体工作）

（2）其他事项____

附录二　电气第二种工作票

单位＿＿＿＿＿＿＿＿＿＿　编号＿＿＿＿＿＿＿＿＿＿

1. 工作负责人（监护人）:＿＿＿＿＿　班组＿＿＿＿＿

2. 工作班人员（不包括工作负责人）＿＿＿＿＿＿＿＿＿＿

＿＿＿＿＿＿＿＿＿＿＿＿＿＿＿＿＿＿共＿＿＿人

3. 工作的变、配电站名称及设备名称＿＿＿＿＿＿＿＿＿＿

＿＿＿＿＿＿＿＿＿＿＿＿＿＿＿＿＿＿＿＿＿＿

4. 工作任务

工作地点或地段	工作内容

5. 计划工作时间

自＿＿年＿＿月＿＿日＿＿时＿＿分

至＿＿年＿＿月＿＿日＿＿时＿＿分

6. 工作条件（停电或不停电，或邻近及保留带电设备名称）

＿＿＿＿＿＿＿＿＿＿＿＿＿＿＿＿＿＿＿＿＿＿

＿＿＿＿＿＿＿＿＿＿＿＿＿＿＿＿＿＿＿＿＿＿

7. 注意事项（安全措施）＿＿＿＿＿＿＿＿＿＿＿＿＿＿

＿＿＿＿＿＿＿＿＿＿＿＿＿＿＿＿＿＿＿＿＿＿

＿＿＿＿＿＿＿＿＿＿＿＿＿＿＿＿＿＿＿＿＿＿

工作票签发人:＿＿＿＿＿　签发日期:＿＿年＿＿月＿＿日＿＿时＿＿分

8. 补充安全措施（工作许可人填写）

____

____

9. 确认本工作票 1 ~ 8 项

工作负责人签名:__________　工作许可人签名:__________

许可工作时间______年___月___日___时___分

10. 确认工作负责人布置的工作任务和安全措施

工作班人员签名:____

____

____

11. 工作票延期

有效期延长到______年___月___日___时___分

工作负责人签名:__________　______年___月___日___时___分

工作许可人签名:__________　______年___月___日___时___分

12. 工作票终结

全部工作于______年___月___日___时___分结束，工作人员已全部撤离，材料工具已清理完毕。

工作负责人签名:__________　______年___月___日___时___分

工作许可人签名:__________　______年___月___日___时___分

13. 备注____

____

附录三 操作票

调度及调令号：________________

部____________ 站____________ 操作票编号：________________

<table>
<tr><td>发令人</td><td></td><td>受令人</td><td></td><td>发令时间</td><td>年 月 日 时 分</td></tr>
<tr><td colspan="4">操作开始时间： 年 月 日 时 分</td><td colspan="2">操作结束时间： 年 月 日 时 分</td></tr>
<tr><td>操作类型</td><td colspan="5">（ ）监护下操作 （ ）单人操作、（ ）检修人员操作</td></tr>
<tr><td colspan="6">操作任务</td></tr>
<tr><td>顺序</td><td colspan="4">操作项目</td><td>√</td></tr>
<tr><td>1</td><td colspan="4"></td><td></td></tr>
<tr><td>2</td><td colspan="4"></td><td></td></tr>
<tr><td>3</td><td colspan="4"></td><td></td></tr>
<tr><td>4</td><td colspan="4"></td><td></td></tr>
<tr><td>5</td><td colspan="4"></td><td></td></tr>
<tr><td>6</td><td colspan="4"></td><td></td></tr>
<tr><td>7</td><td colspan="4"></td><td></td></tr>
<tr><td>8</td><td colspan="4"></td><td></td></tr>
<tr><td>9</td><td colspan="4"></td><td></td></tr>
<tr><td>10</td><td colspan="4"></td><td></td></tr>
<tr><td>11</td><td colspan="4"></td><td></td></tr>
<tr><td>12</td><td colspan="4"></td><td></td></tr>
<tr><td>13</td><td colspan="4"></td><td></td></tr>
<tr><td>14</td><td colspan="4"></td><td></td></tr>
<tr><td colspan="6">备注：</td></tr>
<tr><td colspan="2">操作人：</td><td colspan="2">监护人：</td><td colspan="2">值班负责人（值长）：</td></tr>
</table>

附录四　设备故障报修单

编号：____________________

电站简称			故障发生时间		
设备编号			设备名称		
设备厂家			规格型号		
影响容量（MW）		现场联系人		联系电话	
故障名称					
故障描述					
已经采取措施					
建议方案					
备注					

现场运维部：____________________　　运维管理部：____________________

日期：_____年____月____日　　日期：_____年____月____日

附录五 设备缺陷 / 故障处理记录卡

缺陷 / 故障分类		缺陷 / 故障发现人		编号			
设备名称		设备编号		生产厂家		投运时间	
缺陷 / 故障位置		缺陷 / 故障始发时间		发现缺陷 / 故障方式			
值班负责人				缺陷 / 故障处理完成时间			
缺陷 / 故障内容详细说明	缺陷 / 故障描述						
	原因分析						
	处理措施或建议						
	现场运维部部长					备注	
汇报时间							
汇报 / 报备方式							
汇报 / 报备对象批示时间							
汇报 / 报备对象批示内容							
工作票号							
设备缺陷 / 故障处理过程						填写人：	
设备缺陷 / 故障 / 故障处理结果						填写人：	

参考文献

[1] 苏永清 . 电气质量员 [M]. 武汉：华中科技大学出版社，2009.

[2] 付新春，静国梁 . 光伏发电系统的运行与维护 [M]. 北京：北京大学出版社，2015.

[3] 张清小，葛庆 . 光伏电站运行与维护 [M]. 北京：中国铁道出版社，2016.

[4] 刘继茂，丁永强 . 分布式光伏发电系统设计、安装与维护 [M]. 北京：中国电力出版社，2019.